数研出版編集部 編

スタンダード　数学Ⅱ

教科書傍用

はしがき

本書は半世紀発行を続けてまいりました数研出版伝統の問題集です。全国の皆様から頂きました貴重な御意見が支えとなって，今日に至っております。教育そのものが厳しく問われている近年，どのような学習をすることが，生徒諸君の将来の糧になるかなど，根本的な課題が議論されてきております。

教育については，様々な捉え方がありますが，数学については，やはり積み重ねの練習が必要であると思います。そして，まず1つ1つの基礎的内容を確実に把握することが重要であり，次に，それらの基礎概念を組み合わせて考える応用力が必要になってきます。

編集方針として，上記の基本的な考え方を踏まえ，次の3点をあげました。

1. 基本問題の反復練習を豊富にする。

2. やや程度の高い重要な問題も，その内容を分析整理することによって，重要事項が無理なく会得できるような形にする。

3. 別冊詳解はつけない。自力で解くことによって真の実力が身につけられるように編集する。なお，巻末答には，必要に応じて，指針・略解をつけて，自力で解くときの手助けとなる配慮もする。

このような方針で，編集致しましたが，まだまだ不十分な点もあることと思います。皆様の御指導と御批判を頂きながら，所期の目的達成のために，更によりよい問題集にしてゆきたいと念願しております。

本書の構成と使用法

要項　問題解法に必要な公式およびそれに付随する注意事項をのせた。

例題　重要で代表的な問題を選んで例題とした。

　指針　問題のねらいと解法の要点を要領よくまとめた。

　解答　模範解答を示すようにしたが，中には略解の場合もある。

問題　問題A，問題B，発展の3段階に分けた。

　問題A　基本的な実力養成をねらったもので，諸君が独力で解答を試み，疑問の点のみを先生に質問するかまたは，該当する例題を参考にするということで理解できることが望ましい問題である。

　Aのまとめ　問題Aの内容をまとめたもので，基本的な実力がどの程度身についたかを知るためのテスト問題としても利用できる。

　問題B　応用力の養成をねらったもので，先生の指導のもとに学習すると，より一層の効果があがるであろう。

　発　展　発展学習的な問題など，教科書本文では，その内容が取り扱われていないが，重要と考えられる問題を配列した。

　ヒント　ページの下段に付した。問題を解くときに参照してほしい。

印問題　掲載している問題のうち，思考力・判断力・表現力の育成に特に役立つ問題に印をつけた。また，本文で扱えなかった問題を巻末の総合問題でまとめて取り上げた。なお，総合問題にはこの印を付していない。

答と略解　答の数値，図のみを原則とし，必要に応じて［　］内に略解を付した。

指導要領の枠外の問題　学習指導要領の枠を超えている問題に対して，問題番号などの右上に◆印を付した。内容的にあまり難しくない問題は問題Bに，やや難しい問題は発展に入れた。

■選択学習　時間的余裕のない場合や，復習を効果的に行う場合に活用。

　＊印　＊印の問題のみを演習しても，一通りの学習ができる。

　Aのまとめ　復習をする際に，問題Aはこれのみを演習してもよい。

チェックボックス（☑）　問題番号の横に設けた。

■問題数

総数587題　例題57題，問題A 211題，問題B 261題，発展50題
総合問題8題，＊印320題，Aのまとめ41題，印14題

目　次

第1章　式と証明

1　3次式の展開と因数分解

1　3次式の展開の公式

① $(a+b)^3=a^3+3a^2b+3ab^2+b^3$，$(a-b)^3=a^3-3a^2b+3ab^2-b^3$

② $(a+b)(a^2-ab+b^2)=a^3+b^3$，　$(a-b)(a^2+ab+b^2)=a^3-b^3$

2　3次式の因数分解の公式

$a^3+b^3=(a+b)(a^2-ab+b^2)$，$a^3-b^3=(a-b)(a^2+ab+b^2)$

A

■次の式を展開せよ。[**1**～**3**]

☐ **1** *(1)　$(a+2)^3$　(2)　$(3x-1)^3$　*(3)　$(2a-b)^3$　(4)　$(-3x+2y)^3$

☐ **2** *(1)　$(x+4)(x^2-4x+16)$　(2)　$(a-5)(a^2+5a+25)$

(3)　$(2a+3b)(4a^2-6ab+9b^2)$　*(4)　$(5x-2y)(25x^2+10xy+4y^2)$

☐ **3** (1)　$(x+3)^3(x-3)^3$　*(2)　$(x+2y)^2(x^2-2xy+4y^2)^2$

(3)　$(a-1)(a+1)(a^2+a+1)(a^2-a+1)$

■次の式を因数分解せよ。[**4**，**5**]

☐ **4** *(1)　x^3+27　*(2)　$8a^3-27b^3$　(3)　$27x^3-\dfrac{y^3}{8}$　(4)　$a^3b^3-c^3$

☐ **5** *(1)　$64x^6-y^6$　(2)　$a^6+7a^3b^3-8b^6$

☐ **Aのまとめ** **6** (1)　次の式を展開せよ。

(ア)　$(5x+3y)^3$　(イ)　$(2x+y)(4x^2-2xy+y^2)$

(2)　次の式を因数分解せよ。

(ウ)　$64-\dfrac{a^3}{8}$　(エ)　$x^6+26x^3y^3-27y^6$

B

☐ **7** $(x+2y-3z)^3$ を展開せよ。

☐ **8** 次の式を因数分解せよ。

(1)　$8x^3-6x^2+3x-1$　*(2)　$x^3-9x^2+27x-27$

2 二項定理

1 パスカルの三角形

右の図参照。

[1]　数の配列は左右対称で，各行の両端の数は 1 である。

[2]　両端以外の各数は，その左上の数と右上の数の和に等しい。

注意　[1] は　${}_n\mathrm{C}_r={}_n\mathrm{C}_{n-r}$，${}_n\mathrm{C}_0={}_n\mathrm{C}_n=1$

[2] は　${}_n\mathrm{C}_r={}_{n-1}\mathrm{C}_{r-1}+{}_{n-1}\mathrm{C}_r$

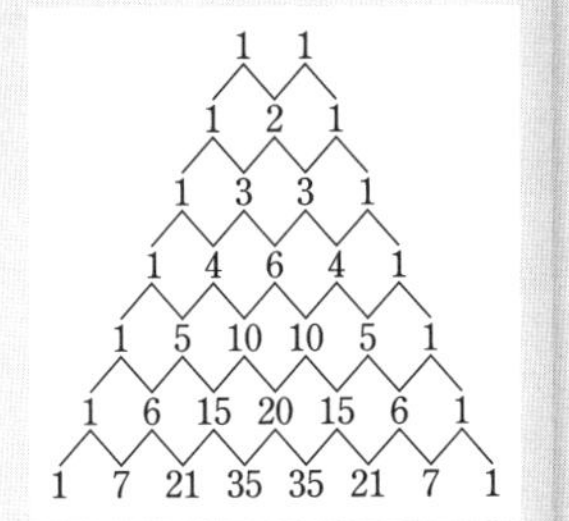

2 二項定理

①　$(a+b)^n={}_n\mathrm{C}_0a^n+{}_n\mathrm{C}_1a^{n-1}b+{}_n\mathrm{C}_2a^{n-2}b^2+\cdots\cdots+{}_n\mathrm{C}_ra^{n-r}b^r+\cdots\cdots+{}_n\mathrm{C}_nb^n$

②　**$(a+b)^n$ の展開式の一般項**　${}_n\mathrm{C}_ra^{n-r}b^r=\dfrac{n!}{r!(n-r)!}a^{n-r}b^r$

3 $(a+b+c)^n$ の展開式の一般項

${}_n\mathrm{C}_p\cdot{}_{n-p}\mathrm{C}_qa^pb^qc^r=\dfrac{n!}{p!q!r!}a^pb^qc^r$　　ただし，$p\geqq0$，$q\geqq0$，$r\geqq0$，$p+q+r=n$

A

□ **9**　パスカルの三角形を利用して，次の式の展開式を求めよ。

*(1)　$(x+1)^6$　　(2)　$(2x-1)^5$　　(3)　$(a+2b)^4$

□ **10**　二項定理を利用して，次の式の展開式を求めよ。

*(1)　$(a-b)^6$　　(2)　$(x+2y)^5$　　*(3)　$\left(x+\dfrac{1}{3}\right)^5$

□ **11**　次の式の展開式における，[　] 内に指定された項の係数を求めよ。

(1)　$(x-2)^{10}$　$[x^7]$　　*(2)　$(3x-2)^5$　$[x^3]$　　(3)　$(2x+3y)^7$　$[x^5y^2]$

□ **12**　$(1+x)^n$ を二項定理を用いて展開した式を利用して，次の等式が成り立つことを証明せよ。

*(1)　${}_n\mathrm{C}_0+2{}_n\mathrm{C}_1+2^2{}_n\mathrm{C}_2+\cdots\cdots+2^n{}_n\mathrm{C}_n=3^n$

(2)　${}_n\mathrm{C}_0-\dfrac{{}_n\mathrm{C}_1}{2}+\dfrac{{}_n\mathrm{C}_2}{2^2}-\cdots\cdots+(-1)^n\cdot\dfrac{{}_n\mathrm{C}_n}{2^n}=\left(\dfrac{1}{2}\right)^n$

□ **Aのまとめ 13**　次の式の展開式における，[　] 内に指定された項の係数を求めよ。

(1)　$(2x-3)^6$　$[x^3]$　　(2)　$\left(a+\dfrac{b}{3}\right)^{18}$　$[a^{16}b^2]$

展開式の項の係数 (1)

例題 1

(1) $\left(2x^2-\dfrac{1}{x}\right)^7$ の展開式における x^5 の項の係数を求めよ。

(2) $(x+y-4z)^7$ の展開式における x^4yz^2 の項の係数を求めよ。

指針 **展開式の項** (1) $(a+b)^n$ の一般項の式 ${}_n\mathrm{C}_r a^{n-r}b^r$ において，$a=2x^2$，$b=-\dfrac{1}{x}$，$n=7$ とする。$(x^2)^{7-r}\left(\dfrac{1}{x}\right)^r=x^5$ を満たす数 r を求め，係数を調べる。

(2) $\{(x+y)-4z\}^7$ と考えて，二項定理を適用する。

解答 (1) 展開式の一般項は

$${}_7\mathrm{C}_r(2x^2)^{7-r}\left(-\frac{1}{x}\right)^r={}_7\mathrm{C}_r2^{7-r}(x^2)^{7-r}(-1)^r\left(\frac{1}{x}\right)^r={}_7\mathrm{C}_r2^{7-r}(-1)^r\frac{x^{14-2r}}{x^r}$$

$\dfrac{x^{14-2r}}{x^r}=x^5$ とすると　$x^{14-2r}=x^5x^r$　よって　$x^{14-2r}=x^{5+r}$

両辺の x の指数を比較して　$14-2r=5+r$　ゆえに　$r=3$

したがって，x^5 の項の係数は　${}_7\mathrm{C}_3 2^{7-3}(-1)^3=35\cdot16\cdot(-1)=\mathbf{-560}$ 答

(2) $\{(x+y)-4z\}^7$ の展開式において，z^2 を含む項は　${}_7\mathrm{C}_2(x+y)^5(-4z)^2$

$(x+y)^5$ の展開式において，x^4y を含む項の係数は　${}_5\mathrm{C}_1$

よって，x^4yz^2 の項の係数は　${}_7\mathrm{C}_2(-4)^2\times{}_5\mathrm{C}_1=\dfrac{7\cdot6}{2\cdot1}\times16\times5=\mathbf{1680}$ 答

B

☐ **14** 次の式の展開式における，[　] 内に指定された項を求めよ。

*(1) $\left(x+\dfrac{1}{x}\right)^8$　$[x^2]$　　(2) $\left(2x^3-\dfrac{1}{3x^2}\right)^5$　[定数項]

☐ **15** 次の式の展開式における，[　] 内に指定された項の係数を求めよ。

(1) $(a+b+c)^6$　$[ab^2c^3]$　　*(2) $(x+y-3z)^8$　$[x^5yz^2]$

☐ ***16** 二項定理を用いて，次のことを証明せよ。ただし，n は 2 以上の自然数とする。

(1) $\left(1+\dfrac{1}{n}\right)^n>2$　　(2) $x>0$ のとき　$(1+x)^n\geqq1+nx+\dfrac{n(n-1)}{2}x^2$

発展

☐ **17** 11^{25} の一の位の数字と十の位の数字をそれぞれ求めよ。

ヒント **17** $11^{25}=(1+10)^{25}$

展開式の項の係数 (2)

例題 2

(1)　$(x-2y+3z)^5$ の展開式における x^2yz^2 の項の係数を求めよ。

(2)　$(x^2-2x+3)^5$ の展開式における x^4 の項の係数を求めよ。

指針　**$(a+b+c)^n$ の展開式**　(1)　一般項の式 $\dfrac{n!}{p!q!r!}a^pb^qc^r$ (ただし $p+q+r=n$, $p\geqq 0$, $q\geqq 0$, $r\geqq 0$) を利用する。

(2)　一般項の式 $\dfrac{n!}{p!q!r!}a^pb^qc^r$ において, $a=x^2$, $b=-2x$, $c=3$, $n=5$ とする。

解答

(1)　x^2yz^2 の項は　$\dfrac{5!}{2!1!2!}x^2(-2y)(3z)^2$

よって, その係数は　$\dfrac{5!}{2!1!2!}\cdot(-2)\cdot 3^2=\mathbf{-540}$　答

(2)　展開式の一般項は

$$\frac{5!}{p!q!r!}(x^2)^p(-2x)^q3^r=\frac{5!}{p!q!r!}\cdot(-2)^q\cdot 3^rx^{2p+q}$$

ただし　$p+q+r=5$, $p\geqq 0$, $q\geqq 0$, $r\geqq 0$

x^4 の項は $2p+q=4$ のときで, $p\geqq 0$, $q\geqq 0$ であるから

$p=0, 1, 2$

よって, $2p+q=4$, $p+q+r=5$ を満たす負でない整数 p, q, r の組は

$(p, q, r)=(0, 4, 1), (1, 2, 2), (2, 0, 3)$

したがって, 求める係数は

$$\frac{5!}{0!4!1!}\cdot(-2)^4\cdot 3^1+\frac{5!}{1!2!2!}\cdot(-2)^2\cdot 3^2+\frac{5!}{2!0!3!}\cdot(-2)^0\cdot 3^3=\mathbf{1590}$$　答

B

18　次の式の展開式における, [　] 内に指定された項の係数を求めよ。

(1)　$(a+b-c)^6$　$[a^2bc^3]$　　*(2)　$(2x+3y-4z)^4$　$[xy^2z]$

発展

19　$(x^2-x+2)^4$ の展開式における, 次の項の係数を求めよ。

(1)　x^7　　(2)　x^5

20　$\left(x^2+2x-\dfrac{3}{x}\right)^6$ の展開式における定数項を求めよ。

3 多項式の割り算

1 多項式の割り算

例　x^3+5-3x を $x+1$ で割る。

① 多項式を降べきの順に整理する。
欠けている次数の項はあけておく。

② 整数の割り算と同じように計算する。
高次の項が消えるように商を決める。

③ 右の計算から
商 x^2-x-2，余り 7

$$\begin{array}{r} x^2-x-2 \quad \leftarrow 商 \\ x+1\overline{)\,x^3 \quad\ \ -3x+5} \\ \underline{x^3+x^2 \qquad\qquad} \\ -x^2-3x \quad \\ \underline{-x^2-\ x \quad} \\ -2x+5 \\ \underline{-2x-2} \\ 7 \leftarrow 余り \end{array}$$

2 割り算について成り立つ等式

A と B が1つの文字についての多項式で，$B \neq 0$ とするとき，

$A=BQ+R$，　R は0か，B より次数の低い多項式

を満たす多項式 Q と R がただ1通りに定まる。

例　$A=x^3-3x+5$，$B=x+1$ とすると，A を B で割った商 Q，余り R は

$Q=x^2-x-2$，$R=7$

よって，$x^3-3x+5=(x+1)(x^2-x-2)+7$ が成り立つ。

A

☐ **21** 次の多項式 A，B について，A を B で割った商と余りを求めよ。

(1) $A=x^2-5x+4$，$B=x-1$

*(2) $A=4x^3+4x^2+3x+2$，$B=2x+1$

(3) $A=2x^3-3x+1$，$B=x-2$

(4) $A=1+a^4-3a^2$，$B=a^2+a-2$

*(5) $A=2x^3-3x-10$，$B=2x^2+4x+5$

(6) $A=3x^4-2x^3+1$，$B=2-x-x^2$

☐ **22** 次の多項式 A，B について，A を B で割った商 Q と余り R を求めよ。また，その結果を，$A=BQ+R$ の形に表せ。

(1) $A=8x^3-27$，$B=2x-3$　　*(2) $A=x^3-x^2+3x-3$，$B=x-3$

☐ ***23** 次の条件を満たす多項式 A，B を求めよ。

(1) A を x^2-2x-1 で割ると，商が $2x-3$，余りが $-2x$

(2) $6x^4+7x^3-9x^2-x+3$ を B で割ると，商が $2x^2+x-3$，余りが $6x$

☐ Aのまとめ **24** (1) x^3-5x^2+4x を x^2-x+1 で割った商と余りを求めよ。

(2) x^2-3x+2 で割ると，商が $3x+4$，余りが $3x-4$ になる多項式を求めよ。

多項式の割り算（2文字）

例題 3　x についての多項式 $8x^3-24xy^2+9y^3$，$3y-2x$ において，$8x^3-24xy^2+9y^3$ を $3y-2x$ で割った商と余りを求めよ。

指針　**多項式（2文字）の割り算の仕方**　x について降べきの順に整理して計算する。

解答

$$
\begin{array}{r|l}
 & -4x^2-6xy\quad+3y^2 \\
\hline
-2x+3y & 8x^3\quad\boxed{}\quad-24xy^2+9y^3 \\
 & 8x^3-12x^2y \\
\cline{2-2}
 & \qquad 12x^2y-24xy^2 \\
 & \qquad 12x^2y-18xy^2 \\
\cline{2-2}
 & \qquad\qquad -6xy^2+9y^3 \\
 & \qquad\qquad -6xy^2+9y^3 \\
\cline{2-2}
 & \qquad\qquad\qquad 0
\end{array}
$$

答　**商**　$-4x^2-6xy+3y^2$
余り　0

注意　2つ以上の文字を含む場合，割り切れないときにはどの文字の多項式とみるかによって，結果が異なるときがある。
例えば，$x^2+3xy+y^2$ を $x+y$ で割るとき，
　　x の多項式とみると，商 $x+2y$，余り $-y^2$，
　　y の多項式とみると，商 $y+2x$，余り $-x^2$
であるから，結果が異なる。
なお，割り切れるときは結果は一致する。

☐ ***25**　次の x についての多項式 A，B において，A を B で割った商と余りを求めよ。
(1)　$A=12x^2+29ax+14a^2$，$B=3x+2a$
(2)　$A=x^2+2xy+y^2-2x-2y-35$，$B=x+y-7$

☐ **26**　$x^2+2xy+3y^2-x+y-1$ を $x+3y$ で割るとき，次の問いに答えよ。
(1)　x についての多項式とみて割り算を行ったときの，商と余りを求めよ。
(2)　y についての多項式とみて割り算を行ったときの，商と余りを求めよ。

☐ **27**　次の条件を満たす多項式を求めよ。
(1)　$2x^2-1$ で割ると，商が $3x^2+2x-4$，余りが $x+3$ になる多項式
*(2)　$x^4-3x^3+2x^2-1$ を割ると，商が x^2+1，余りが $3x-2$ になる多項式

☐ **28**　(1)　x^3-3x^2+a を $x-1$ で割った余りを求めよ。
(2)　(1)の余りが2に等しいとき，定数 a の値を求めよ。
*(3)　$2x^3+bx+10$ を $x+3$ で割った余りが1であるとき，定数 b の値を求めよ。

4 分数式とその計算

1 分数式の計算 A, B, C, D は多項式，ただし，(分母)$\neq 0$ とする。

① **分数式** $\dfrac{A}{B}$ の形に表され，B に文字を含む式のこと。

② **基本性質** $\dfrac{AC}{BC}=\dfrac{A}{B}$ （ただし，$C\neq 0$）

③ **乗法・除法** $\dfrac{A}{B}\times\dfrac{C}{D}=\dfrac{AC}{BD}$, $\dfrac{A}{B}\div\dfrac{C}{D}=\dfrac{A}{B}\times\dfrac{D}{C}=\dfrac{AD}{BC}$

④ **加法・減法** $\dfrac{A}{C}+\dfrac{B}{C}=\dfrac{A+B}{C}$, $\dfrac{A}{C}-\dfrac{B}{C}=\dfrac{A-B}{C}$

A

☐ **29** 次の分数式を約分して簡単にせよ。

(1) $\dfrac{25a^2b^2}{30ab^2}$ *(2) $\dfrac{12a^2b^4c}{16a^3bc^4}$ (3) $\dfrac{4a^3+8ab^2}{12a^2}$

*(4) $\dfrac{(x-2)(x-1)}{(x-3)(x-1)}$ (5) $\dfrac{x^3-1}{x^2+3x-4}$ *(6) $\dfrac{a^2-(b+c)^2}{(a+b)^2-c^2}$

■次の計算をせよ。[**30**～**32**]

☐ **30** *(1) $\dfrac{ax^2}{14a^3b^2}\times\dfrac{21a^2b}{3x}$ (2) $\dfrac{8a^2b}{3xy}\div\dfrac{4ab}{6y}$

(3) $\dfrac{x^2}{x-1}\times\dfrac{x^2-1}{2x}$ (4) $\dfrac{a+b}{a-b}\div\dfrac{(a+b)^2}{a^2-b^2}$

*(5) $\dfrac{x^2-x-20}{x^3-2x^2+x}\times\dfrac{x^2-x}{x-5}$ *(6) $\dfrac{a^2+a-6}{a^2-a}\div\dfrac{a^2+5a+6}{a^2+2a}$

☐ **31** (1) $\dfrac{x}{x-4}+\dfrac{x-8}{x-4}$ (2) $\dfrac{x}{x-a}+\dfrac{a}{a-x}$ *(3) $\dfrac{x}{x+1}-\dfrac{1}{x+2}$

(4) $\dfrac{1}{(x-1)(x-5)}-\dfrac{1}{(x-5)(x+3)}$ *(5) $\dfrac{x+8}{x^2+x-2}+\dfrac{x-4}{x^2-x}$

☐ **32** (1) $\dfrac{a-\dfrac{1}{a}}{1-\dfrac{1}{a}}$ *(2) $\dfrac{x+1}{1-\dfrac{1}{x+2}}+\dfrac{x+3}{1+\dfrac{1}{x+2}}$

☐ **Aのまとめ 33** 次の計算をせよ。

(1) $\dfrac{(a+b)^2}{a^2-b^2}\div\dfrac{a}{a^3-b^3}$

(2) $\dfrac{5x+1}{x^2-4x+3}+\dfrac{x+2}{x^2-x}$

(3) $\dfrac{\dfrac{x+1}{x-1}-\dfrac{x-1}{x+1}}{\dfrac{x+1}{x-1}+\dfrac{x-1}{x+1}}$

分数式の加減

例題 4

次の計算をせよ。

(1) $\dfrac{x+2}{x}-\dfrac{x+3}{x+1}-\dfrac{x-5}{x-3}+\dfrac{x-6}{x-4}$

(2) $\dfrac{1}{(x-1)x}+\dfrac{1}{x(x+1)}+\dfrac{1}{(x+1)(x+2)}$

指針　**分数式の計算の仕方**　多くの式の和は加える順序に注意。

(1) (分子の次数)≧(分母の次数) の分数式は，$\dfrac{x+3}{x+1}=\dfrac{(x+1)+2}{x+1}=1+\dfrac{2}{x+1}$ のように，分子の次数を低くする。

(2) 前から順に加えてもよいが，各項を **2 つの分数式の差** に変形。

解答

(1) $(与式)=\left(1+\dfrac{2}{x}\right)-\left(1+\dfrac{2}{x+1}\right)-\left(1-\dfrac{2}{x-3}\right)+\left(1-\dfrac{2}{x-4}\right)$

$=\dfrac{2}{x}-\dfrac{2}{x+1}+\dfrac{2}{x-3}-\dfrac{2}{x-4}=\dfrac{2}{x(x+1)}-\dfrac{2}{(x-3)(x-4)}$

$=\dfrac{2(x-3)(x-4)-2x(x+1)}{x(x+1)(x-3)(x-4)}=-\boldsymbol{\dfrac{8(2x-3)}{x(x+1)(x-3)(x-4)}}$　答

(2) $(与式)=\left(\dfrac{1}{x-1}-\dfrac{1}{x}\right)+\left(\dfrac{1}{x}-\dfrac{1}{x+1}\right)+\left(\dfrac{1}{x+1}-\dfrac{1}{x+2}\right)=\boldsymbol{\dfrac{3}{(x-1)(x+2)}}$　答

■次の計算をせよ。[**34**，**35**]

□ **34** (1) $\dfrac{a^3}{(a-b)(a-c)}+\dfrac{b^3}{(b-a)(b-c)}+\dfrac{c^3}{(c-a)(c-b)}$

(2) $\dfrac{x-2}{x^2+x-6}+\dfrac{x-5}{x^2-8x+15}+\dfrac{1}{x^2-9}$

(3) $\dfrac{x-2}{2x^2-5x+3}+\dfrac{3x-1}{2x^2+x-6}+\dfrac{2x-5}{x^2+x-2}$

□ ***35** (1) $\dfrac{1}{x+2}+\dfrac{1}{x+3}-\dfrac{1}{x+4}-\dfrac{1}{x+5}$

(2) $\dfrac{x+3}{x}-\dfrac{x+4}{x+1}-\dfrac{x-6}{x-3}+\dfrac{x-7}{x-4}$

(3) $\dfrac{1}{1-a}+\dfrac{1}{1+a}+\dfrac{2}{1+a^2}+\dfrac{4}{1+a^4}$

(4) $\dfrac{1}{a(a+2)}+\dfrac{1}{(a+2)(a+4)}+\dfrac{1}{(a+4)(a+6)}$

□ ***36** $x+\dfrac{1}{x}=4$ のとき，$x^2+\dfrac{1}{x^2}$，$x^3+\dfrac{1}{x^3}$ の値を求めよ。

5 恒等式

1 恒等式の性質

P，Q を x についての多項式とする。

[1]　$P=Q$ が恒等式 $\Longleftrightarrow$ P と Q の次数は等しく，
両辺の同じ次数の項の係数は，それぞれ等しい。

[2]　$P=0$ が恒等式 $\Longleftrightarrow$ P の各項の係数はすべて 0 である。

2 係数の決定

恒等式の性質を利用して，恒等式の未知の係数を決定する。

①　係数比較法　両辺を整理して，両辺の同じ次数の項の係数を比較する。

②　数値代入法　x に適当な値を代入して，係数に関する連立方程式を作る。

A

□ *37　次の等式のうち，恒等式はどれか。

①　$(a+3)(a-2)=a^2+a-5$　　②　$(a+b)^2-(a-b)^2=4ab$

③　$\dfrac{1}{x}+\dfrac{1}{x+2}=\dfrac{2}{x(x+2)}$　　④　$\dfrac{1}{x+1}-\dfrac{1}{x+2}=\dfrac{1}{x^2+3x+2}$

■次の等式が x についての恒等式となるように，定数 a，b，c，d の値を定めよ。
［38～40］

□ 38　(1)　$(2a+b)x+(3a-b+5)=0$

(2)　$(a+3)x^2+(3a-b)x+(b+c+2)=0$

□ 39　(1)　$x^2+7x+6=(ax+b)(x+1)$

*(2)　$ax^2+bx=(x-2)(x+2)+c(x+2)^2$

*(3)　$x^2=a(x-2)^2+b(x-2)+c$

(4)　$a(x-1)^3+b(x-1)^2+c(x-1)+d=x^3+x^2+x+1$

□ 40　(1)　$\dfrac{2}{x^2-1}=\dfrac{a}{x-1}+\dfrac{b}{x+1}$　　*(2)　$\dfrac{a}{x+1}+\dfrac{b}{x+3}=\dfrac{3x+5}{(x+1)(x+3)}$

*(3)　$\dfrac{4}{(x+1)(x-1)^2}=\dfrac{a}{x+1}+\dfrac{b}{x-1}+\dfrac{c}{(x-1)^2}$

□ Aのまとめ 41　次の等式が x についての恒等式となるように，定数 a，b，c の値を定めよ。

(1)　$x^3-ax-2=(x+1)(bx^2-x+c)$

(2)　$\dfrac{3}{x^3-1}=\dfrac{a}{x-1}+\dfrac{bx+c}{x^2+x+1}$

条件式のある恒等式

例題 5　$x+y=1$ を満たす x，y について，常に $ax^2+by+c=x$ が成り立つとき，定数 a，b，c の値を求めよ。

指針　**条件式のある恒等式**　文字を消去して，x または y のみの恒等式を導く。
一般に，条件式がある場合は，それを利用して文字を減らすとよい。

解答　$x+y=1$ から　　$y=1-x$
これを $ax^2+by+c=x$ に代入すると　　$ax^2+b(1-x)+c=x$
x について整理すると　　$ax^2-(b+1)x+b+c=0$
この等式は，すべての x について成り立つから，x についての恒等式である。
したがって　　$a=0$，$-(b+1)=0$，$b+c=0$
これを解いて　　$\boldsymbol{a=0}$，$\boldsymbol{b=-1}$，$\boldsymbol{c=1}$　答

☐ **42**　x の多項式 $2x^3+ax+10$ を x^2-3x+b で割ると，余りが $3x-2$ になる。このとき，恒等式 $2x^3+ax+10=(x^2-3x+b)(2x+c)+3x-2$ が成り立つ。定数 a，b，c の値を求めよ。

☐*__43__　次の条件を満たすように，定数 a，b の値を定めよ。
(1)　x^3+6x^2+ax-6 は x^2+3x+b で割り切れる。
(2)　x^3+ax^2-3x+b は $(x-2)^2$ で割ると，余りが $3x+2$ になる。

☐ **44**　次の等式が k のどのような値に対しても成り立つように，x，y の値を定めよ。
*(1)　$(2x+3y)k+(x-4y+3)=0$
(2)　$(k+1)x-(2k+3)y-3k-5=0$
*(3)　$(k^2+1)x+(k^2+2k)y-2k+1=0$

☐ **45**　次の等式が x，y についての恒等式となるように，定数 a，b，c，d の値を定めよ。
(1)　$(a+b)x+(2a-b+3)y+(b-2c)=0$
*(2)　$x^2+y^2=a(x+y)^2+b(x-y)^2$
(3)　$(x+ay-3)(2x-3y+b)=2x^2+cxy-6y^2-4x+dy-6$

発展

☐ **46**　$x+y=1$ を満たす x，y について，常に $ax^2+by^2+cx=1$ が成り立つとき，定数 a，b，c の値を求めよ。

6 等式の証明

注意　以下，分数式に関する問題では，分母は0でないと考えるものとする。

1　恒等式 $A=B$ の証明

① AかBの一方を変形して，他方を導く。

② A，Bをそれぞれ変形して，同じ式を導く。

③ $A-B=0$ であることを示す。

2　条件つきの等式の証明

① 条件式を用いて文字を消去し，上に示した恒等式の証明方法で行う。

② 条件式が比例式のときは，(比の値)$=k$ とおく。

47　次の等式を証明せよ。

*(1)　$(a+b)^2+(a-b)^2=2(a^2+b^2)$

(2)　$(a^2+3b^2)(c^2+3d^2)=(ac-3bd)^2+3(ad+bc)^2$

(3)　$a^2+b^2+c^2-ab-bc-ca=\frac{1}{2}\{(a-b)^2+(b-c)^2+(c-a)^2\}$

48　$a+b+c=0$ のとき，次の等式が成り立つことを証明せよ。

(1)　$(a+b)(b+c)(c+a)+abc=0$

*(2)　$a^2+ab+b^2=-(ab+bc+ca)$

*(3)　$a^2(b+c)+b^2(c+a)+c^2(a+b)+3abc=0$

49　$\frac{a}{b}=\frac{c}{d}$ のとき，次の等式が成り立つことを証明せよ。

(1)　$(a+b)(c-d)=(a-b)(c+d)$　　*(2)　$\frac{ab+cd}{ab-cd}=\frac{a^2+c^2}{a^2-c^2}$

50　$a:b:c=2:3:4$，$abc\neq 0$ とする。

(1)　$\frac{ab+bc+ca}{a^2+b^2+c^2}$ の値を求めよ。

(2)　$3a+2b+c=32$ のとき，a，b，c の値を求めよ。

Aのまとめ 51　次の等式が成り立つことを証明せよ。

(1)　$a+b+c=0$ のとき　$(a+c)^2+bc=(b+c)^2+ac$

(2)　$\frac{a}{b}=\frac{c}{d}$ のとき　$\frac{ab}{a^2+b^2}=\frac{cd}{c^2+d^2}$

「少なくとも1つは…」の証明

例題 6　$x+y+z=1$，$xy+yz+zx=xyz$ のとき，x，y，z のうち少なくとも1つは1であることを証明せよ。

指針　**少なくとも1つ**　x，y，z のうち，少なくとも1つは1
$\Longleftrightarrow$ $x-1=0$ または $y-1=0$ または $z-1=0$
$\Longleftrightarrow$ $(x-1)(y-1)(z-1)=0$

解答
$$(x-1)(y-1)(z-1)=xyz-(xy+yz+zx)+(x+y+z)-1$$
$$=xyz-xyz+1-1=0$$
ゆえに　$x-1=0$ または $y-1=0$ または $z-1=0$
よって，x，y，z のうち少なくとも1つは1である。　終

□*52　$2x+y-2z=0$，$x-2y+z=0$，$xyz\neq 0$ のとき
(1) x，y の値を z で表せ。
(2) $x:y:z$ を求めよ。
(3) $\dfrac{xy+2yz+3zx}{x^2+y^2+z^2}$ の値を求めよ。

□ 53　(1) $x+y+z=1$，$x^2+y^2+z^2=1$ のとき，$xy+yz+zx$ の値を求めよ。
(2) $a+b+c=0$ のとき，$a\left(\dfrac{1}{b}+\dfrac{1}{c}\right)+b\left(\dfrac{1}{c}+\dfrac{1}{a}\right)+c\left(\dfrac{1}{a}+\dfrac{1}{b}\right)$ の値を求めよ。

□*54　$x+y+z=2$，$xyz=2(xy+yz+zx)$ のとき，x，y，z のうち少なくとも1つは2に等しいことを証明せよ。

□ 55　$a^2b+b^2c+c^2a=ab^2+bc^2+ca^2$ のとき，a，b，c のうち少なくとも2つは等しいことを証明せよ。

□*56　$x+y+z=0$，$x^2-yz=a$ のとき，$y^2-zx=z^2-xy=a$ が成り立つことを証明せよ。

□ 57　$a^2-bc=b^2-ca=c^2-ab$ のとき，「$a=b=c$ または $a+b+c=0$」であることを証明せよ。

□ 58　$\dfrac{x+y}{z}=\dfrac{y+z}{x}=\dfrac{z+x}{y}$ のとき，この式の値を求めよ。

ヒント　**53** (1) $x+y+z=1$ の両辺を2乗する。
57 条件式 $a^2-bc=b^2-ca$，$b^2-ca=c^2-ab$ を整理する。
58 (比の値)$=k$ とおき，3つの式を導き出し，辺々を加える。

7 不等式の証明

1 実数の大小関係の基本性質　$a>b$, $a=b$, $a<b$ のどれか1つの関係だけが成り立つ。

① $a>b,\ b>c \Longrightarrow a>c$

② $a>b \Longrightarrow a+c>b+c,\ a-c>b-c$

特に　$a>b \Longleftrightarrow a-b>0$　　$a<b \Longleftrightarrow a-b<0$

③ $a>b,\ c>0 \Longrightarrow ac>bc,\ \dfrac{a}{c}>\dfrac{b}{c}$　　$a>b,\ c<0 \Longrightarrow ac<bc,\ \dfrac{a}{c}<\dfrac{b}{c}$

2 不等式の証明　以下の性質を利用して証明する。

① $a^2 \geqq 0$ (等号成立は $a=0$ のとき)　　$a^2+b^2 \geqq 0$ (等号成立は $a=b=0$ のとき)

② $a>0,\ b>0$ のとき　$a^2>b^2 \Longleftrightarrow a>b$,　$a^2 \geqq b^2 \Longleftrightarrow a \geqq b$

③ $a>0,\ b>0$ のとき　$\dfrac{a+b}{2} \geqq \sqrt{ab}$ (等号成立は $a=b$ のとき)

④ $|a| \geqq 0,\ |a| \geqq a,\ |a| \geqq -a,\ |a|^2=a^2,\ |ab|=|a||b|$

A

☐ **59** $x>3$, $y>4$ のとき，次の不等式が成り立つことを証明せよ。

(1) $x+y>7$　　*(2) $xy+12>4x+3y$

☐ **60** $0<a<b$ のとき，次の不等式が成り立つことを証明せよ。

(1) $a^2<b^2$　　(2) $a<\dfrac{2a+b}{3}<b$

☐ ***61** 次の不等式を証明せよ。また，(2)～(4) は等号が成り立つ場合を調べよ。

(1) $a^2+11>6a$　　(2) $4a^2 \geqq 3b(4a-3b)$

(3) $a^2+2ab+2b^2 \geqq 0$　　(4) $2(x^2+3y^2) \geqq 5xy$

☐ **62** *(1) $a>0$, $b>0$ のとき，$\sqrt{9a+16b}<3\sqrt{a}+4\sqrt{b}$ を証明せよ。

(2) $a>b>0$ のとき，$\sqrt{a}-\sqrt{b}<\sqrt{a-b}$ を証明せよ。

☐ **63** $a>0$, $b>0$ のとき，次の不等式が成り立つことを証明せよ。

*(1) $a+\dfrac{9}{a} \geqq 6$　　(2) $\dfrac{3b}{2a}+\dfrac{2a}{3b} \geqq 2$

(3) $\dfrac{2}{a+b}+2a+2b \geqq 4$　　*(4) $(a+2b)\left(\dfrac{2}{a}+\dfrac{1}{b}\right) \geqq 8$

☐ **Aのまとめ 64** $a>0$, $b>0$ のとき，次の不等式が成り立つことを証明せよ。

(1) $a^2+1 \geqq 2a$　　(2) $a^2+5b^2>4ab$

(3) $2\sqrt{a}+5\sqrt{b}>\sqrt{4a+25b}$　　(4) $\left(a+\dfrac{1}{b}\right)\left(b+\dfrac{1}{a}\right) \geqq 4$

大小関係 ⟶ 適当な値で見当をつける

例題 7　$0<a<b$，$a+b=2$ のとき，次の数を小さい方から順に並べよ。

$$1,\ a,\ b,\ ab,\ \frac{a^2+b^2}{2}$$

指針　**多くの式の大小**　条件を満たす適当な数値を代入して大小の見当をつけ，証明。

$a=\frac{1}{2}$，$b=\frac{3}{2}$ とすると，$a<ab<1<\frac{a^2+b^2}{2}<b$ と予想される。

解答　$a+b=2$ から　$a=2-b$　　$0<a<b$ から　$0<2-b<b$

よって　$1<b<2$

[1]　$b-\frac{a^2+b^2}{2}=b-\frac{(2-b)^2+b^2}{2}=-b^2+3b-2=-(b-1)(b-2)>0$

よって　$\frac{a^2+b^2}{2}<b$

[2]　$\frac{a^2+b^2}{2}-1=\frac{(2-b)^2+b^2}{2}-1=(b-1)^2>0$　　よって　$1<\frac{a^2+b^2}{2}$

[3]　$1-ab=1-(2-b)b=b^2-2b+1=(b-1)^2>0$　　よって　$ab<1$

[4]　$ab-a=a(b-1)>0$　　よって　$a<ab$

[1]～[4] より，小さい方から順に並べると　$\boldsymbol{a,\ ab,\ 1,\ \frac{a^2+b^2}{2},\ b}$ 答

B

■次の不等式を証明せよ。[**65**，**66**]

65 *(1)　$x^2+2xy+2y^2-2x+2y+13>0$　　(2)　$x^2+4y^2+9z^2-2xy-6yz-3zx\geqq 0$

66 *(1)　$(a^4+b^4)(a^2+b^2)\geqq(a^3+b^3)^2$　　(2)　$a^4+1\geqq a^3+a$

*(3)　$a^2+b^2\geqq 2(a+3b-5)$　　(4)　$3(a^2+b^2+c^2)\geqq(a+b+c)^2$

67　$a>b\geqq c>0$ のとき，次の空欄に記号 ≧，≦，>，< のどれかを記入して正しい関係が成り立つようにせよ。ただし，等号が成立しない場合は >，< のどちらかを記入し，どの記号も当てはまらない場合は × とせよ。

*(1)　$2(ac+b^2)$ □ $b(4a+c)$　　*(2)　a^2+2bc □ $2ab+ca$

(3)　$a^2+2(b^2+c^2)$ □ $2a(b+c)$

68 *(1)　不等式 $\sqrt{a^2+b^2}\leqq|a|+|b|\leqq\sqrt{2}\sqrt{a^2+b^2}$ を証明せよ。

(2)　$|a+b|$，$|a|+|b|$，$|a|-|b|$，$\sqrt{2}\sqrt{a^2+b^2}$ を小さい方から順に並べよ。

***69**　$x>0$ のとき，$\left(x+\frac{16}{x}\right)\left(x+\frac{1}{x}\right)$ の最小値を求めよ。

***70**　$0<a<b$，$a+b=1$ のとき，$\frac{1}{2}$，a，b，$2ab$，$1-ab$ を小さい方から順に並べよ。

8　第1章　演習問題

最大・最小

例題 8　$2a+b=4$, $a>0$, $b>0$ のとき，ab の最大値を求めよ。

指針　**2文字の最大・最小**　相加平均と相乗平均の大小関係を利用。

解答　$2a>0$, $b>0$ であるから，相加平均と相乗平均の大小関係により

$2a+b \geqq 2\sqrt{2ab}$　　等号が成り立つのは，$2a=b$ のときである。

$2a+b=4$ であるから　　$4 \geqq 2\sqrt{2ab}$　　　ゆえに　$\sqrt{ab} \leqq \dfrac{2}{\sqrt{2}}$

両辺は正であるから　　$ab \leqq 2$

等号が成り立つのは，$2a=b$, $2a+b=4$ から，$a=1$, $b=2$ のとき。

よって，ab は **$a=1$, $b=2$ のとき最大値 2** をとる。 答

別解　$2a+b=4$ であるから　　$b=-2a+4$

更に，$a>0$, $b>0$ であるから　　$0<a<2$

よって　　$ab=a(-2a+4)=-2(a-1)^2+2$

したがって，ab は **$a=1$, $b=2$ のとき最大値 2** をとる。 答

□ **71**　x の多項式 $x^4+4x^3-2x^2+ax+b$ が，ある2次式の2乗になるとき，定数 a, b の値を求めよ。

□ **72**　$x+y+z=5$, $3x+y-z=-15$ を満たす任意の x, y, z に対して常に $ax^2+by^2+cz^2=25$ が成り立つとき，定数 a, b, c の値を求めよ。

□ **73**　$a>0$, $b>0$ とする。次の値を求めよ。

(1)　$a+\dfrac{16}{a}$ の最小値

(2)　$ab=16$ のときの $a+b$ の最小値

(3)　$a+b=16$ のときの ab の最大値

(4)　$2a+3b=16$ のときの ab の最大値

□ **74**　(1)　$(a^2+b^2)(x^2+y^2) \geqq (ax+by)^2$ を示せ。

(2)　$2x+3y=1$ のとき，x^2+y^2 の最小値を求めよ。

(3)　$x^2+y^2=1$ のとき，$2x+3y$ の最大値を求めよ。

ヒント **72** 条件式から y, z を消去して，x についての恒等式を導く。

74 (2), (3)　(1) の結果を利用する。

不等式の証明

例題 9　$|x|<1$，$|y|<1$，$|z|<1$ のとき，次の不等式を証明せよ。
(1)　$xy+1>x+y$　　(2)　$xyz+2>x+y+z$

指針　**複雑な不等式の証明**　①　既知の等式・不等式の利用（結果の利用）。
②　同じような方法で証明。特に3文字の場合は2文字の場合に帰着。

解答　(1)　$(xy+1)-(x+y)=(x-1)(y-1)$
$|x|<1$，$|y|<1$ より，$x-1<0$，$y-1<0$ であるから　$(x-1)(y-1)>0$
よって　$(xy+1)-(x+y)>0$　すなわち　$xy+1>x+y$　終
(2)　$|x|<1$，$|y|<1$ から　$|xy|<1$　また　$|z|<1$
よって，(1) から　$xy\cdot z+1>xy+z$　……①
更に，(1) により　$xy+1>x+y$　……②
①，② の辺々を加えて　$xyz+xy+2>xy+x+y+z$
したがって　$xyz+2>x+y+z$　終

B

☐ **75**　正の数 a，b，c について
(1)　$a+b=c$ ならば，$a^2+b^2<c^2$ であることを証明せよ。
(2)　$a^2+b^2=c^2$ ならば，$a^3+b^3<c^3$ であることを証明せよ。

☐ **76**　$a+b+c=a^2+b^2+c^2=2$ であるとき，次の等式を証明せよ。
$$a(1-a)^2=b(1-b)^2=c(1-c)^2$$

発展

☐ **77**　(1)　$a\geqq 2$，$b\geqq 2$ のとき，$ab\geqq a+b$ を証明せよ。
(2)　$a\geqq 2$，$b\geqq 2$，$c\geqq 2$，$d\geqq 2$ のとき，$abcd>a+b+c+d$ を証明せよ。

☐ **78**　$a\leqq b\leqq c$，$x\leqq y\leqq z$ のとき，次の不等式を証明せよ。
(1)　$(a+b)(x+y)\leqq 2(ax+by)$
(2)　$(a+b+c)(x+y+z)\leqq 3(ax+by+cz)$

☐ **79**　次の数を小さい方から順に並べよ。
(1)　$0<a<b<c<d$ のとき　$\dfrac{a}{d}$，$\dfrac{c}{b}$，$\dfrac{a+c}{b+d}$，$\dfrac{ac}{bd}$
(2)　$0<a<b$ のとき　$\dfrac{a+b}{2}$，$\sqrt{ab}$，$\dfrac{2ab}{a+b}$，$\sqrt{\dfrac{a^2+b^2}{2}}$

ヒント　**75** (2)　$(c^3)^2-(a^3+b^3)^2>0$ であることを示す。
76　$a(1-a)^2=b(1-b)^2$ の証明 ⟶ c がない ⟶ 条件式を用いて c を消去。

第2章 複素数と方程式

9 複素数

1 複素数 a, b, c, d は実数とし，$i^2=-1$ とする。

① **複素数 $a+bi$** $b=0$ のとき実数，$b\neq0$ のとき虚数。

② **相等** $a+bi=c+di \Longleftrightarrow a=c$ かつ $b=d$ 特に $a+bi=0 \Longleftrightarrow a=0$ かつ $b=0$

③ **四則計算** $(a+bi)+(c+di)=(a+c)+(b+d)i$

$(a+bi)-(c+di)=(a-c)+(b-d)i$

$(a+bi)(c+di)=(ac-bd)+(ad+bc)i$

$$\frac{a+bi}{c+di}=\frac{(a+bi)(c-di)}{(c+di)(c-di)}=\frac{ac+bd}{c^2+d^2}+\frac{bc-ad}{c^2+d^2}i$$

④ **負の数の平方根** $a>0$ のとき，$-a$ の平方根は $\pm\sqrt{-a}$ すなわち $\pm\sqrt{a}i$

A

☐ **80** 次の複素数の実部と虚部をいえ。

(1) $4-5i$　(2) $\dfrac{3i+4}{2}$　(3) -5　(4) $3i$

☐ **81** 次の等式を満たす実数 x, y の値を求めよ。

(1) $x+yi=3-5i$　(2) $x+3i=2-yi$

*(3) $(x-2y)+(x-y)i=1+4i$　(4) $(2x+y)+(x-5)i=0$

☐ **82** 次の式を計算せよ。

(1) $4i+5i$　(2) $(1+2i)+(2+3i)$　*(3) $(4-9i)-(3-9i)$

*(4) $(1+3i)(2+i)$　(5) $(6-2i)(6+2i)$　*(6) $(3-2i)^2$

☐ **83** 次の複素数と共役な複素数をいえ。

*(1) $5+3i$　(2) $1-2i$　*(3) $2i$　(4) 8

☐ **84** 次の式を計算せよ。

(1) $\dfrac{5}{2+i}$　(2) $\dfrac{1}{i}$　*(3) $\dfrac{3+i}{3-i}$　(4) $\dfrac{1+i}{3+2i}$

☐ **85** 次の等式が誤っていることを示せ。

(1) $\sqrt{-2}\times\sqrt{-3}=\sqrt{(-2)\times(-3)}$　(2) $\dfrac{\sqrt{3}}{\sqrt{-2}}=\sqrt{-\dfrac{3}{2}}$

☐ **Aのまとめ 86** 次の式を計算せよ。

(1) $(3+2i)(-5+2i)$　(2) $(5-7i)^2$

(3) $\dfrac{1}{i}+\dfrac{1}{i^3}+\dfrac{1}{i^4}$　(4) $\dfrac{2+\sqrt{-5}}{2-\sqrt{-5}}$

複素数の積，相等

例題 10　次の等式を満たす実数 x，y の値を求めよ。

$$(1-2i)(x+yi)=2+6i$$

指針　**相等条件**　a，b，c，d が実数のとき　$a+bi=c+di \iff a=c,\ b=d$

解答　左辺を変形して　$(x+2y)+(-2x+y)i=2+6i$

$x+2y$，$-2x+y$ は実数であるから　$x+2y=2$，$-2x+y=6$

これを解いて　$\boldsymbol{x=-2,\ y=2}$　答

別解　両辺を $1-2i$ で割って　$x+yi=\dfrac{2+6i}{1-2i}$

$$\frac{2+6i}{1-2i}=\frac{(2+6i)(1+2i)}{(1-2i)(1+2i)}=\frac{2+4i+6i+12i^2}{1^2+2^2}=\frac{-10+10i}{5}=-2+2i$$

よって　$x+yi=-2+2i$

x，y は実数であるから　$\boldsymbol{x=-2,\ y=2}$　答

87　次の式を計算せよ。

(1)　$\{(-1+2i)-(7-3i)\}^2$　　*(2)　$(2+i)^3+(2-i)^3$

*(3)　$\left(\dfrac{2}{i}+i\right)\left(\dfrac{2}{i}-i\right)$　　(4)　$\left(\dfrac{3-2i}{2+3i}\right)^2$

*(5)　$\dfrac{1-i}{1+i}+\dfrac{1+i}{1-i}$　　(6)　$\dfrac{2+3i}{1+2i}+\dfrac{2i}{3-i}$

88　$x=-2+3i$，$y=-2-3i$ のとき，次の式の値を求めよ。

(1)　x^2+y^2　　*(2)　x^3+y^3　　(3)　$\dfrac{y}{x}+\dfrac{x}{y}$

89　次の等式を満たす実数 x，y の値を求めよ。

(1)　$(2+i)x+3(y-i)=6+yi$　　*(2)　$(3+i)(x+yi)=1+i$

*(3)　$\dfrac{1}{2+i}+\dfrac{1}{x+yi}=\dfrac{1}{2}$　　*(4)　$(1+xi)^2+(x+i)^2=0$

90　$\alpha=\dfrac{3+i}{1+i}+\dfrac{x-i}{1-i}$ が次のようになるとき，実数 x の値を求めよ。

(1)　α が実数　　(2)　α が純虚数

91　2つの虚数 α，β について，和 $\alpha+\beta$ と積 $\alpha\beta$ がともに実数ならば，α と β は互いに共役な複素数であることを示せ。

第2章　複素数と方程式

10　2次方程式の解と判別式

1　2次方程式 $ax^2+bx+c=0$ の解の公式（a, b, c は実数）

解は　$x=\dfrac{-b\pm\sqrt{b^2-4ac}}{2a}$　　特に $b=2b'$ のとき　$x=\dfrac{-b'\pm\sqrt{b'^2-ac}}{a}$

2　2次方程式の解の種類の判別

2次方程式 $ax^2+bx+c=0$（a, b, c は実数）の解と判別式 $D=b^2-4ac$ について

$D>0 \iff$ 異なる2つの実数解をもつ
$D=0 \iff$ 重解（実数解）をもつ
（以上2つをまとめて）$D\geqq 0 \iff$ 実数解をもつ
$D<0 \iff$ 異なる2つの虚数解をもつ

注意　以下，断りのない限り，方程式などの係数はすべて実数とする。

A

☐ **92**　次の2次方程式を解け。

(1)　$x^2=-9$　　*(2)　$x^2+3x+10=0$

*(3)　$x^2-4x+8=0$　　*(4)　$2(x-1)^2+2(x-1)+1=0$

(5)　$(\sqrt{2}-1)x^2+\sqrt{2}x+1=0$　　(6)　$(x+1)(x+3)=x(9-2x)$

(7)　$1.4x-1.2x^2=0.6$　　*(8)　$\dfrac{x^2+1}{2}=\dfrac{x-1}{3}$

☐ **93**　次の2次方程式の解の種類を判別せよ。

*(1)　$x^2-3x-1=0$　　(2)　$4x^2-12x+9=0$

(3)　$3x^2+9x+7=0$

☐ **94**　a は定数とする。次の2次方程式の解の種類を判別せよ。

(1)　$x^2+3x+2a+2=0$　　*(2)　$2x^2-2ax-a^2+3=0$

☐ **95**　次の2次方程式が重解をもつとき，定数 m の値とその解を求めよ。

(1)　$x^2+2mx+m+2=0$　　*(2)　$4x^2+(m-1)x+1=0$

☐ ***96**　2次方程式 $x^2-x+7=m(x+1)$ が虚数解をもつように，定数 m の値の範囲を定めよ。

☐ **Aのまとめ　97**　次の2次方程式(1)を解け。また，方程式(2)が実数解をもつように，定数 m の値の範囲を定めよ。

(1)　$(2x-3)^2=x-2$　　(2)　$x^2+(m-1)x+m^2=0$

解の判別

例題 11　a は定数とする。次の方程式の解の種類を判別せよ。

$$ax^2-(a-8)x+1=0$$

指針　**解の判別**　単に「方程式」とあるから，(2 次の係数)$=0$ の場合も考える。

解答　$a\neq0$ のとき，与えられた方程式は 2 次方程式であり，その判別式を D とすると

$$D=(a-8)^2-4\cdot a\cdot 1=a^2-20a+64=(a-4)(a-16)$$

$D>0$　すなわち　**$a<0$，$0<a<4$，$16<a$ のとき異なる 2 つの実数解**

$D=0$　すなわち　**$a=4$，16 のとき重解（実数解）**

$D<0$　すなわち　**$4<a<16$ のとき異なる 2 つの虚数解** をもつ。

$a=0$ のとき，方程式は $8x+1=0$ となり，**1 つの実数解をもつ。**　答

B

□*98　a は定数とする。次の方程式の解の種類を判別せよ。

(1)　$x^2-2(a+1)x+2a^2+3=0$　　(2)　$ax^2+6x+a-8=0$

□*99　方程式 $(k^2-1)x^2+2(k+1)x+2=0$ が重解をもつように，定数 k の値を定め，その重解を求めよ。

□ 100　2 つの 2 次方程式 $x^2+2ax+a+2=0$，$x^2+(a-1)x+a^2=0$ が次の条件を満たすとき，定数 a の値の範囲を求めよ。

*(1)　ともに虚数解をもつ。

(2)　どちらか一方だけが虚数解をもつ。

□ 101　a，b，c は実数の定数とする。次の各場合において，2 次方程式 $ax^2+bx+c=0$ は虚数解をもたないことを示せ。

(1)　$b=a+c$　　(2)　$a+c=0$　　*(3)　a と c が異符号

□*102　$x=2+3i$ が方程式 $x^2+ax+b=0$ の 1 つの解であるとき，実数の定数 a，b の値を求めよ。また，他の解を求めよ。

発展

□ 103　a は実数の定数とする。方程式 $x^2+(3a+2i)x+(1+3i)=0$ が実数解をもつように，a の値を定めよ。また，その実数解を求めよ。

ヒント　**102，103**　A，B が実数のとき　$A+Bi=0 \iff A=0,\ B=0$ を利用。

11 解と係数の関係

1 2次方程式の解と係数の関係　実数 a，b，c $(a\neq 0)$ について，次のことが成り立つ。
2次方程式 $ax^2+bx+c=0$ の2つの解が α，β $\Longleftrightarrow$ $\alpha+\beta=-\dfrac{b}{a}$，$\alpha\beta=\dfrac{c}{a}$
$\Longleftrightarrow$ $ax^2+bx+c=a(x-\alpha)(x-\beta)$

2 2数を解とする2次方程式
2数 α，β に対して，$p=\alpha+\beta$，$q=\alpha\beta$ とすると，α と β を解とする2次方程式の1つは　$x^2-px+q=0$

A

☐ **104** 次の2次方程式について，2つの解の和と積を求めよ。
*(1) $x^2+3x+2=0$　(2) $x^2-5x+6=0$　*(3) $4x^2+3x-9=0$
(4) $-2x^2+1=0$　*(5) $\dfrac{3}{2}x^2+2x+\dfrac{5}{6}=0$　(6) $2x(3-x)=0$

☐ **105** 2次方程式 $2x^2-2x+1=0$ の2つの解を α，β とするとき，次の式の値を求めよ。
*(1) $\alpha^2\beta+\alpha\beta^2$　(2) $\alpha^2+\beta^2$　*(3) $(\alpha-\beta)^2$
*(4) $(1+\alpha)(1+\beta)$　(5) $\alpha^3+\beta^3$　(6) $\dfrac{\beta^2}{\alpha}+\dfrac{\alpha^2}{\beta}$

☐ **106** 次の各場合について，定数 m の値と2つの解を求めよ。
*(1) 2次方程式 $x^2-10x+m=0$ の2つの解の比が $2:3$ である。
(2) 2次方程式 $x^2-2x+m=0$ の1つの解が他の解の平方である。

☐ **107** 次の2次式を，複素数の範囲で因数分解せよ。
(1) x^2-2x-1　*(2) x^2+2x+5　(3) $2x^2-3x+4$

☐ **108** 次の2数を解とする2次方程式を作れ。ただし，係数は整数とする。
(1) -7，5　*(2) $\dfrac{3}{2}$，$-\dfrac{2}{3}$
(3) $1+\sqrt{5}$，$1-\sqrt{5}$　*(4) $2+3i$，$2-3i$

☐ **109** 和と積が次のようになる2数を求めよ。
*(1) 和が5，積が -14　*(2) 和が4，積が -1　(3) 和と積がともに2

☐ **Aのまとめ 110** (1) 2次方程式 $2x^2-4x-3=0$ の2つの解を α，β とするとき，$(2+\alpha)(2+\beta)$，$\alpha^2+\beta^2$ の値を求めよ。
(2) 2数 $5+3i$，$5-3i$ を解とする2次方程式を作れ。

因数分解

例題 12　4 次式 x^4+7x^2-18 を次の各範囲で因数分解せよ。
(ア)　有理数　　(イ)　実数　　(ウ)　複素数

指針　**因数分解と係数の範囲**　すべての 2 次以上の多項式は，係数が複素数の範囲で 1 次式の積に分解できる。

解答
$x^4+7x^2-18=(x^2-2)(x^2+9)$　← 有理数の範囲で因数分解。
$=(x+\sqrt{2})(x-\sqrt{2})(x^2+9)$　← 実数の範囲で因数分解。
$=(x+\sqrt{2})(x-\sqrt{2})(x+3i)(x-3i)$　← 複素数の範囲で因数分解。

(ア)　$\boldsymbol{(x^2-2)(x^2+9)}$　答
(イ)　$\boldsymbol{(x+\sqrt{2})(x-\sqrt{2})(x^2+9)}$　答
(ウ)　$\boldsymbol{(x+\sqrt{2})(x-\sqrt{2})(x+3i)(x-3i)}$　答

111　a を実数とする。次の 2 次方程式の 1 つの解が [　] 内の数であるとき，他の解を求めよ。また，定数 a の値を求めよ。
(1)　$x^2+ax+12=0$　[3]　　*(2)　$x^2-2x+a=0$　[$1+\sqrt{2}i$]

112　2 次方程式 $x^2+2x+4=0$ の 2 つの解を α, β とするとき，次の 2 数を解とする 2 次方程式を作れ。ただし，係数は整数とする。
(1)　$\alpha+\beta$,　$\alpha\beta$　　*(2)　α^2,　β^2
*(3)　$\alpha+3$,　$\beta+3$　　(4)　$\dfrac{\beta}{\alpha}$,　$\dfrac{\alpha}{\beta}$

***113**　2 次方程式 $x^2-a^2x-a=0$ の 2 つの解が $x^2+ax-1=0$ の 2 つの解にそれぞれ 1 を加えたものに等しいとき，定数 a の値を求めよ。

114　A さんは 2 次方程式の定数項を読み違えたために $x=-3\pm\sqrt{14}$ という解を導き，B さんは同じ 2 次方程式の 1 次の項の係数を読み違えたために $x=1$, 5 という解を導いた。もとの正しい 2 次方程式の解を求めよ。

115　次の 4 次式を，(ア) 有理数　(イ) 実数　(ウ) 複素数　の各範囲で因数分解せよ。
*(1)　x^4+x^2-12　　(2)　$2x^4+x^2-1$

ヒント **114**　2 人の導いた解から，2 人が実際に解いた 2 次方程式をそれぞれ復元する。

2次方程式の解の存在範囲

例題 13　2次方程式 $x^2+2mx+2m^2-5=0$ が，1より大きい異なる2つの解をもつように，定数 m の値の範囲を定めよ。

指針　**2次方程式の解 α，β と数 k の大小**　$\alpha-k$，$\beta-k$ の符号を調べる。
α，β が実数のとき
$\alpha>k$，$\beta>k \iff (\alpha-k)+(\beta-k)>0$，$(\alpha-k)(\beta-k)>0$

解答　2次方程式 $x^2+2mx+2m^2-5=0$ の判別式を D，2つの解を α，β とする。
解と係数の関係から　$\alpha+\beta=-2m$，$\alpha\beta=2m^2-5$
この2次方程式が1より大きい異なる2つの解をもつための必要十分条件は

$$\frac{D}{4}=m^2-(2m^2-5)=-m^2+5>0 \quad \cdots\cdots ①$$

$$(\alpha-1)+(\beta-1)>0 \quad \text{すなわち} \quad \alpha+\beta-2>0 \quad \cdots\cdots ②$$

$$(\alpha-1)(\beta-1)>0 \quad \text{すなわち} \quad \alpha\beta-(\alpha+\beta)+1>0 \quad \cdots\cdots ③$$

①から　$-\sqrt{5}<m<\sqrt{5}$　…… ④
②から　$-2m-2>0$
よって　$m<-1$　…… ⑤
③から　$(2m^2-5)+2m+1>0$
よって　$m<-2$，$1<m$　…… ⑥

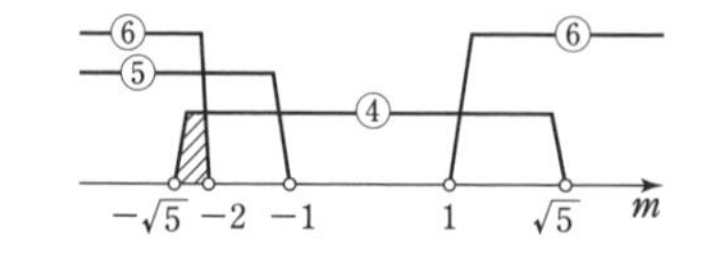

④，⑤，⑥の共通範囲を求めて　$-\sqrt{5}<m<-2$　答

B

☐ *116　2次方程式 $x^2-mx+2m+5=0$ が次のような異なる2つの解をもつように，定数 m の値の範囲を定めよ。
(1)　2つとも正　　(2)　2つとも負　　(3)　異符号

☐ 117　2次方程式 $x^2-2mx+m+2=0$ が次のような異なる2つの解をもつように，定数 m の値の範囲を定めよ。
(1)　2つとも1より大きい。　　*(2)　2つとも1以下。
*(3)　1つの解が1より大きく，他の解が1より小さい。
(4)　少なくとも1つの解が1より大きい。

☐ 118　2次方程式 $3x^2+mx+2=0$ の1つの解が0と1の間にあり，他の解が1と2の間にあるように，定数 m の値の範囲を定めよ。

ヒント　**117**　2次方程式の判別式を D，2つの解を α，β とする。
(3)　$\alpha<1<\beta$ または $\beta<1<\alpha \iff (\alpha-1)(\beta-1)<0$
(4)　$D>0$ のうち，(2)を除く。
118　2次関数 $y=3x^2+mx+2$ のグラフを利用する。

式の値

例題 14　2次方程式 $(x-2)(x+3)+(x-1)(x+2)=0$ の2つの解を α, β とするとき，$(1-\alpha)(1-\beta)$ の値を求めよ。

指針　**方程式と解**　等式 $(x-2)(x+3)+(x-1)(x+2)=2(x-\alpha)(x-\beta)$ を利用する。両辺に $x=1$ を代入すると $(1-\alpha)(1-\beta)$ の値が求められる。

解答　与えられた2次方程式の2つの解が α, β で，x^2 の係数が2であるから

$$(x-2)(x+3)+(x-1)(x+2)=2(x-\alpha)(x-\beta)$$

が成り立つ。この等式の両辺に $x=1$ を代入すると

$$(1-2)(1+3)+0=2(1-\alpha)(1-\beta)$$

よって　$(1-\alpha)(1-\beta)=\mathbf{-2}$　答

第2章　複素数と方程式

☐ **119**　2次方程式 $(x-1)(x-2)+(x-2)(x-3)+(x-3)(x-1)=0$ の2つの解を α, β とするとき，次の式の値を求めよ。

(1)　$\alpha\beta$　　*(2)　$(1-\alpha)(1-\beta)$　　(3)　$(\alpha-2)(\beta-2)$

☐ ***120**　解の公式を用いて，$x^2-xy-x+2y-2$ を因数分解せよ。

☐ ***121**　2次方程式 $x^2+ax+10=0$（a は整数）が，2つの整数解をもつという。

(1)　2つの解を求めよ。　　(2)　a の値を求めよ。

☐ **122**　次の2次式が1次式の2乗となるように，定数 k の値を定めよ。

(1)　$x^2-2kx+2k+3$　　*(2)　$3x^2-2(k-1)x+k^2-6k+5$

☐ **123**　次の連立方程式を解け。

(1)　$\begin{cases} x+y=2 \\ xy=-8 \end{cases}$　　*(2)　$\begin{cases} x^2+y^2=10 \\ xy=3 \end{cases}$　　(3)　$\begin{cases} x^2+y^2=5 \\ xy+x+y=-3 \end{cases}$

発展

☐ **124**　$x^2+xy-6y^2-x+7y+k$ が x, y の1次式の積に分解できるように，定数 k の値を定め，与えられた式を因数分解せよ。

ヒント **123**　$x+y=p$, $xy=q$ のとき，x, y は $t^2-pt+q=0$ の解となることを用いる。

124　(与式)=0 とおいた x の2次方程式の解が y の1次式であればよい。すなわち，解の根号内が (多項式)^2 の形になればよい。

参考　(多項式)^2 の形に変形できる式を **完全平方式** という。

12 剰余の定理と因数定理

1 剰余の定理

① 多項式 $P(x)$ を1次式 $x-k$ で割った余りは　$P(k)$

② 多項式 $P(x)$ を1次式 $ax+b$ で割った余りは　$P\left(-\frac{b}{a}\right)$

2 因数定理

① 1次式 $x-k$ が多項式 $P(x)$ の因数である　$\iff$ $P(k)=0$

② 1次式 $ax+b$ が多項式 $P(x)$ の因数である $\iff$ $P\left(-\frac{b}{a}\right)=0$

参考　係数がすべて整数である多項式 $P(x)$ の最高次の項の係数を A，定数項を $B(\neq 0)$ とすると，$P(k)=0$ となる k の候補は　$\pm\dfrac{B\text{の正の約数}}{A\text{の正の約数}}$

A

☐ **125** 次の多項式を，[　] 内の1次式で割った余りを求めよ。

(1) $x^2-5x-14$　[$x-2$]　　*(2) x^3-x^2-7x-6　[$x+1$]

*(3) $2x^3-x^2-2x+1$　[$2x-1$]　　(4) $3x^3-x^2+2$　[$3x+2$]

☐ **126** 多項式 x^3+kx^2-3 を $x+2$ で割った余りが1となるように，定数 k の値を定めよ。

☐ **127** 次の多項式が [　] 内の1次式を因数にもつことを示し，因数分解せよ。

*(1) $x^3-6x^2+11x-6$　[$x-1$]　　(2) $8x^3-4x^2-10x-3$　[$2x+1$]

☐ **128** 次の式を因数分解せよ。

*(1) x^3-2x^2-x+2　　(2) $x^3-x^2-8x+12$

*(3) $2x^3+9x^2+13x+6$　　(4) $3x^3-8x^2-15x-4$

☐ **129** 次の多項式が [　] 内の1次式で割り切れるように，定数 a の値を定めよ。

(1) x^3-2x+a　[$x-3$]　　*(2) $6x^3+ax^2-3x-9$　[$2x+3$]

☐ Aのまとめ **130** (1) x^3-4x+1 を $2x+3$ で割った余りを求めよ。

(2) $x^3+4x^2-3x-18$ を因数分解せよ。

(3) 多項式 x^3+kx-1 が $x-2$ で割り切れるように，定数 k の値を定めよ。

余り

例題 15　$(x-1)^8$ を x^2-x で割った余りを求めよ。

指針　**割り算の問題**　基本は，等式 $A=BQ+R$ を利用。
①　剰余・因数定理を利用。　②　割り算を実行する。

解答　$(x-1)^8$ を x^2-x すなわち $x(x-1)$ で割った商を $Q(x)$，余りを $ax+b$ (a，b は定数) とすると　$(x-1)^8=x(x-1)Q(x)+ax+b$
この両辺に $x=0,\ 1$ を代入すると　$1=b,\ 0=a+b$
これを解いて　$a=-1,\ b=1$
したがって，求める余りは　$\boldsymbol{-x+1}$　答

B

☐ **131**　次の式を因数分解せよ。
(1)　$x^4+3x^3-5x^2-3x+4$　　*(2)　$x^4-2x^3-3x^2+4x+4$

☐ ***132**　多項式 $P(x)$ を x^2-x-2 で割ると余りが $3x+1$ である。$P(x)$ を $x+1$，$x-2$ で割った余りをそれぞれ求めよ。

☐ **133**　次の条件を満たすように，定数 a，b の値を定めよ。
*(1)　$2x^3+ax^2+bx+6$ は $x+2$ で割り切れ，$x-3$ で割ると 30 余る。
(2)　x^3+ax^2+x+b は x^2+x-2 で割り切れる。

☐ ***134**　多項式 $P(x)$ を $x+2$ で割ると余りが -3，$x+1$ で割ると余りが -4 である。$P(x)$ を $(x+2)(x+1)$ で割った余りを求めよ。

☐ **135**　多項式 $P(x)$ を x^2-3x+2 で割ると余りが 3，x^2-4x+3 で割ると余りが $3x$ である。$P(x)$ を x^2-5x+6 で割った余りを求めよ。

☐ ***136**　$(x+1)^{10}$ を x^2+x で割った余りを求めよ。

☐ **137**　組立除法を用いて，次の多項式Aを多項式Bで割った商と余りを求めよ。
(1)　$A=x^3-3x^2+4x-4$，$B=x-1$
(2)　$A=x^3-7x-6$，$B=x+2$

発展

☐ **138**　多項式 $P(x)$ を $(x-1)^2$ で割ると余りが $2x+3$，$x-3$ で割ると余りが 1 である。この $P(x)$ を $(x-1)^2(x-3)$ で割った余りを求めよ。

13 高次方程式

1 高次方程式の解法

因数分解や因数定理などを利用して，1次方程式や2次方程式に帰着させて解く。

2 1の3乗根

1の3乗根は　1，$\dfrac{-1\pm\sqrt{3}i}{2}$

このうち，虚数であるものの1つをωとする。

① $x^3=1$ の解は　$x=1,\ \omega,\ \omega^2$

$\left[\omega=\dfrac{-1+\sqrt{3}i}{2}\ \text{とすると}\quad \omega^2=\dfrac{-1-\sqrt{3}i}{2}\right]$

$x^3=a^3$ の解は　$x=a,\ a\omega,\ a\omega^2$　　ただし，aは実数。

② $\omega^3=1$　　③ $\omega^2+\omega+1=0$

A

■次の方程式を解け。［139～141］

□ **139** (1) $x(x+1)(x-3)=0$　(2) $(x+3)(x-7)(5x-2)=0$

*(3) $x^3+7x^2+10x=0$　(4) $2x^3-x^2+x=0$

□ **140** *(1) $x^3=-8$　(2) $(x+1)^3=27$

(3) $x^4=81$　(4) $(x^2+1)(x^2-9)=0$

(5) $x^4-7x^2+12=0$　*(6) $x^4-5x^2-36=0$

□ **141** *(1) $x^3-7x+6=0$　(2) $2x^3-7x^2+2x+3=0$

(3) $x^3+5x^2-4=0$　*(4) $x^4+x^3-2x^2-4x-8=0$

□ ***142** (1) 3次方程式 $x^3+ax+2=0$ が -1 を解にもつとき，定数aの値を求めよ。

(2) 3次方程式 $2x^3+ax^2+3x+b=0$ が2と3を解にもつとき，定数a，bの値を求めよ。また，他の解を求めよ。

□ **Aのまとめ 143** (1) 次の方程式を解け。

(ア) $3x^3+x^2-8x+4=0$　(イ) $x^4+3x^3-3x^2-7x+6=0$

(2) 方程式 $x^3+kx-3=0$ が3を解にもつとき，定数kの値を求めよ。

虚数を解にもつ方程式

例題 16　3次方程式 $x^3+ax+b=0$ が $1+i$ を解にもつとき，実数の定数 a，b の値と他の解を求めよ。

指針　**方程式の解**　$x=\alpha$ が方程式 $f(x)=0$ の解 $\Longleftrightarrow$ $f(\alpha)=0$

解答　$1+i$ が解であるから　$(1+i)^3+a(1+i)+b=0$
整理して　$(a+b-2)+(a+2)i=0$
$a+b-2$，$a+2$ は実数であるから　$a+b-2=0$，$a+2=0$
これを解いて　$a=-2$，$b=4$
このとき，方程式は　$x^3-2x+4=0$
左辺を因数分解すると　$(x+2)(x^2-2x+2)=0$
これを解いて　$x=-2,\ 1\pm i$　答　$\boldsymbol{a=-2,\ b=4}$；**他の解** $\boldsymbol{x=-2,\ 1-i}$

別解　係数が実数の方程式であるから，$1+i$ と共役な複素数 $1-i$ も解である。
よって，x^3+ax+b は，$\{x-(1+i)\}\{x-(1-i)\}=x^2-2x+2$ で割り切れる。
右の計算より　$(a+2)x+(b-4)=0$
これは x についての恒等式であるから
　$a+2=0$，$b-4=0$
これを解いて　$\boldsymbol{a=-2,\ b=4}$　答
このとき　$(x+2)\{x-(1+i)\}\{x-(1-i)\}=0$
したがって，**他の解は**　$\boldsymbol{x=-2,\ 1-i}$　答

$$
\begin{array}{r|llll}
 & x & +2 & & \\
\hline
x^2-2x+2 & x^3 & & +ax & +b \\
 & x^3-2x^2 & & +2x & \\
\hline
 & & 2x^2+(a-2)x & & +b \\
 & & 2x^2 & -4x & +4 \\
\hline
 & & & (a+2)x+(b-4) &
\end{array}
$$

■次の方程式を解け。[**144**，**145**]

□ **144** *(1)　$2x^3-3x^2+3x-1=0$　　(2)　$6x^3-8x^2-x+1=0$
*(3)　$4x^3+9=2x^2+12x$

□ **145** (1)　$(x-1)(x-2)(x-3)=4\cdot3\cdot2$　　(2)　$(x^2-2x)^2-(x^2-2x)-6=0$
*(3)　$(x^2-5x+1)(x^2-5x+9)+15=0$
(4)　$(x+1)(x+2)(x-4)(x-5)=40$　　*(5)　$x^4+x^2+1=0$

□ **146**　1の3乗根のうち，虚数であるものの1つを ω とする。次の値を求めよ。
(1)　$\omega^3+\omega^2+\omega$　　*(2)　$\omega^6+\omega^3+1$　　*(3)　$\omega^8+\omega^4$

□***147**　3次方程式 $x^3-5x^2+ax+b=0$ が $3+2i$ を解にもつとき，実数の定数 a，b の値と他の解を求めよ。

□ **148**　3次方程式 $x^3+ax^2+bx+3a+20=0$ が2重解2をもつとき，定数 a，b の値と他の解を求めよ。

□***149**　3次方程式 $x^3-(a+2)x+2(a-2)=0$ の異なる解が2つあるように，定数 a の値を定めよ。

14　第2章　演習問題

式の値（高次式）

例題 17　$x=\dfrac{3+\sqrt{5}}{2}$ のとき，x^3-2x^2+2x-1 の値を求めよ。

指針　**式の値 (1)**　x の値が複雑なとき，割り算について成り立つ等式を利用する。

解答　$x=\dfrac{3+\sqrt{5}}{2}$ から　$2x=3+\sqrt{5}$　よって　$2x-3=\sqrt{5}$

両辺を2乗して　$(2x-3)^2=5$

整理すると　$x^2-3x+1=0$ ……①

x^3-2x^2+2x-1 を x^2-3x+1 で割ると，

商 $x+1$，余り $4x-2$ であるから

$x^3-2x^2+2x-1=(x^2-3x+1)(x+1)+4x-2$

$$\begin{array}{r} x+1 \\ x^2-3x+1\,\big)\,\overline{x^3-2x^2+2x-1} \\ \underline{x^3-3x^2+x} \\ x^2+x-1 \\ \underline{x^2-3x+1} \\ 4x-2 \end{array}$$

$x=\dfrac{3+\sqrt{5}}{2}$ のとき，① から

$0\times(x+1)+4\cdot\dfrac{3+\sqrt{5}}{2}-2=\mathbf{4+2\sqrt{5}}$ 答

B

☐ **150**　2乗すると $8+6i$ となる複素数 z を求めよ。

☐ **151**　a，b は実数の定数とする。方程式 $x^2+ax+b=0$ が実数解をもてば，方程式 $x^2+(a+2)x+a+b=0$ も実数解をもつことを証明せよ。

☐ **152**　2次方程式 $x^2+ax-24=0$ の2つの解の絶対値の比が $3:2$ のとき，定数 a の値を求めよ。

☐ **153**　2次方程式 $x^2+ax+b=0$ の2つの解の逆数が，2次方程式 $x^2+bx+a=0$ の2つの解であるとき，実数の定数 a，b の値を求めよ。

☐ **154**　(1)　$x=8-4\sqrt{3}$ を解にもつ有理数を係数とする2次方程式を作れ。また，これを利用して，$x=8-4\sqrt{3}$ のとき，$x^3-13x^2-30x+32$ の値を求めよ。

(2)　$x=\dfrac{3+3\sqrt{3}\,i}{2}$ のとき，$2x^3-10x^2+16x-9$ の値を求めよ。

☐ **155**　等式 $x^2-4xy+5y^2+2x-8y+5=0$ を満たす実数 x，y の値を求めよ。

ヒント　**155**　等式の左辺を x について整理する。

式の値 $(x^2+x+1=0 \longrightarrow x^3=1)$

例題 18　方程式 $x^2+x+1=0$ の2つの解を α, β とするとき，次の値を求めよ。

(1)　$\alpha^4+\alpha^2+1$　　(2)　$\alpha^7+\beta^7$

指針　**式の値** (2)　$x^2+x+1=0 \longrightarrow (x-1)(x^2+x+1)=0$

$\longrightarrow x^3=1\ (\alpha^3=1,\ \beta^3=1)$

例えば　$\alpha^{100}=(\alpha^3)^{33}\cdot\alpha=1^{33}\cdot\alpha=\alpha$

解答　$x^2+x+1=0$ から　$(x-1)(x^2+x+1)=0$　よって　$x^3=1$

すなわち　$\alpha^3=1,\ \beta^3=1$　また　$\alpha^2+\alpha+1=0$

(1)　$\alpha^4+\alpha^2+1=\alpha^3\cdot\alpha+\alpha^2+1=\alpha+\alpha^2+1=\mathbf{0}$ 答

(2)　$\alpha^7+\beta^7=(\alpha^3)^2\cdot\alpha+(\beta^3)^2\cdot\beta=\alpha+\beta$

解と係数の関係から　$\alpha+\beta=-1$　よって　$\alpha^7+\beta^7=\mathbf{-1}$ 答

B

156　方程式 $x^2+x+1=0$ の1つの解を ω とするとき，次の式の値を求めよ。

(1)　$1+\omega^2+\omega^4$　　(2)　$1+\omega^5+\omega^{10}$　　(3)　$1+\omega^6+\omega^9$

157　縦 10 cm，横 14 cm の長方形の紙の四隅から，合同な正方形を切り取って，ふたのない箱を作る。箱の体積を 96 cm^3 にするには，切り取る正方形の1辺の長さを何 cm にすればよいか。

158◆　3次方程式 $x^3+2x+5=0$ の3つの解を α, β, γ とする。

(1)　$\alpha^2+\beta^2+\gamma^2$, $(1-\alpha)(1-\beta)(1-\gamma)$ の値を求めよ。

(2)　2α, 2β, 2γ を3つの解とする3次方程式を作れ。ただし，係数は整数とする。

発展

159　4次方程式 $x^4+5x^3+2x^2+5x+1=0$ …… ① について

(1)　$x=0$ は ① の解でないことを示せ。

(2)　① の両辺を x^2 で割り，$t=x+\dfrac{1}{x}$ として ① を t で表せ。

(3)　方程式 ① を解け。

ヒント **158**　$x^3+2x+5=(x-\alpha)(x-\beta)(x-\gamma)$ が成り立つ。

参考　3次方程式 $ax^3+bx^2+cx+d=0$ の3つの解を α, β, γ とすると

$$\alpha+\beta+\gamma=-\frac{b}{a},\ \alpha\beta+\beta\gamma+\gamma\alpha=\frac{c}{a},\ \alpha\beta\gamma=-\frac{d}{a}$$

第2章 複素数と方程式

第3章　図形と方程式

15　直線上の点

1　2点間の距離

①　数直線上の2点 O(0)，P(a) 間の距離は　OP$=|a|$

②　数直線上の2点 A(a)，B(b) 間の距離は　AB$=|b-a|=|a-b|$

例　A(4)，B(8) のとき　　　A(-2)，B(3) のとき

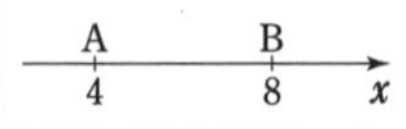

AB$=|8-4|=4$　　　AB$=|3-(-2)|=|3+2|=5$

2　線分の内分点，外分点

数直線上の2点 A(a)，B(b) に対して，線分 AB を $m:n$ に

①　内分する点の座標は　$\dfrac{na+mb}{m+n}$　　②　外分する点の座標は　$\dfrac{-na+mb}{m-n}$

特に，中点の座標は　$\dfrac{a+b}{2}$

例　A(-3)，B(2) のとき，線分 AB を
1：4 に内分する点をP
4：1 に内分する点をQ
2：7 に外分する点をR
7：2 に外分する点をSとする。

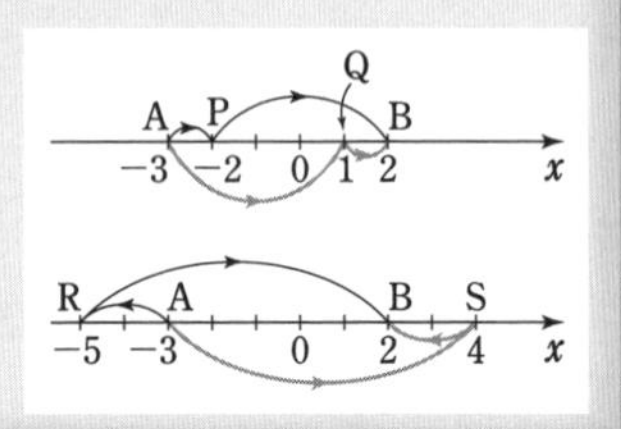

A

☐ **160**　次の2点間の距離を求めよ。

(1)　A(4)，B(7)　　(2)　A(-2)，B(5)

*(3)　A(5)，B(-1)　　(4)　A(0)，B(-8)

☐ ***161**　2点 A(-1)，B(7) を結ぶ線分 AB について，次の点の座標を求めよ。

(1)　5：3 に内分する点　　(2)　中点

(3)　5：3 に外分する点　　(4)　3：5 に外分する点

☐ **Aのまとめ　162**　2点 A(-8)，B(2) を結ぶ線分 AB を 3：2 に内分する点をP，外分する点をQとする。

(1)　P，Q の座標を求めよ。

(2)　線分 PQ の中点Mの座標と線分 PQ の長さを求めよ。

16 平面上の点

1 平面上の点

$A(x_1,\ y_1)$，$B(x_2,\ y_2)$，$C(x_3,\ y_3)$ とする。

① **2点A，B間の距離**　$AB=\sqrt{(x_2-x_1)^2+(y_2-y_1)^2}$

特に，原点Oと点Aの距離は　$OA=\sqrt{x_1{}^2+y_1{}^2}$

② **線分の内分点，外分点**

線分ABを $m:n$ に内分する点P，外分する点Qの座標はそれぞれ

$$P\left(\frac{nx_1+mx_2}{m+n},\ \frac{ny_1+my_2}{m+n}\right),\ Q\left(\frac{-nx_1+mx_2}{m-n},\ \frac{-ny_1+my_2}{m-n}\right)$$

特に，線分ABの中点の座標は　$\left(\dfrac{x_1+x_2}{2},\ \dfrac{y_1+y_2}{2}\right)$

③ **三角形の重心**　△ABCの重心の座標は　$\left(\dfrac{x_1+x_2+x_3}{3},\ \dfrac{y_1+y_2+y_3}{3}\right)$

A

☐ **163** 次の2点間の距離を求めよ。

*(1) (0, 0)，(3, 4)　　(2) (1, 3)，(6, 7)

*(3) (−1, 3)，(4, 15)　　(4) (3, −1)，(−4, −5)

☐*__164__ 3点A(5, 2)，B(4, 0)，C(0, 2) を頂点とする△ABCは，直角三角形であることを示せ。

☐ **165** 2点A(−1, 4)，B(5, −2) を結ぶ線分ABについて，次の点の座標を求めよ。

*(1) 2：1に内分，外分する点　　(2) 1：2に内分，外分する点

(3) 3：2に内分，外分する点　　*(4) 中点

☐ **166** 次の3点を頂点とする三角形の重心の座標を求めよ。

*(1) (0, 1)，(1, −3)，(2, −1)　　(2) (1, 2)，(−1, 3)，(3, −1)

☐ **167** *(1) 点A(−1, 6) に関して，点P(3, 4) と対称な点Qの座標を求めよ。

(2) 点P(3, 4) に関して，点A(−1, 6) と対称な点Rの座標を求めよ。

☐ **Aのまとめ** **168** A(1, 10)，B(−4, 0)，C(6, 5) のとき，次のものを求めよ。

(1) △ABCの3辺の長さ

(2) △ABCの重心の座標

(3) 線分ABを3：2に内分する点Dの座標

(4) 点Aに関して，点Bと対称な点Eの座標

等距離にある点

例題 19 2点 A(1, −3), B(5, −1) から等距離にある，直線 $y=x$ 上の点Pの座標を求めよ。

指針 **条件を満たす点(1)** 直線 $y=x$ 上の点の座標は $(x,\ x)$ とおける。

解答 点Pは直線 $y=x$ 上にあるから，$\mathrm{P}(x,\ x)$ とおける。

AP=BP から　$\mathrm{AP}^2=\mathrm{BP}^2$

よって　$(x-1)^2+(x+3)^2=(x-5)^2+(x+1)^2$

整理すると　$12x-16=0$

これを解いて　$x=\dfrac{4}{3}$

したがって，点Pの座標は　$\left(\dfrac{4}{3},\ \dfrac{4}{3}\right)$ 答

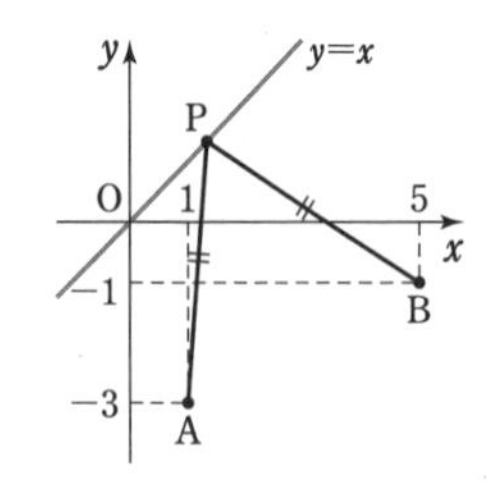

B

☐ **169** 次の点の座標を求めよ。

(1) 点 (3, 4) からの距離が5である x 軸上の点

(2) 2点 (1, −3), (3, 4) から等距離にある y 軸上の点

*(3) 2点 (1, −3), (3, 2) から等距離にある，直線 $y=2x$ 上の点

☐ ***170** 3点 (3, 5), (2, −2), (−6, 2) から等距離にある点の座標を求めよ。

☐ **171** 次の点を頂点とする三角形はどんな形か。

(1) $(-1,\ 0)$, $(1,\ 2\sqrt{3})$, $(2,\ \sqrt{3})$

*(2) $(-1,\ -1)$, $(1,\ 1)$, $(-1,\ 3)$

(3) $(1,\ -1)$, $(-1,\ 1)$, $(\sqrt{3},\ \sqrt{3})$

☐ **172** 2点 A(2, 4), B(3, −3) を2つの頂点とし，点 G(1, 2) を重心とする △ABC の頂点Cの座標を求めよ。

☐ ***173** 4点 A(−2, 3), B(5, 4), C(3, −1), D を頂点とする平行四辺形 ABCD について，次の点の座標を求めよ。

(1) 対角線 AC, BD の交点　　(2) 頂点D

☐ **174** 4点 A(−2, 3), B(2, −1), C(4, 1), D を頂点とする平行四辺形について，頂点Dとなりうる点の座標をすべて求めよ。

ヒント **174** 4点 A, B, C, D がこの順に四角形を作るとは限らないことに注意する。

正三角形の頂点

例題 20 3 点 A(0, 2), B(4, 0), C を頂点とする △ABC が正三角形になるとき，点Cの座標を求めよ。

指針 **条件を満たす点(2)** C(x, y) として，正三角形の条件（3 辺の長さが等しい）を式で表し，それを解く。

解答 点Cの座標を (x, y) とする。

△ABC は正三角形であるから　AB=BC=CA

よって　$AB^2=BC^2=CA^2$

$AB^2=BC^2$ から　$4^2+2^2=(x-4)^2+y^2$

ゆえに　$(x-4)^2+y^2=20$ ……①

$BC^2=CA^2$ から　$(x-4)^2+y^2=x^2+(y-2)^2$

ゆえに　$y=2x-3$ ……②

② を ① に代入して整理すると　$x^2-4x+1=0$

これを解くと　$x=2\pm\sqrt{3}$

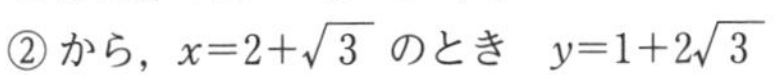

② から，$x=2+\sqrt{3}$ のとき　$y=1+2\sqrt{3}$

$x=2-\sqrt{3}$ のとき　$y=1-2\sqrt{3}$

したがって，点Cの座標は

$(2+\sqrt{3},\ 1+2\sqrt{3})$, $(2-\sqrt{3},\ 1-2\sqrt{3})$ 答

B

☐*175 3 点 A(−2, 3), B(2, −1), C を頂点とする △ABC が正三角形になるとき，点Cの座標を求めよ。

☐*176 三角形の各辺の中点の座標が (−1, 1), (1, 2), (2, 0) であるとき，この三角形の 3 つの頂点の座標を求めよ。

☐ 177 △ABC において，辺 AB, BC, CA を 3：2 に内分する点を，それぞれ D, E, F とする。このとき，△ABC と △DEF の重心は一致することを証明せよ。

☐*178 △ABC の重心をGとする。このとき，次の等式が成り立つことを証明せよ。

$$AB^2+AC^2=BG^2+CG^2+4AG^2$$

ヒント **176** 3 つの頂点の座標を $(x_1,\ y_1)$, $(x_2,\ y_2)$, $(x_3,\ y_3)$ とおく。
177 A$(x_1,\ y_1)$, B$(x_2,\ y_2)$, C$(x_3,\ y_3)$ とおいて，D, E, F の座標を求める。
178 座標平面上にうまく点をとって考える。

17 直線の方程式

1 直線の方程式

① **一般形**　$ax+by+c=0$ ($a \neq 0$ または $b \neq 0$) あるいは $y=mx+n$, $x=k$

② 点 (x_1, y_1) を通り，傾きが m の直線　$y-y_1=m(x-x_1)$

点 (x_1, y_1) を通り，x 軸に垂直な直線　$x=x_1$

③ 異なる2点 (x_1, y_1)，(x_2, y_2) を通る直線

$x_1 \neq x_2$ のとき　$y-y_1=\dfrac{y_2-y_1}{x_2-x_1}(x-x_1)$，　$x_1=x_2$ のとき　$x=x_1$

参考　一般に　$(y_2-y_1)(x-x_1)-(x_2-x_1)(y-y_1)=0$

④ x 切片が a，y 切片が b である直線　$\dfrac{x}{a}+\dfrac{y}{b}=1$　$[a \neq 0,\ b \neq 0]$

A

☐ **179** 次の方程式の表す直線を座標平面上にかけ。

(1) $y=2x+3$　(2) $2x-3y-12=0$

(3) $4y+3=0$　(4) $3x-5=0$

☐ **180** 次の直線の方程式を求めよ。

*(1) 点 $(-1, 2)$ を通り，傾きが3　(2) 点 $(2, 1)$ を通り，傾きが -2

*(3) 点 $(-2, 3)$ を通り，x 軸に垂直　(4) 点 $(1, 3)$ を通り，x 軸に平行

☐ **181** 次の2点を通る直線の方程式を求めよ。

*(1) $(-4, 3)$，$(6, -3)$　(2) $(3, -4)$，$(-1, 0)$

*(3) $(2, 5)$，$(-3, 5)$　*(4) $(-2, 4)$，$(-2, -1)$

*(5) $(-3, 0)$，$(0, 5)$　(6) $(0, -1)$，$(3, 0)$

☐ Aのまとめ **182** 次の直線の方程式を求めよ。

(1) 点 $(3, -1)$ を通り，傾きが -4 の直線

(2) 2点 $(4, 5)$，$(1, -3)$ を通る直線

B

☐ **183** (1) 点 $(3, 4)$ が直線 $x-y+1=0$ 上にあるかどうか調べよ。

(2) 2点 $(3, -6)$，$(21, 2)$ を通る直線上に点 $(7, -2)$ があるか。

*(3) 次の3点が一直線上にあるとき，a の値を求めよ。

(ア) $(2, 3)$，$(4, 8)$，$(-6, a)$　(イ) $(2, 5)$，$(0, a)$，$(a, 3)$

18　2 直線の関係

1　2 直線の位置関係

2 直線 $y=m_1x+n_1$，$y=m_2x+n_2$ ｜ $a_1x+b_1y+c_1=0$，$a_2x+b_2y+c_2=0$

① **交わる条件**　$m_1 \neq m_2$ ｜ $a_1b_2-a_2b_1 \neq 0$

② **平行条件**　$m_1=m_2$ ｜ $a_1b_2-a_2b_1=0$

③ **垂直条件**　$m_1m_2=-1$ ｜ $a_1a_2+b_1b_2=0$

注意　② の平行条件は，2 直線が一致する場合も含めて考えることにする。

2　直線に関して対称な点

2 点 A，B が直線 ℓ に関して対称

$\Longleftrightarrow$ { ① 直線 AB は ℓ に垂直　② 線分 AB の中点は ℓ 上

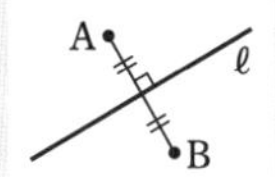

3　点と直線の距離

点 $(x_1,\ y_1)$ と直線 $ax+by+c=0$ の距離 d は　$d=\dfrac{|ax_1+by_1+c|}{\sqrt{a^2+b^2}}$

□ **184**　次の 2 直線は，それぞれ平行，垂直のいずれであるか。

(1)　$y=-2x+1$，$y=-2x-3$　　*(2)　$y=3x$，$x+3y-6=0$

□ **185**　点 $(-1,\ 3)$ を通り，次の直線に平行な直線，垂直な直線の方程式を，それぞれ求めよ。

*(1)　$y=3x-2$　　(2)　$4x-3y+2=0$　　(3)　$y=4$　　*(4)　$x=6$

□ **186**　次の連立方程式が，ただ 1 組の解をもつ，解をもたない，無数の解をもつための必要十分条件を，それぞれ求めよ。

(1)　$y=3x+4$，$y=mx+n$　　(2)　$2x-y+4=0$，$ax+2y+c=0$

□ **187**　次の直線に関して，点 $(2,\ -3)$ と対称な点の座標を求めよ。

(1)　x 軸　　(2)　$y=x$　　(3)　$y=-2x+3$　　*(4)　$3x-2y+1=0$

□ **188**　次の点と直線の距離を求めよ。

(1)　$(0,\ 0)$，$4x+3y-12=0$　　*(2)　$(1,\ 2)$，$x-2y+8=0$

(3)　$(-2,\ 3)$，$y=3x+1$　　*(4)　$(-2,\ 5)$，$x=3$

□ **Aのまとめ**　**189**　点 A$(2,\ 3)$ と直線 ℓ：$x-2y-1=0$ について，次のものを求めよ。

(1)　点 A を通り，ℓ に平行な直線の方程式

(2)　ℓ に関して，点 A と対称な点の座標

(3)　点 A と ℓ の距離

2直線の位置関係

例題 21

2直線 $2x+ay+2=0$ …… ①，$(a+1)x+y+3=0$ …… ② が，次の条件を満たすとき，定数 a の値を求めよ。

(1) 平行　　　　(2) 垂直

指針　**2直線の位置関係（交わる・平行・垂直）**

[1] 傾きを求めて比較（$m_1=m_2$ や $m_1m_2=-1$），x 軸に垂直（y の係数が0）の場合に注意。

[2] 2直線 $a_1x+b_1y+c_1=0$，$a_2x+b_2y+c_2=0$ について

2直線が平行 $\iff a_1b_2-a_2b_1=0$，2直線が垂直 $\iff a_1a_2+b_1b_2=0$

解答　$a=0$ のとき，① は $x=-1$，② は $y=-x-3$ となり，この2直線は平行でも垂直でもないから不適である。

以下，$a\neq0$ の場合を考える。

直線 ① の傾きは　$-\dfrac{2}{a}$，　直線 ② の傾きは　$-(a+1)$

(1) ①，② が平行であるための必要十分条件は　$-\dfrac{2}{a}=-(a+1)$

よって　$\boldsymbol{a=1,\ -2}$（$a\neq0$ を満たす）答

(2) ①，② が垂直であるための必要十分条件は　$\left(-\dfrac{2}{a}\right)\cdot\{-(a+1)\}=-1$

よって　$\boldsymbol{a=-\dfrac{2}{3}}$（$a\neq0$ を満たす）答

別解　(1) $2\cdot1-a(a+1)=0$ から　$\boldsymbol{a=1,\ -2}$ 答

(2) $2(a+1)+a\cdot1=0$ から　$\boldsymbol{a=-\dfrac{2}{3}}$ 答

B

☐ ***190**　2直線 $x+ay+1=0$，$ax+(a+2)y+3=0$ が次の条件を満たすとき，定数 a の値を求めよ。

(1) 平行　　　　(2) 垂直

☐ **191**　$x+ay=0$，$bx+y=2$，$x+y=3$ で表される3直線がある。次の条件を満たすとき，a，b に関する条件を，それぞれ求めよ。

(1) 3直線は共有点をもたない　　*(2) 3直線が1点で交わる

☐ **192**　3直線 $x+3y-2=0$，$x+y=0$，$ax-2y+4=0$ が三角形を作らないとき，定数 a の値を求めよ。

☐ ***193**　異なる3直線 $x+y=1$，$3x+4y=1$，$ax+by=1$ が1点で交わるならば，3点 $(1,\ 1)$，$(3,\ 4)$，$(a,\ b)$ は一直線上にあることを証明せよ。

交点を通る直線

例題 22　2直線 $2x+y-3=0$ …… ①，$3x-2y+2=0$ …… ② の交点を通り，点 $(-1,\ 3)$ を通る直線の方程式を求めよ。

指針　**交点を通る直線**　方程式 $k(a_1x+b_1y+c_1)+a_2x+b_2y+c_2=0$（$k$ は定数）は2直線 $a_1x+b_1y+c_1=0$，$a_2x+b_2y+c_2=0$ の交点を通る直線を表す。

解答　k を定数として，方程式

$k(2x+y-3)+3x-2y+2=0$ …… ③

を考えると，③ は ①，② の交点を通る直線を表す。

直線 ③ が点 $(-1,\ 3)$ を通るとき

$k\{2\cdot(-1)+3-3\}+3\cdot(-1)-2\cdot3+2=0$

よって　$k=-\dfrac{7}{2}$

③ に代入して整理すると　$\boldsymbol{8x+11y-25=0}$　答

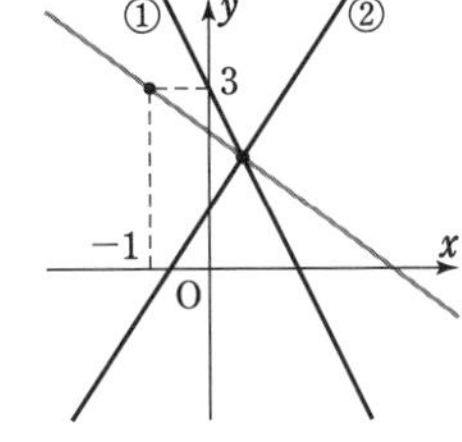

194　a を定数とする。次の直線は，a の値に関係なく定点を通る。その定点の座標を求めよ。

(1)　$y=ax+a+2$　　*(2)　$(2+a)x+(1-2a)y-1+a=0$

***195**　2直線 $x+2y-10=0$，$2x+3y-7=0$ の交点を通る直線のうち，次の条件を満たす直線の方程式を求めよ。

(1)　原点を通る　　(2)　点 $(5,\ 6)$ を通る

(3)　直線 $2x+5y=0$ に平行　　(4)　直線 $3x-4y=1$ に垂直

***196**　2点 $\mathrm{A}(2,\ 4)$，$\mathrm{B}(4,\ 8)$ を結ぶ線分 AB の垂直二等分線を求めよ。

197　3点 $\mathrm{A}(4,\ 6)$，$\mathrm{B}(0,\ 0)$，$\mathrm{C}(6,\ 0)$ を頂点とする △ABC について，次の3直線の方程式をそれぞれ求めよ。また，それらが1点で交わることを示し，その交点の座標を求めよ。

*(1)　3つの中線　　(2)　各辺の垂直二等分線

***198**　3点 $\mathrm{A}(1,\ 5)$，$\mathrm{B}(5,\ 3)$，$\mathrm{C}(3,\ 8)$ について，次のものを求めよ。

(1)　直線 BC の方程式　　(2)　線分 BC の長さ

(3)　点Aと直線 BC の距離　　(4)　△ABC の面積

199　3直線 $3x-2y+4=0$，$x+4y+6=0$，$2x+y-2=0$ で囲まれた三角形の面積を求めよ。

ヒント　**194**　直線の方程式を a について整理。

19 円の方程式

1 円の方程式

① 点 (a, b) を中心とし，半径が r の円の方程式は　$(x-a)^2+(y-b)^2=r^2$

特に，原点を中心とし，半径が r の円の方程式は　$x^2+y^2=r^2$

② **一般形**　　方程式 $x^2+y^2+lx+my+n=0$ $(l^2+m^2-4n>0)$ は円を表す。

注意 $l^2+m^2-4n=0$ ならば1点を表し，$l^2+m^2-4n<0$ ならば表す図形はない。

A

□ **200** 次のような円の方程式を求めよ。

(1) 中心が原点，半径が4　　(2) 中心が $(-3, 4)$，半径が5

*(3) 中心が $(2, 1)$ で原点を通る　　(4) 中心が $(4, 2)$ で点 $(1, 3)$ を通る

*(5) 中心が $(1, 3)$ で x 軸に接する　　*(6) 直径の両端が $(2, 5)$，$(4, -7)$

□ **201** 次の方程式はどのような図形を表すか。

(1) $x^2+y^2=3^2$　　(2) $(x-2)^2+(y+3)^2=16$

(3) $x^2+y^2-6x=0$　　*(4) $x^2+y^2+4x-7y+10=0$

*(5) $x^2+y^2+6x-8y+25=0$　　*(6) $x^2+y^2-2x+6y+14=0$

□ **202** 次の3点を通る円の方程式を求めよ。

(1) $(0, 0)$，$(0, 3)$，$(3, 0)$　　*(2) $(1, 0)$，$(2, -1)$，$(3, -3)$

□ **Aのまとめ 203** (1) 点 $(-3, 2)$ を中心とし，原点を通る円の方程式を求めよ。

(2) 方程式 $x^2+y^2-8x+4y-16=0$ はどのような曲線を表すか。

B

□ **204** 次のような円の方程式を求めよ。

(1) 点 $(1, 2)$ を通り，x 軸および y 軸に接する円

*(2) 2点 $(5, 1)$，$(-2, 8)$ を通り，x 軸に接する円

(3) 中心が直線 $y=2x$ 上にあり，原点と点 $(1, 2)$ を通る円

□ ***205** $x^2+y^2+4x-2(k-1)y+4k^2=0$ が円を表すとき，次の問いに答えよ。

(1) 定数 k の値の範囲を求めよ。

(2) この円の半径を最大にする k の値を求めよ。

20 円と直線

1 円と直線の位置関係

円の方程式と直線の方程式から y を消去して x の2次方程式が得られるとき，その判別式を D とする。また，半径 r の円の中心Cと直線の距離を d とする。このとき，次のことが成り立つ。

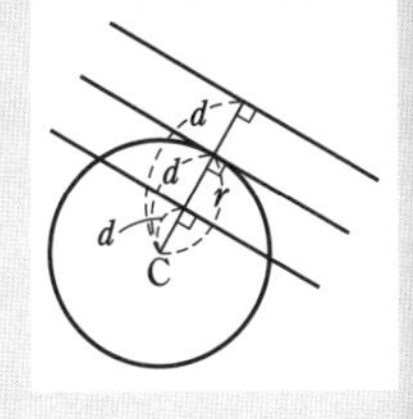

円と直線が
- 異なる2点で交わる $\Leftrightarrow D>0 \Leftrightarrow d<r$
- 接する $\Leftrightarrow D=0 \Leftrightarrow d=r$
- 共有点をもたない $\Leftrightarrow D<0 \Leftrightarrow d>r$

2 円の接線

円 $x^2+y^2=r^2$ 上の点 $(x_1,\ y_1)$ におけるこの円の接線の方程式は

$$x_1x+y_1y=r^2 \quad (x_1{}^2+y_1{}^2=r^2)$$

A

☐ *206 次の円と直線の位置関係（異なる2点で交わる，接する，共有点をもたない）を調べよ。また，共有点があるときは，その座標を求めよ。

(1) $x^2+y^2=5,\ y=3x-5$

(2) $x^2+y^2=2,\ x+y=2$

(3) $x^2+y^2+2x-4y=0,\ x+2y+6=0$

☐ **207** 次の円の，円上の点Pにおける接線の方程式を求めよ。

(1) $x^2+y^2=25$，P(4, 3)　　*(2) $x^2+y^2=34$，P(3, −5)

(3) $x^2+y^2=9$，P(0, 3)　　*(4) $x^2+y^2=1$，P(1, 0)

☐ **208** 次の図形の方程式を求めよ。

*(1) 点 (2, 1) を中心とし，直線 $4x-3y+2=0$ に接する円

(2) 円 $x^2+y^2=5$ に接する傾き2の直線

☐ Aのまとめ **209** (1) 円 $x^2+y^2=25$ と直線 $y=2x+5$ の共有点の座標を求めよ。

(2) 円 $C：x^2+y^2=9$ について，次の図形の方程式を求めよ。

(ア) 円 C 上の点 $(2,\ -\sqrt{5})$ における C の接線

(イ) 円 C に接する傾き -2 の直線

2つの接点を通る直線

例題 23 円 $x^2+y^2=9$ に点 (5, 2) から2本の接線を引くとき，2つの接点を通る直線の方程式が $5x+2y=9$ であることを示せ。

指針 **2点を通る直線** 例えば $px_1+qy_1=s$，$px_2+qy_2=s$ のとき，異なる2点 $(x_1,\ y_1)$，$(x_2,\ y_2)$ を通る直線の方程式は $px+qy=s$ である。

解答 2つの接点を $(x_1,\ y_1)$，$(x_2,\ y_2)$ とすると，接線の方程式はそれぞれ

$x_1x+y_1y=9$，$x_2x+y_2y=9$

これらはともに点 (5, 2) を通るから

$5x_1+2y_1=9$ …… ①，$5x_2+2y_2=9$ …… ②

$5x+2y=9$ …… ③ を考えると，①，② から，

2点 $(x_1,\ y_1)$，$(x_2,\ y_2)$ は直線 ③ 上にある。

よって，求める直線の方程式は　$5x+2y=9$ 終

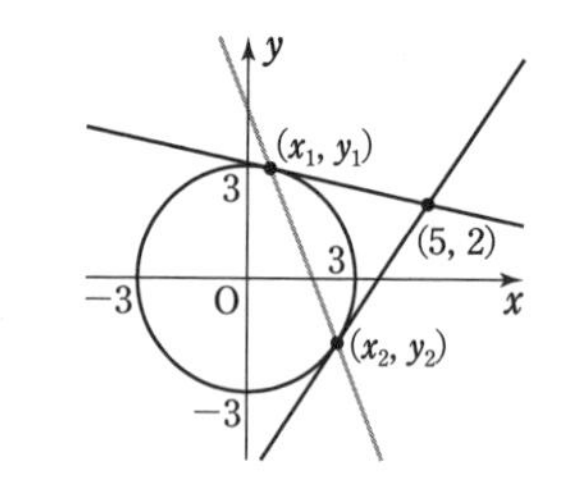

B

☐ *210 次の円と直線の共有点の個数は，定数 k の値によって，どのように変わるか。

(1) $x^2+y^2=1$，$y=-x+k$　(2) $(x-k)^2+y^2=8$，$y=x-6$

☐ *211 直線 $4x-3y-4=0$ が円 $(x-3)^2+(y-1)^2=2$ によって切り取られてできる線分の長さと，線分の中点の座標を求めよ。

☐ 212 次の円と直線が接するとき，定数 k の値と接点の座標を求めよ。

(1) $x^2+y^2=20$，$y=2x+k$　(2) $x^2+y^2=9$，$y=kx+5$

☐ *213 点 (−5, 10) を通り，円 $x^2+y^2=25$ に接する直線の方程式と，接点の座標を求めよ。

☐ *214 円 $x^2+y^2+4x-6y-12=0$ …… ① がある。次のような円 ① の接線の方程式を求めよ。

(1) 円 ① 上の点 (1, 7) における接線。

(2) 傾きが1の接線。このときの接点の座標も求めよ。

(3) 点 (8, 8) を通る接線。このときの接点の座標も求めよ。

☐ *215 円 $x^2+y^2=25$ に点 (7, −1) から2本の接線を引くとき，2つの接点を通る直線の方程式を求めよ。

ヒント **211** 円の中心から弦に下ろした垂線は，弦を2等分する。この性質と三平方の定理から求める。または，2次方程式の解と係数の関係を利用する。

21 2つの円

1 2つの円の位置関係

2つの円の半径を r, r' $(r>r')$, 中心間の距離を d とする。

① 2点で交わる　$r-r'<d<r+r'$

② 接する　$d=r-r'$ (内接)　$d=r+r'$ (外接)

③ 共有点をもたない　$d<r-r'$ (一方が他方の内部)

$d>r+r'$ (互いに外部)

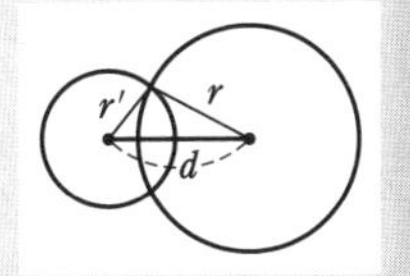

A

☐*216 次の2つの円の位置関係を調べよ。

(1) $(x-3)^2+(y-4)^2=25$, $(x-9)^2+(y-4)^2=25$

(2) $x^2+y^2-2y=0$, $x^2+y^2-8x-8y+16=0$

(3) $x^2+y^2-2x-2y+1=0$, $x^2+y^2+6x-10y+30=0$

☐ 217 円 $C: x^2+y^2=49$ がある。次の円の方程式を求めよ。

*(1) 中心が点 $(6,\ 8)$ で，円 C と外接する円

(2) 中心が点 $(4,\ -3)$ で，円 C と内接する円

☐ Aのまとめ 218 (1) 2つの円 $(x-3)^2+y^2=4$, $x^2+y^2-2x+4y+4=0$ の位置関係を調べよ。

(2) 中心が点 $(5,\ 12)$ で，円 $x^2+y^2=9$ と接する円の方程式を求めよ。

B

☐ 219 次の2つの円①，②の共有点の座標を求めよ。

*(1) $x^2+y^2=20$ …… ①, $x^2+y^2-9x+3y+10=0$ …… ②

(2) $x^2+y^2=5$ …… ①, $x^2+y^2-6x-12y+25=0$ …… ②

☐*220 円 $x^2+y^2+2x+4y-4=0$ と直線 $7x-y+2=0$ の2つの交点と点 $(-1,\ 2)$ を通る円の方程式を求めよ。

ヒント 220 $p.41$ 例題22参照。

第3章 図形と方程式

22 軌跡と方程式

1 軌跡の証明法

与えられた条件を満たす点Pの軌跡が図形Fであることを示すには，次の2つのことを証明する。

[1]　その条件を満たす任意の点Pは，図形F上にある。

[2]　図形F上の任意の点Pは，その条件を満たす。

2 軌跡を求める手順

[1]　求める軌跡上の任意の点の座標を$(x,\ y)$などで表し，与えられた条件を座標の間の関係式で表す。

[2]　軌跡の方程式を導き，その方程式の表す図形を求める。

[3]　その図形上の任意の点が条件を満たしていることを確かめる。

注意　[3]が明らかな場合は，これを省略することがある。

A

■次の条件を満たす点Pの軌跡を求めよ。[**221**～**223**]

□ **221** *(1)　点$(1,\ 2)$からの距離が3である点P

(2)　x軸との距離が3である点P

*(3)　Oを原点とするとき，直線OPの傾きが2である点P

*(4)　2定点$A(-1,\ 0)$，$B(1,\ 0)$に対して，$\angle APB=90^\circ$となる点P

□ **222** *(1)　2点$A(-2,\ 0)$，$B(2,\ 0)$からの距離の2乗の和が26の点P

(2)　2点$A(-2,\ 0)$，$B(2,\ 0)$からの距離の2乗の差が24の点P

*(3)　3点$A(0,\ 0)$，$B(2,\ 0)$，$C(0,\ 2)$について，$2AP^2=BP^2+CP^2$である点P

□ **223** *(1)　2点$A(-1,\ 0)$，$B(1,\ 2)$から等距離にある点P

*(2)　2点$A(-2,\ 0)$，$B(1,\ 0)$からの距離の比が$1:2$である点P

(3)　2点$A(0,\ -2)$，$B(0,\ 1)$からの距離の比が$2:1$である点P

□ **Aのまとめ** **224**　3点$A(-3,\ 3)$，$B(-2,\ 0)$，$C(2,\ 0)$について，次の条件を満たす点Pの軌跡を求めよ。

(1)　$AP^2+BP^2+CP^2=32$である点P

(2)　2点B，Cからの距離の比が$3:1$である点P

放物線の頂点の軌跡

例題 24 t が実数全体を動くとき，放物線 $y=x^2+2tx+3$ の頂点Pの軌跡を求めよ。

指針 **軌跡** 点Pの座標を $(x,\ y)$ とすると，x, y は t で表される。t を消去して，x, y の関係式を導く。

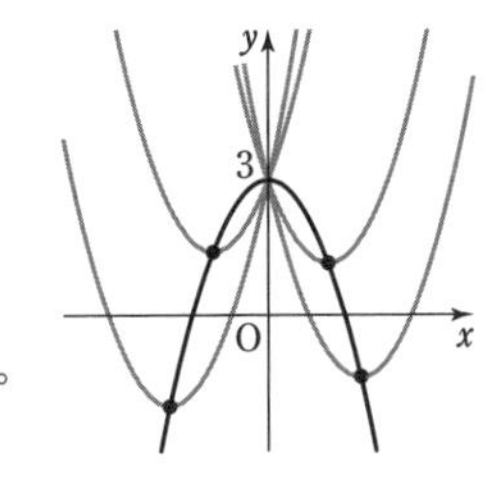

解答 点Pの座標を $(x,\ y)$ とする。
$y=(x+t)^2-t^2+3$ であるから
$x=-t,\ y=-t^2+3$
t を消去して　$y=-x^2+3$
逆に，この図形上の任意の点 $P(x,\ y)$ は，条件を満たす。
よって，求める軌跡は　**放物線 $y=-x^2+3$** 答

225 t が実数全体を動くとき，次の点 $(x,\ y)$ はどのような図形上にあるか。
(1) $x=-5-12t,\ y=2-4t$　*(2) $x=t+1,\ y=2t^2-3t$

226 t が実数全体を動くとき，次の点Pの軌跡を求めよ。
(1) 円 $x^2+y^2-2tx+4ty+6t^2-9=0$ の中心P
*(2) 放物線 $y=x^2+2tx+t$ の頂点P

227 点Qが次の図形上を動くとき，線分 OQ を 2：1 に内分する点Pの軌跡を求めよ。ただし，Oは原点とする。
(1) 直線 $y=2x+5$　*(2) 円 $(x-3)^2+y^2=9$

***228** 点Qが円 $x^2+y^2=9$ 上を動くとき，2点 $A(4,\ 0)$, $B(2,\ 0)$ とQを頂点とする △ABQ の重心Pの軌跡を求めよ。

***229** 放物線 $y=x^2$ と直線 $y=2x+k$ は異なる2点A，Bで交わり，放物線 $y=x^2$ と直線 $y=m(x-1)$ は異なる2点C，Dで交わっている。
(1) 定数 k の値の範囲を求めよ。
(2) k の値が変化するとき，線分 AB の中点Pの軌跡を求めよ。
(3) m の値が変化するとき，線分 CD の中点Qの軌跡を求めよ。

230 次の図形の方程式を求めよ。
(1) 点 $(0,\ -2)$ との距離と，直線 $y=2$ との距離が等しい点の軌跡
(2) 2直線 $x-2y-2=0$, $4x-2y+1=0$ のなす角の二等分線

***231** $AB=2$ である2定点A，Bに対して，条件 $AP^2-BP^2=1$ を満たす点Pの軌跡を求めよ。

23 不等式の表す領域

1 曲線 $y=f(x)$ を境界線とする領域

① $y>f(x)$ の表す領域は，曲線 $y=f(x)$ の上側の部分

② $y<f(x)$ の表す領域は，曲線 $y=f(x)$ の下側の部分

注意 $y \geqq f(x)$，$y \leqq f(x)$ の表す領域は，境界線 $y=f(x)$ も含む領域になる。

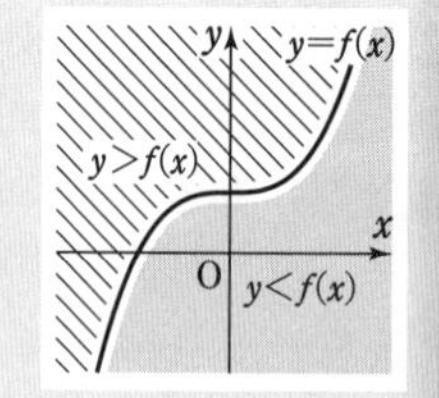

2 円と領域

円 $(x-a)^2+(y-b)^2=r^2$ を C とする。

① $(x-a)^2+(y-b)^2<r^2$ の表す領域は，円 C の内部

② $(x-a)^2+(y-b)^2>r^2$ の表す領域は，円 C の外部

3 領域を利用した証明法

2つの条件 p，q が x，y の不等式で表されていて，命題 $p \Longrightarrow q$ が真であることを証明する場合，(p の表す領域)$\subset$(q の表す領域) が成り立つことを示せばよい。

A

■次の不等式の表す領域を図示せよ。[**232～235**]

☐ **232** (1) $y<x+2$ *(2) $y \geqq 4-3x$ *(3) $2x+y+2<0$
(4) $2x+3y-6 \geqq 0$ *(5) $y<2$ (6) $x \geqq -1$

☐ **233** (1) $x^2+y^2<9$ *(2) $x^2+y^2 \geqq 4$ *(3) $(x-1)^2+y^2<1$
(4) $x^2+y^2-6x-8y \leqq 0$ *(5) $x^2+y^2+4x-2y+1>0$

☐ **234** *(1) $\begin{cases} y>2x-1 \\ y<-x+5 \end{cases}$ (2) $\begin{cases} x^2+y^2>1 \\ 2x-y \leqq 1 \end{cases}$ *(3) $4<x^2+y^2 \leqq 16$

☐ **235** (1) $xy>0$ (2) $(x-1)(x-2y)<0$
*(3) $(2x+y-4)(x-y+1) \leqq 0$ *(4) $(y-x)(x^2+y^2-1)>0$

☐ **Aのまとめ 236** 次の不等式の表す領域を図示せよ。
(1) $x-y \geqq 0$，$(x-1)^2+(y+1)^2<4$ (2) $(2x+y)(x-y)<0$

B

☐ **237** (1) 3直線 $x+2y-2=0$，$2x+y-2=0$，$x-y-3=0$ で作られる三角形の内部および周を表す連立不等式を求めよ。
(2) 3点 $(0,\ 0)$，$(3,\ 1)$，$(1,\ 3)$ を頂点とする三角形の内部および周を表す連立不等式を求めよ。

領域と最大・最小

例題 25 x, y が 2 つの不等式 $x^2+y^2\leqq 10$, $y\geqq -2x+5$ を満たすとき, $x+y$ の最大値および最小値を求めよ。

指針 **領域と最大・最小** $x+y=k$ とおき, この直線と領域の位置関係を調べる。領域の端点と, 両者の接点に注意する。

解答 円 $x^2+y^2=10$ …… ①, 直線 $y=-2x+5$ …… ② の交点の座標は　$(x,\ y)=(1,\ 3),\ (3,\ -1)$

よって, 与えられた連立不等式の表す領域は右の図の斜線部分である。ただし, 境界線を含む。

$x+y=k$ …… ③ とおくと, ③ は傾きが -1, y 切片が k の直線を表す。

図から, 直線 ③ が円 ① と第 1 象限で接するとき, k の値は最大となる。

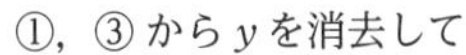

①, ③ から y を消去して

$$x^2+(k-x)^2=10 \quad \text{すなわち} \quad 2x^2-2kx+k^2-10=0 \quad \cdots\cdots ④$$

この 2 次方程式の判別式を D とすると　$\dfrac{D}{4}=k^2-2(k^2-10)=-k^2+20$

直線 ③ が円 ① と接するとき, $D=0$ であるから　$-k^2+20=0$

よって　$k=\pm 2\sqrt{5}$　　接点が領域上にあるとき　$k=2\sqrt{5}$

このとき, ④ から　$x=\dfrac{k}{2}=\sqrt{5}$　　③ から　$y=\sqrt{5}$

また, 直線 ③ が点 $(3,\ -1)$ を通るとき, k は最小値 $3+(-1)=2$ をとる。

よって　**$x=\sqrt{5}$, $y=\sqrt{5}$ で最大値 $2\sqrt{5}$; $x=3$, $y=-1$ で最小値 2**　答

B

238 次の k の最大値と最小値, およびそのときの x, y の値を求めよ。

*(1) $x\geqq 0$, $y\geqq 0$, $x+3y-6\leqq 0$, $2x+y-7\leqq 0$ のとき　$k=x+y$

(2) $x-3y+6\geqq 0$, $x+2y-4\geqq 0$, $3x+y-12\leqq 0$ のとき　$k=x+3y$

*(3) $x^2+y^2\leqq 4$, $y\geqq 0$ のとき　$k=x+y$

239 ある工場で製品 A, B を製造している。それらを製造するのには原料 P, Q が必要で A, B を 1 トン作るのに必要な原料 P, Q および 1 トンあたりの利益は, 上の表の通りである。この工場では, 1 か月間に原料 P が 120 トン, 原料 Q が 80 トンしか手に入らない。1 か月間に製品 A, B をそれぞれ何トンずつ作ると利益が最大となるか。また, そのときの利益はいくらか。

	原料P	原料Q	利益
製品A	3 トン	5 トン	40 万円
製品B	6 トン	2 トン	30 万円

図形の通過領域

例題 26　直線 $y=ax+a^2$ …… ① について，a がすべての実数値をとって変化するとき，直線 ① が通過する領域を図示せよ。

指針　**図形の通過領域**　直線の方程式は，文字 a を含む x，y の1次方程式で，a の値に対して1つの直線が対応する。したがって，直線が通過する領域は，この方程式を満たす実数 a が存在するような点 $(x,\ y)$ の存在範囲である。

解答　① を a について整理すると　$a^2+ax-y=0$ …… ②

直線 ① が点 $(x,\ y)$ を通過するための必要十分条件は，a の2次方程式 ② が実数解をもつことである。

2次方程式 ② の判別式を D とすると

$D=x^2+4y\geqq 0$　　よって　$y\geqq -\dfrac{x^2}{4}$

したがって，求める領域は，**右の図の斜線部分。**

ただし，境界線を含む。 答

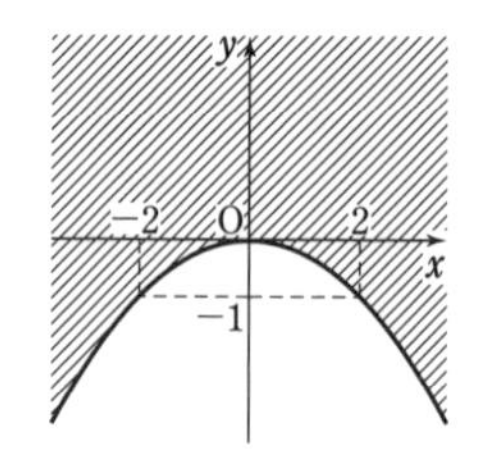

B

□ *240　x，y は実数とする。$x^2+y^2<1$ ならば $x^2+y^2>4x-3$ であることを証明せよ。

□ *241　次の不等式の表す領域を図示せよ。

(1)　$y\geqq x^2-2x,\ y<-x^2+4$　　(2)　$(x^2-y)(x-y+2)<0$

□ *242　右の図の斜線部分は，どのような連立不等式の表す領域か。ただし，(1) は境界線を含まず，(2) は境界線を含むものとする。

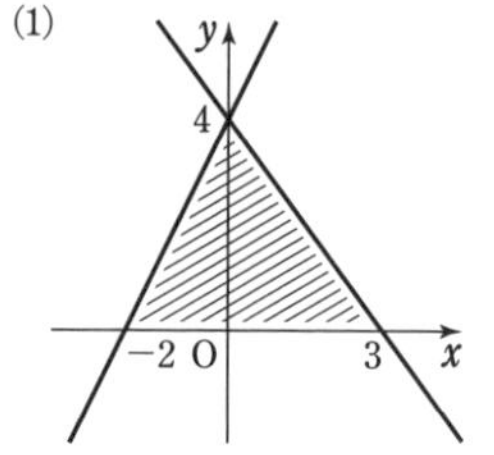

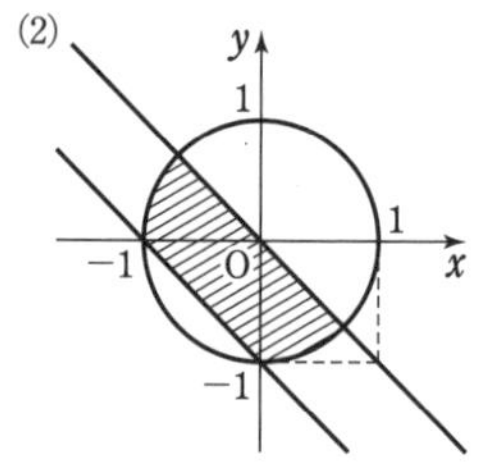

発展

□ 243　次の不等式の表す領域を図示せよ。

(1)　$y\geqq |x-1|$　　(2)　$y\geqq |x-1|+x$

(3)　$|x-y|\leqq 2$　　(4)　$|x|+|y|\leqq 3$

□ 244　t がすべての実数値をとって変化するとき，放物線 $y=x^2+tx+t^2$ が通過する領域を図示せよ。

24 第3章　演習問題

直線の線対称

例題 27　直線 $\ell: 2x-y+4=0$ に関して，直線 $x+y=3$ と対称な直線の方程式を求めよ。

指針　**線対称移動**　2点P，Qが直線 ℓ に関して対称
$\iff$ [1]　直線PQは ℓ に垂直である。　[2]　線分PQの中点は ℓ 上にある。

解答　直線 $x+y=3$ 上の点を $\mathrm{P}(s,\ t)$ とすると　$s+t=3$ …… ①
直線 ℓ に関してPと対称な点を $\mathrm{Q}(x,\ y)$ とする。

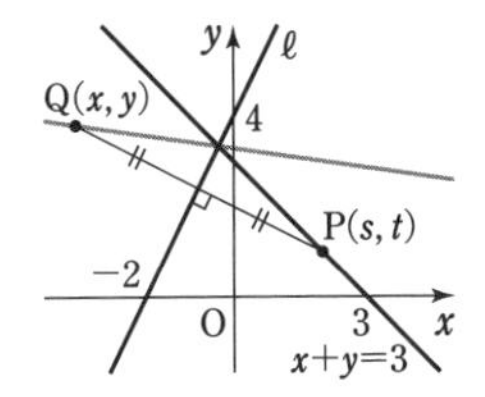

[1]　直線PQは ℓ に垂直であるから

$$\frac{y-t}{x-s}\cdot 2=-1 \quad \cdots\cdots ②$$

[2]　線分PQの中点は ℓ 上にあるから

$$2\cdot\frac{s+x}{2}-\frac{t+y}{2}+4=0 \quad \cdots\cdots ③$$

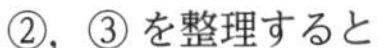

②，③ を整理すると

$$s+2t=x+2y,\quad 2s-t=-2x+y-8$$

これを解いて　$s=\dfrac{-3x+4y-16}{5}$，$t=\dfrac{4x+3y+8}{5}$

① に代入して整理すると　$\boldsymbol{x+7y-23=0}$　答

B

☐ **245**　3点 $\mathrm{A}(-7,\ 0)$，$\mathrm{B}(7,\ 0)$，$\mathrm{C}(2,\ 12)$ を頂点とする △ABC がある。この三角形の重心，外心，内心，垂心の座標を求めよ。

☐ **246**　直線 $y=2x$ に関して，次の図形と対称な図形を求めよ。
(1)　点 $(3,\ 5)$　　(2)　直線 $2x+3y=6$　　(3)　円 $(x-3)^2+y^2=1$

☐ **247**　2点 $\mathrm{A}(3,\ 0)$，$\mathrm{B}(3,\ 2)$ と直線 $\ell: x+y-1=0$ がある。
(1)　直線 ℓ に関して，点Aと対称な点 A′ の座標を求めよ。
(2)　点Pが ℓ 上を動くとき，PA+PB の最小値とそのときの点Pの座標を求めよ。

☐ **248**　円 $x^2+y^2-10x+6y+29=0$ 上の点Pと，直線 $x-2y+2=0$ 上の点Qを結ぶ線分PQの長さの最小値を求めよ。

☐ **249**　2つの不等式 $x^2+y^2-2y<4$，$2x-y-3<0$ を同時に満たす点 $(x,\ y)$ で x，y がともに整数である点は，全部で何個あるか。

2直線の交点の軌跡

例題 28　m が実数全体を動くとき，2直線 $x+my-1=0$，$mx-y+2m=0$ の交点Pの軌跡を求めよ。

指針　**交点の軌跡**　P(x, y) とすると，x，y は2直線の方程式を同時に満たすから，2直線の方程式から m を消去して，x，y の関係式を導く。

解答　2直線の方程式を変形して

$my=1-x$ …… ①　　$y=m(x+2)$ …… ②

点Pの座標を (x, y) とすると，(x, y) は①，②を満たす。

[1]　$y\neq0$ のとき，①から　$m=\dfrac{1-x}{y}$

これを②に代入して整理すると　$x^2+x+y^2-2=0$ …… ③

よって　$\left(x+\dfrac{1}{2}\right)^2+y^2=\dfrac{9}{4}$　　③において $y=0$ とすると　$x=1,\ -2$

ゆえに，$y\neq0$ のとき，点Pは，円③から2点 $(1, 0)$，$(-2, 0)$ を除いた図形上にある。

[2]　$y=0$ のとき，①から　$x=1$

$x=1$，$y=0$ を②に代入すると　$m=0$

よって，点 $(1, 0)$ は，$m=0$ のときの2直線の交点である。

以上より，点Pは，点 $\left(-\dfrac{1}{2}, 0\right)$ を中心とし，半径が $\dfrac{3}{2}$ の円から点 $(-2, 0)$ を除いた図形上にある。逆に，この図形上の任意の点P(x, y) は，条件を満たす。

答　**点 $\left(-\dfrac{1}{2}, 0\right)$ を中心とし，半径が $\dfrac{3}{2}$ の円　ただし，点 $(-2, 0)$ を除く**

発展

☐ **250**　2円 $x^2+y^2=1$，$(x-3)^2+y^2=4$ の両方に接する接線の方程式を求めよ。

☐ **251**　m が実数全体を動くとき，2直線 $mx-y+5m=0$，$x+my-5=0$ の交点の軌跡を求めよ。

☐ **252**　直線 $y=ax+b$ が2点P$(1, -1)$，Q$(2, 1)$ の間を通るとき，定数 a，b の関係を求めよ。また，点 (a, b) の存在する範囲を図示せよ。

☐ **253**　2点A$(-1, 2)$，B$(2, 3)$ を結ぶ線分が，円 $x^2+y^2=a$ とただ1点を共有するとき，定数 a の値の範囲を求めよ。

ヒント　**250**　円 $x^2+y^2=1$ 上の点 (x_1, y_1) における接線がもう1つの円にも接する。

252　線分PQが直線と交わる。⟶ P，Qの一方が直線の上側，他方が下側。

253　A，Bの一方が円の外部，他方が内部にある。2点が円上にあるときや，線分ABが円に接するときは別に調べる。

点 $(x+y,\ xy)$ の存在範囲

例題 29 実数 x，y が $x^2+y^2 \leqq 4$ を満たしながら変化するとき，点 $(x+y,\ xy)$ の動く範囲を図示せよ。

指針 **点 $(x+y,\ xy)$ の動く範囲** $x+y=X$，$xy=Y$ とおいて，X，Y の関係式を導く。
x，y は実数であるから，点 $(X,\ Y)$ の動く範囲に制限がつく。
x，y を解とする t の2次方程式 $t^2-Xt+Y=0$ において $D=X^2-4Y \geqq 0$

解答 $x+y=X$，$xy=Y$ とおく。
$x^2+y^2 \leqq 4$ から $(x+y)^2-2xy \leqq 4$ よって $X^2-2Y \leqq 4$
ゆえに $Y \geqq \dfrac{1}{2}X^2-2$ …… ①
また，x，y は2次方程式 $t^2-Xt+Y=0$ の実数解であるから，その判別式 D について $D \geqq 0$
ここで $D=X^2-4Y$
よって $X^2-4Y \geqq 0$
ゆえに $Y \leqq \dfrac{1}{4}X^2$ …… ②
①，② から $\dfrac{1}{2}X^2-2 \leqq Y \leqq \dfrac{1}{4}X^2$
変数を x，y におき換えて $\dfrac{1}{2}x^2-2 \leqq y \leqq \dfrac{1}{4}x^2$
したがって，求める範囲は，**右の図の斜線部分。**
ただし，境界線を含む。 答

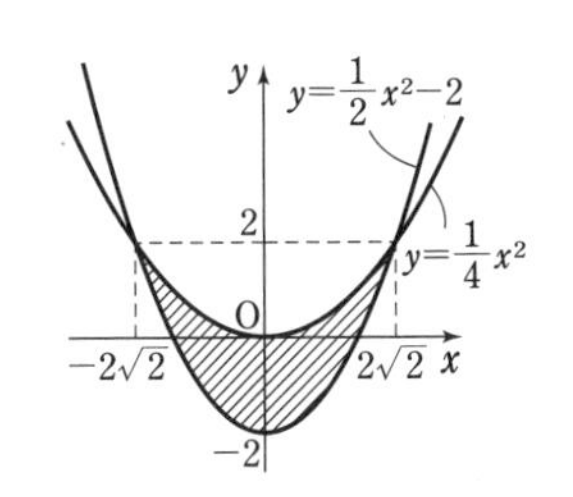

発展

☐ **254** 点 $(x,\ y)$ が不等式 $(x-3)^2+(y-2)^2 \leqq 1$ の表す領域上を動くとする。
(1) $2x-1$ の最大値を求めよ。 (2) x^2+y^2 の最大値を求めよ。
(3) $\dfrac{y}{x}$ の最大値を求めよ。

☐ **255** 点 $\mathrm{P}(a,\ b)$ が3点 $(0,\ 0)$，$(1,\ 0)$，$(0,\ 1)$ を頂点とする三角形の内部を動くとき，点 $\mathrm{Q}(-a+1,\ 2b-3)$ が通過する領域を求め，図示せよ。

☐ **256** 点 $\mathrm{P}(a,\ b)$ が原点を中心とする半径1の円の内部を動くとき，点 $\mathrm{Q}(3a+4b,\ 4a-3b)$ の動く範囲を求め，図示せよ。

☐ **257** 点 $\mathrm{P}(a,\ b)$ が原点を中心とする半径1の円の内部を動くとき，点 $\mathrm{Q}(a+b,\ ab)$ の動く範囲を図示せよ。

ヒント **255** 点Qの座標を $(x,\ y)$ とし，a，b の関係式を用いて，a，b を消去する。

第4章　三角関数

25　一般角と弧度法，一般角の三角関数

1　一般角と三角関数

$P(x,\ y)$，$OP=r$，動径 OP と始線 Ox のなす角の1つを α，動径 OP の表す角を θ とする。

① **一般角**　$\theta=\alpha+360^\circ\times n$　　ただし，n は整数

② **一般角の三角関数**　$\sin\theta=\dfrac{y}{r}$，$\cos\theta=\dfrac{x}{r}$，$\tan\theta=\dfrac{y}{x}$

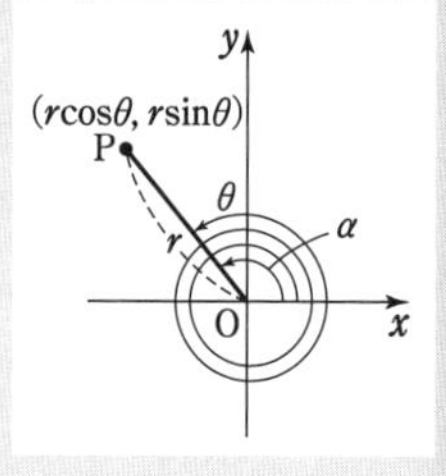

注意　$\tan\theta$ が定義されるのは $x\neq0$ のときである。

2　弧度法と扇形

① $180^\circ=\pi$ ラジアン　　② **一般角**　$\theta=\alpha+2n\pi$　ただし，n は整数

③ **扇形**　半径 r，中心角 θ（ラジアン）の扇形について

弧の長さ $l=r\theta$，　面積 $S=\dfrac{1}{2}r^2\theta=\dfrac{1}{2}rl$

A

☐ **258**　次の角の動径 OP を図示せよ。また，その動径 OP の表す角を $\alpha+360^\circ\times n$（n は整数）の形で表せ。ただし，$0^\circ\leqq\alpha<360^\circ$ とする。

(1)　100°　　*(2)　380°　　(3)　-50°　　*(4)　-400°

☐ **259**　次の角を弧度法で表せ。

*(1)　30°　　(2)　45°　　*(3)　60°　　(4)　90°

☐ **260**　次の角を度数法で表せ。

(1)　$\dfrac{3}{2}\pi$　　*(2)　$\dfrac{3}{4}\pi$　　(3)　$\dfrac{2}{15}\pi$　　*(4)　2π

☐ **261**　次の角の動径は第何象限にあるかを調べよ。

(1)　$\dfrac{11}{4}\pi$　　*(2)　$-\dfrac{5}{6}\pi$　　*(3)　$\dfrac{13}{3}\pi$　　(4)　$-\dfrac{25}{4}\pi$

☐ ***262**　次のような扇形の弧の長さと面積を求めよ。

(1)　半径が5，中心角が $\dfrac{\pi}{3}$　　(2)　半径が4，中心角が $\dfrac{3}{4}\pi$

☐ **263**　θ が次の値のとき，$\sin\theta$，$\cos\theta$，$\tan\theta$ の値を，それぞれ求めよ。

*(1)　$\dfrac{2}{3}\pi$　　(2)　$\dfrac{7}{4}\pi$　　*(3)　$-\dfrac{5}{6}\pi$　　(4)　$-\dfrac{19}{6}\pi$

☐ Aのまとめ **264**　次の値を求めよ。

(1)　$\sin\dfrac{25}{3}\pi$　　(2)　$\cos\dfrac{20}{3}\pi$　　(3)　$\tan\left(-\dfrac{25}{4}\pi\right)$

扇形を含む図形

例題 30

1 辺の長さ 1 の正方形の上に，隣り合う 2 頂点 A，B を中心とする半径 1 の 2 つの円弧をかき，その交点をCとする。このとき，△ABC の面積および，2 円が重なる部分 ABC の面積を求めよ。

指針　**扇形を含む図形**　$l=r\theta$，$S=\frac{1}{2}r^2\theta$ の利用。まず，θ を求める。

解答　右の図のように，各部分の面積を S_1，S_2，S_3 とする。

AB=BC=CA=1 であるから，△ABC は正三角形である。

よって　$\angle BAC=\angle CBA=\frac{\pi}{3}$

ゆえに　$S_1=\frac{1}{2}\cdot 1^2\cdot\sin\frac{\pi}{3}=\frac{\sqrt{3}}{4}$

また　$S_1+S_2=\frac{1}{2}\cdot 1^2\cdot\frac{\pi}{3}=\frac{\pi}{6}$

$S_2=S_3$，$S_2=\frac{\pi}{6}-S_1$ であるから

$$S_1+S_2+S_3=S_1+2\left(\frac{\pi}{6}-S_1\right)=\frac{\pi}{3}-S_1=\frac{\pi}{3}-\frac{\sqrt{3}}{4}$$

答　△ABC の面積 $\frac{\sqrt{3}}{4}$，2 円が重なる部分 ABC の面積 $\frac{\pi}{3}-\frac{\sqrt{3}}{4}$

☐ **265**　角 θ の動径が第 2 象限にあるとき，次の角の動径は第何象限にあるか。ただし，2θ の動径は，y 軸上にないものとする。

(1)　2θ　　*(2)　$\frac{\theta}{2}$　　(3)　$\frac{\theta}{3}$

☐ ***266**　長さ 12 cm のひもで扇形を作り，弧の長さを 6 cm とするとき，中心角は何ラジアンか。また，この扇形の面積を求めよ。

☐ **267**　半径が 6 cm と 1 cm で，中心間の距離が 10 cm の 2 つの円がある。この 2 つの円の外側にひもをひとまわりかけるとき，その長さを求めよ。

発展

☐ **268**　半径 2 の円 O_1 と半径 $\sqrt{2}$ の円 O_2 があり，その中心間の距離は $1+\sqrt{3}$ である。この 2 円が重なる部分の，面積と弧の長さを求めよ。

ヒント **267**　円の接線は接点を通る半径に垂直である。扇形の弧と直線の部分に分かれるが，まず，扇形の中心角を求める。

第4章　三角関数

26 三角関数の相互関係，三角関数の性質

1 三角関数の相互関係

① $\tan\theta=\dfrac{\sin\theta}{\cos\theta}$　② $\sin^2\theta+\cos^2\theta=1$　③ $1+\tan^2\theta=\dfrac{1}{\cos^2\theta}$

2 三角関数の性質（n は整数，複号同順）

① $\sin(\theta+2n\pi)=\sin\theta$　$\cos(\theta+2n\pi)=\cos\theta$　$\tan(\theta+n\pi)=\tan\theta$

② $\sin(-\theta)=-\sin\theta$　$\cos(-\theta)=\cos\theta$　$\tan(-\theta)=-\tan\theta$

③ $\sin(\pi\pm\theta)=\mp\sin\theta$　$\cos(\pi\pm\theta)=-\cos\theta$　$\tan(\pi\pm\theta)=\pm\tan\theta$

④ $\sin\left(\dfrac{\pi}{2}\pm\theta\right)=\cos\theta$　$\cos\left(\dfrac{\pi}{2}\pm\theta\right)=\mp\sin\theta$　$\tan\left(\dfrac{\pi}{2}\pm\theta\right)=\mp\dfrac{1}{\tan\theta}$

注意 **複号同順** とは，複号±，∓を上から同じ順序で使うという意味である。

A

☐ *269 $\sin\theta$，$\cos\theta$，$\tan\theta$ のうち，1つが次のように与えられたとき，他の2つの値を求めよ。ただし，[　] 内は θ の動径が含まれる象限を表す。

(1) $\cos\theta=-\dfrac{2}{3}$　[第3象限]　(2) $\tan\theta=-1$　[第4象限]

☐ *270 次の等式を証明せよ。

(1) $(\sin\theta+\cos\theta)^2=1+2\sin\theta\cos\theta$　(2) $\dfrac{1}{\tan^2\theta}-\cos^2\theta=\dfrac{\cos^2\theta}{\tan^2\theta}$

☐ *271 $\sin\theta+\cos\theta=\dfrac{\sqrt{2}}{2}$ のとき，次の式の値を求めよ。

(1) $\sin\theta\cos\theta$　(2) $\sin^3\theta+\cos^3\theta$

(3) $\sin\theta-\cos\theta$　(4) $\sin^3\theta-\cos^3\theta$

☐ 272 次の三角関数の値を，鋭角の三角関数で表し，その値を求めよ。

(1) $\sin\dfrac{3}{4}\pi$　(2) $\cos\dfrac{5}{4}\pi$　*(3) $\sin\dfrac{5}{3}\pi$　(4) $\cos\dfrac{17}{6}\pi$

(5) $\sin\left(-\dfrac{7}{6}\pi\right)$　*(6) $\cos\left(-\dfrac{7}{4}\pi\right)$　(7) $\tan\left(-\dfrac{5}{3}\pi\right)$　*(8) $\tan\left(-\dfrac{23}{6}\pi\right)$

☐ Aのまとめ 273 θ の動径が第4象限にあり，$\sin\theta=-\dfrac{5}{13}$ のとき，$\cos\theta$，$\tan\theta$ の値を求めよ。

三角関数の式の値

例題 31 θ の動径が第 3 象限にあり，$\sin\theta\cos\theta=\dfrac{1}{2}$ のとき，次の式の値を求めよ。

(1) $\sin\theta+\cos\theta$　　(2) $\sin^3\theta+\cos^3\theta$

指針 **三角関数の式の値**　$\sin^2\theta+\cos^2\theta=1$ を利用。$\sin\theta$，$\cos\theta$ の符号に注意。

(2) $a^3+b^3=(a+b)(a^2-ab+b^2)$ を利用。

解答 θ が第 3 象限の角であるから　$\sin\theta<0$，$\cos\theta<0$

(1) $(\sin\theta+\cos\theta)^2=\sin^2\theta+2\sin\theta\cos\theta+\cos^2\theta$

$=1+2\sin\theta\cos\theta=1+2\cdot\dfrac{1}{2}=2$

$\sin\theta+\cos\theta<0$ であるから　$\sin\theta+\cos\theta=-\sqrt{2}$ 答

(2) $\sin^3\theta+\cos^3\theta=(\sin\theta+\cos\theta)(\sin^2\theta-\sin\theta\cos\theta+\cos^2\theta)$

$=(\sin\theta+\cos\theta)(1-\sin\theta\cos\theta)$

$=-\sqrt{2}\left(1-\dfrac{1}{2}\right)=-\dfrac{\sqrt{2}}{2}$ 答

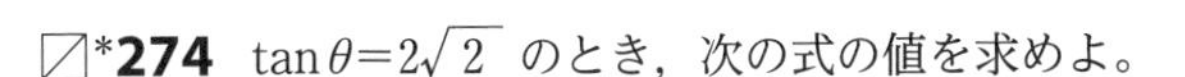

B

□*274 $\tan\theta=2\sqrt{2}$ のとき，次の式の値を求めよ。

(1) $\cos\theta$　　(2) $\dfrac{1}{1+\sin\theta}+\dfrac{1}{1-\sin\theta}$

□*275 θ の動径が第 1 象限にあり，$\sin\theta\cos\theta=\dfrac{1}{4}$ のとき，次の式の値を求めよ。

(1) $\sin\theta+\cos\theta$　　(2) $\sin\theta-\cos\theta$　　(3) $\sin\theta$，$\cos\theta$

□ 276 $\sin\theta+\cos\theta=\dfrac{1}{3}$ のとき，次の式の値を求めよ。

*(1) $\tan\theta+\dfrac{1}{\tan\theta}$　　(2) $\tan^3\theta+\dfrac{1}{\tan^3\theta}$

□ 277 $\sin\theta-\cos\theta=\dfrac{1}{2}$ のとき，$\sin\theta$，$\cos\theta$ の値を求めよ。

□*278 次の式を簡単にせよ。

(1) $\cos\left(\dfrac{\pi}{2}-\theta\right)+\cos(-\theta)+\cos\left(\dfrac{\pi}{2}+\theta\right)+\cos(\pi+\theta)$

(2) $\sin\left(\theta+\dfrac{\pi}{2}\right)+\sin\left(\theta-\dfrac{\pi}{2}\right)+\sin(\theta+\pi)+\sin(\theta-\pi)$

27 三角関数のグラフ

1 周期関数

① 関数 $f(x)$ において，0 でない定数 p があって，等式 $f(x+p)=f(x)$ が，x のどんな値に対しても成り立つとき，$f(x)$ は p を周期とする周期関数であるという。普通，周期といえば，正の周期のうち最小のものを意味する。

② $f(x)$ の周期が p のとき，$f(kx)$ の周期は $\dfrac{p}{|k|}$ $[k\neq 0]$

2 関数の性質

① **奇関数**　$f(-x)=-f(x)$　$y=f(x)$ のグラフは原点に関して対称。

② **偶関数**　$f(-x)=f(x)$　$y=f(x)$ のグラフは y 軸に関して対称。

3 三角関数のグラフ

	$y=\sin\theta$	$y=\cos\theta$	$y=\tan\theta$
周　期	2π	2π	π
値　域	$-1\leqq y\leqq 1$	$-1\leqq y\leqq 1$	実数全体
グラフ	原点対称（奇関数）	y 軸対称（偶関数）	原点対称（奇関数）

A

□*279 右の図は，関数 $y=\sin\theta$ のグラフである。図中の目盛り $A\sim G$ の値を求めよ。

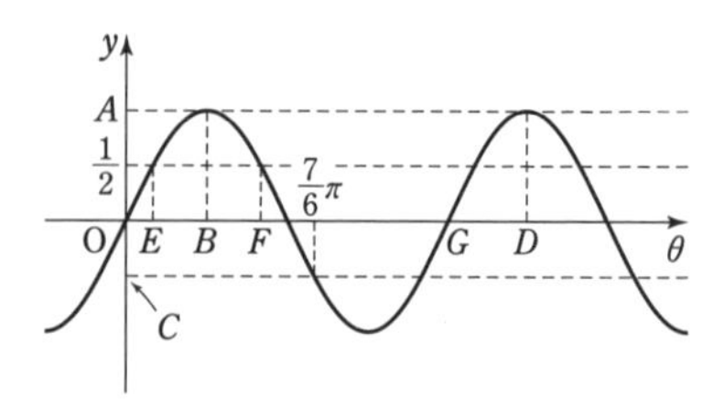

□ 280 次の関数の周期を求め，グラフをかけ。
また，それぞれ［　］内のグラフとどのような位置関係にあるか。

*(1) $y=\cos\left(\theta-\dfrac{\pi}{4}\right)$　$[y=\cos\theta]$　*(2) $y=\cos\theta-1$　$[y=\cos\theta]$

*(3) $y=4\sin\theta$　$[y=\sin\theta]$　(4) $y=\sin 4\theta$　$[y=\sin\theta]$

*(5) $y=2\sin 2\theta$　$[y=\sin\theta]$　(6) $y=3\cos\dfrac{\theta}{3}$　$[y=\cos\theta]$

□ 281 (1) $y=\sin 3\theta$ のグラフを θ 軸方向に $\dfrac{\pi}{4}$ だけ平行移動したグラフの方程式を求めよ。

(2) $y=\sin\left(3\theta-\dfrac{\pi}{4}\right)$ のグラフは，$y=\sin 3\theta$ のグラフを θ 軸方向にどれだけ平行移動したものか。

☐*282　関数 $y=3\cos(4\theta-3\pi)$ のグラフは，$y=\cos 4\theta$ のグラフを θ 軸方向に ${}^{ア}\square\,\pi$ だけ平行移動し，θ 軸をもとにして y 軸方向に ${}^{イ}\square$ 倍に拡大したものである。また，この関数の周期は ${}^{ウ}\square\,\pi$ である。

☐ 283　次の関数のグラフをかけ。また，その周期をいえ。

(1)　$y=\tan\left(\dfrac{\theta}{2}-\dfrac{\pi}{3}\right)$　　*(2)　$y=3\sin\left(3\theta-\dfrac{\pi}{2}\right)+1$

☐ 284　次の関数の中から，奇関数，偶関数をそれぞれ選び出せ。

①　$y=2x$　②　$y=x-1$　③　$y=-x^2+1$

④　$y=3\sin\theta$　⑤　$y=\cos 3\theta$　⑥　$y=2\tan\theta+3$

☐ Aのまとめ 285　関数 $y=2\cos\left(2\theta+\dfrac{2}{3}\pi\right)+1$ のグラフをかけ。また，その周期をいえ。

B

☐*286　次の関数の最大値，最小値を求めよ。

(1)　$y=\cos\theta+1$　$(0\leqq\theta<2\pi)$　　(2)　$y=3\sin\theta-1$　$(0\leqq\theta<2\pi)$

☐*287　右の図は，関数 $y=2\sin(a\theta-b)$ のグラフである。$a>0$，$0<b<2\pi$ のとき，a，b および図中の目盛り A，B，C の値を求めよ。

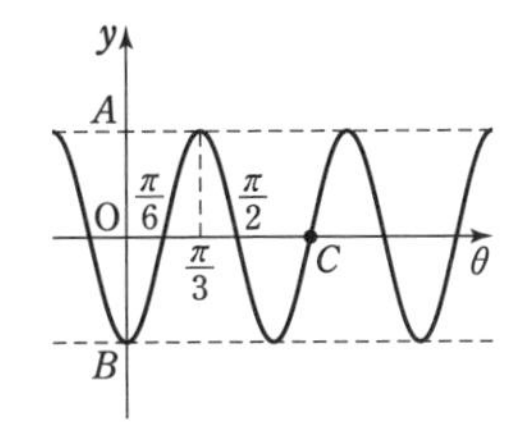

☐ 288　下の三角関数 ①～⑧ のうち，グラフが右の図のようになるものをすべて選べ。

①　$\sin\left(\theta+\dfrac{2}{3}\pi\right)$　②　$\cos\left(\theta+\dfrac{5}{3}\pi\right)$

③　$\sin\left(-\theta+\dfrac{4}{3}\pi\right)$　④　$-\cos\left(\theta+\dfrac{2}{3}\pi\right)$

⑤　$-\sin\left(\theta-\dfrac{\pi}{6}\right)$　⑥　$\cos\left(\theta-\dfrac{5}{3}\pi\right)$

⑦　$-\sin\left(-\theta-\dfrac{\pi}{6}\right)$　⑧　$-\cos\left(-\theta+\dfrac{4}{3}\pi\right)$

28 三角関数の応用

1 三角関数を含む方程式，不等式 $(0 \leqq \theta < 2\pi)$

図のように，単位円やグラフを利用して解く。

例えば，$\sin\theta > k$ なら　$\alpha < \theta < \pi - \alpha$

$\sin\theta = k$

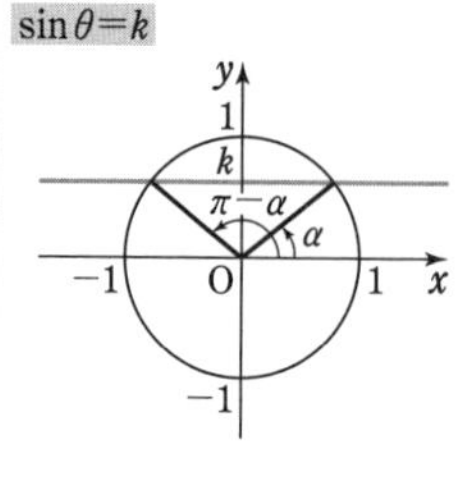

$\cos\theta = k$

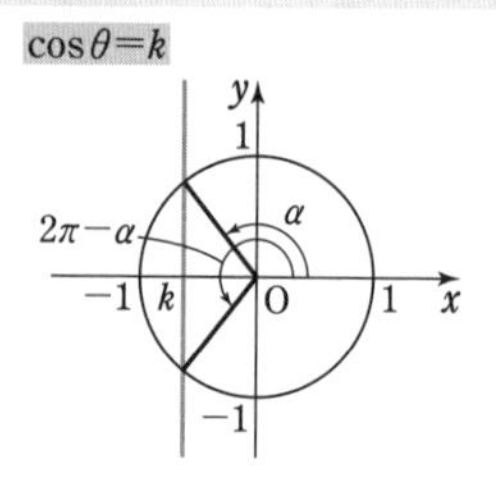

$\tan\theta = k$

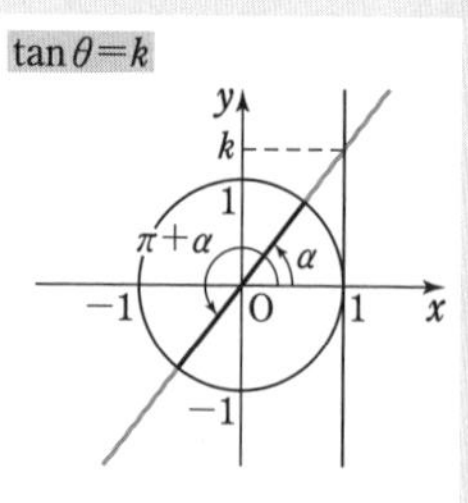

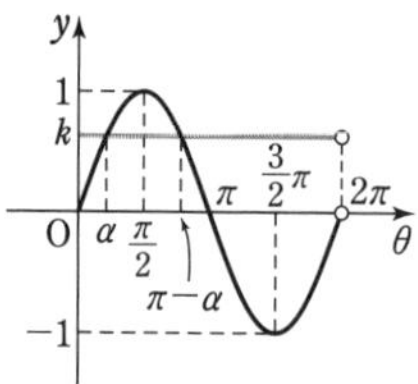

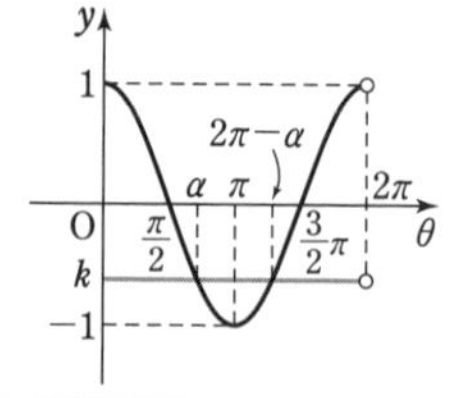

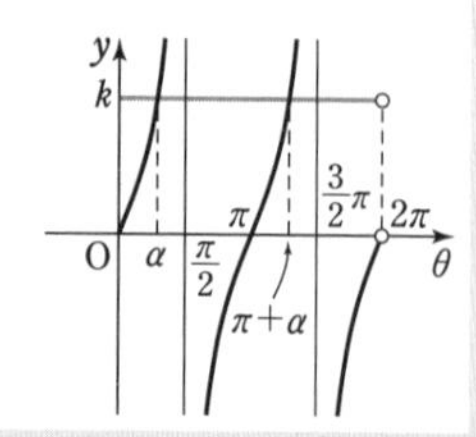

A

☐ **289**　$0 \leqq \theta < 2\pi$ のとき，次の方程式を解け。また，θ の範囲に制限がないときの解を求めよ。

(1)　$\sin\theta = \dfrac{1}{\sqrt{2}}$　　*(2)　$\cos\theta = \dfrac{1}{2}$　　(3)　$\tan\theta = -1$

*(4)　$2\sin\theta = -1$　　(5)　$2\cos\theta = \sqrt{3}$　　*(6)　$\sqrt{3}\tan\theta - 1 = 0$

☐ **290**　$0 \leqq \theta < 2\pi$ のとき，次の不等式を解け。

*(1)　$\sin\theta < \dfrac{\sqrt{3}}{2}$　　(2)　$\cos\theta \geqq \dfrac{1}{2}$　　(3)　$\tan\theta < 1$

(4)　$\sqrt{2}\sin\theta \leqq -1$　　*(5)　$2\cos\theta + \sqrt{2} > 0$　　*(6)　$\tan\theta + \sqrt{3} < 0$

☐ **Aのまとめ 291**　$0 \leqq \theta < 2\pi$ のとき，次の方程式，不等式を解け。

(1)　$2\cos\theta = -1$　　(2)　$\sqrt{3}\tan\theta + 1 < 0$

三角関数を含む方程式，不等式（1次）

例題 32

$0 \leqq \theta < 2\pi$ のとき，次の方程式，不等式を解け。

(1) $\sin\left(2\theta - \frac{\pi}{3}\right) = \frac{\sqrt{3}}{2}$　　(2) $\cos\left(2\theta + \frac{\pi}{6}\right) > \frac{1}{2}$

指針 **三角関数を含む方程式，不等式（1次）** $2\theta - \frac{\pi}{3}$，$2\theta + \frac{\pi}{6}$ の範囲に注意して，方程式，不等式を解く。

解答 (1) $0 \leqq \theta < 2\pi$ のとき　$-\frac{\pi}{3} \leqq 2\theta - \frac{\pi}{3} < 4\pi - \frac{\pi}{3}$

よって，$\sin\left(2\theta - \frac{\pi}{3}\right) = \frac{\sqrt{3}}{2}$ より

$$2\theta - \frac{\pi}{3} = \frac{\pi}{3},\ \frac{2}{3}\pi,\ \frac{7}{3}\pi,\ \frac{8}{3}\pi$$

ゆえに　$\boldsymbol{\theta = \frac{\pi}{3},\ \frac{\pi}{2},\ \frac{4}{3}\pi,\ \frac{3}{2}\pi}$ 答

(2) $0 \leqq \theta < 2\pi$ のとき　$\frac{\pi}{6} \leqq 2\theta + \frac{\pi}{6} < 4\pi + \frac{\pi}{6}$

よって，$\cos\left(2\theta + \frac{\pi}{6}\right) > \frac{1}{2}$ より

$$\frac{\pi}{6} \leqq 2\theta + \frac{\pi}{6} < \frac{\pi}{3},\ \frac{5}{3}\pi < 2\theta + \frac{\pi}{6} < \frac{7}{3}\pi,\ \frac{11}{3}\pi < 2\theta + \frac{\pi}{6} < \frac{25}{6}\pi$$

ゆえに　$\boldsymbol{0 \leqq \theta < \frac{\pi}{12},\ \frac{3}{4}\pi < \theta < \frac{13}{12}\pi,\ \frac{7}{4}\pi < \theta < 2\pi}$ 答

■ $0 \leqq \theta < 2\pi$ のとき，次の方程式，不等式を解け。[**292**，**293**]

☐ **292** (1) $\sin\left(\theta - \frac{\pi}{3}\right) = \frac{1}{2}$　　*(2) $\cos\left(\theta + \frac{\pi}{6}\right) = \frac{1}{\sqrt{2}}$

(3) $\sin\left(3\theta + \frac{\pi}{4}\right) = \frac{1}{\sqrt{2}}$　　*(4) $\tan\left(2\theta - \frac{\pi}{3}\right) = \sqrt{3}$

☐ **293** *(1) $\sin\left(\theta + \frac{5}{6}\pi\right) \leqq -\frac{1}{\sqrt{2}}$　　(2) $\tan\left(\theta - \frac{\pi}{6}\right) > \frac{1}{\sqrt{3}}$

*(3) $\cos\left(2\theta + \frac{\pi}{3}\right) > \frac{\sqrt{3}}{2}$　　(4) $\tan\left(2\theta - \frac{2}{3}\pi\right) \leqq -\sqrt{3}$

☐ **294** θ の範囲に制限がないとき，次の不等式を解け。

(1) $\sin\theta < -\frac{\sqrt{3}}{2}$　　(2) $\tan\left(\theta + \frac{\pi}{3}\right) \geqq \sqrt{3}$

三角関数を含む方程式，不等式（2次）

例題 33　$0 \leqq x < 2\pi$ のとき，次の方程式，不等式を解け。
(1)　$2\sin^2 x - \cos x - 1 = 0$　　(2)　$2\cos^2 x \geqq 3\sin x$

指針　**三角関数を含む方程式，不等式（2次）**　$\sin^2 x + \cos^2 x = 1$ を用いて，1種類の三角関数についての式に直す。
(1)　$-1 \leqq \cos x \leqq 1$　　(2)　$-1 \leqq \sin x \leqq 1$　に注意。

解答　(1)　$2(1-\cos^2 x) - \cos x - 1 = 0$ から　　$2\cos^2 x + \cos x - 1 = 0$
よって　　$(\cos x + 1)(2\cos x - 1) = 0$　　　ゆえに　　$\cos x = -1,\ \dfrac{1}{2}$
$0 \leqq x < 2\pi$ であるから
　$\cos x = -1$ のとき　$x = \pi$，　$\cos x = \dfrac{1}{2}$ のとき　$x = \dfrac{\pi}{3},\ \dfrac{5}{3}\pi$
したがって　　$\boldsymbol{x = \dfrac{\pi}{3},\ \pi,\ \dfrac{5}{3}\pi}$　答
(2)　$2(1-\sin^2 x) \geqq 3\sin x$ から　　$2\sin^2 x + 3\sin x - 2 \leqq 0$
よって　　$(\sin x + 2)(2\sin x - 1) \leqq 0$
$0 \leqq x < 2\pi$ のとき，$-1 \leqq \sin x \leqq 1$ であるから，常に $\sin x + 2 > 0$ である。
ゆえに　　$2\sin x - 1 \leqq 0$　　　よって　　$\sin x \leqq \dfrac{1}{2}$
$0 \leqq x < 2\pi$ であるから　　$\boldsymbol{0 \leqq x \leqq \dfrac{\pi}{6},\ \dfrac{5}{6}\pi \leqq x < 2\pi}$　答

295　$0 \leqq x < 2\pi$ のとき，次の方程式を解け。
(1)　$(2\sin x + \sqrt{3})\sin x = 0$　　*(2)　$(\sin x + 1)(2\sin x - 1) = 0$
(3)　$2\cos^2 x - 5\cos x - 3 = 0$　　*(4)　$2\sin^2 x - 3\cos x = 0$
*(5)　$\sqrt{3}\tan^2 x - 2\tan x - \sqrt{3} = 0$

296　$0 \leqq x < 2\pi$ のとき，次の不等式を解け。
(1)　$(2\sin x + 1)(2\sin x - \sqrt{3}) < 0$　　*(2)　$(\cos x + 2)(\sqrt{2}\cos x - 1) > 0$
(3)　$2\sin^2 x > \sin x + 1$　　*(4)　$2\cos^2 x \leqq \sin x + 1$
*(5)　$\sin x \leqq \tan x$

297　x の2次方程式 $2x^2 - 4x\sin\theta - 3\cos\theta = 0$ が実数解をもつとき，θ の値の範囲を求めよ。ただし，$0 \leqq \theta < 2\pi$ とする。

ヒント　**297**　2次方程式 $ax^2 + bx + c = 0$ が実数解をもつ $\Longleftrightarrow$ $D = b^2 - 4ac \geqq 0$

三角関数の最大値，最小値（2次）

例題 34 関数 $y=\cos\theta-\sin^2\theta$ $(0\leqq\theta<2\pi)$ の最大値と最小値，およびそのときの θ の値を求めよ。

指針 **三角関数の最大値，最小値（2次）** $\cos\theta=t$ とおいて，t の関数についての最大値と最小値を考える。ただし，$-1\leqq t\leqq 1$ に注意する。

解答 $\cos\theta=t$ とおくと，$0\leqq\theta<2\pi$ であるから

$-1\leqq t\leqq 1$ …… ①

y を t で表すと

$$y=\cos\theta-\sin^2\theta=\cos\theta-(1-\cos^2\theta)$$
$$=t-(1-t^2)=\left(t+\frac{1}{2}\right)^2-\frac{5}{4}$$

① の範囲において，y は

$t=1$ で最大値 1，$t=-\dfrac{1}{2}$ で最小値 $-\dfrac{5}{4}$

をとる。また，$0\leqq\theta<2\pi$ であるから

$t=1$ すなわち $\cos\theta=1$ のとき　$\theta=0$

$t=-\dfrac{1}{2}$ すなわち $\cos\theta=-\dfrac{1}{2}$ のとき　$\theta=\dfrac{2}{3}\pi,\ \dfrac{4}{3}\pi$

よって　**$\theta=0$ で最大値 1；$\theta=\dfrac{2}{3}\pi,\ \dfrac{4}{3}\pi$ で最小値 $-\dfrac{5}{4}$** 答

298 次の関数の最大値と最小値，およびそのときの θ の値を求めよ。

(1) $y=2\cos\theta-3$ $\left(\dfrac{\pi}{3}\leqq\theta\leqq\dfrac{7}{6}\pi\right)$　(2) $y=\tan\left(2\theta-\dfrac{\pi}{3}\right)$ $\left(0\leqq\theta\leqq\dfrac{\pi}{3}\right)$

299 次の関数の最大値と最小値，およびそのときの θ の値を求めよ。ただし，$0\leqq\theta<2\pi$ とする。

(1) $y=\sin^2\theta-4\sin\theta+1$　*(2) $y=\sin^2\theta+\cos\theta+1$

*(3) $y=2\tan^2\theta+4\tan\theta+5$　(4) $y=\sin^2\theta-\cos^2\theta$

300 $\sin 1$，$\sin 2$，$\sin 3$，$\sin 4$ の大小を比べよ。

発展

301 等式 $\sin^2\theta+\cos\theta-a=0$ を満たす θ の値が存在するように，定数 a の値の範囲を定めよ。

ヒント 301 $\cos\theta=t$ とおくと，$\sin^2\theta+\cos\theta=-t^2+t+1$ となる。
$-1\leqq t\leqq 1$ において，$y=-t^2+t+1$ と $y=a$ のグラフについて考える。

第4章 三角関数

29 加法定理

1 加法定理

① $\begin{cases}\sin(\alpha+\beta)=\sin\alpha\cos\beta+\cos\alpha\sin\beta\\ \sin(\alpha-\beta)=\sin\alpha\cos\beta-\cos\alpha\sin\beta\end{cases}$

② $\begin{cases}\cos(\alpha+\beta)=\cos\alpha\cos\beta-\sin\alpha\sin\beta\\ \cos(\alpha-\beta)=\cos\alpha\cos\beta+\sin\alpha\sin\beta\end{cases}$

③ $\begin{cases}\tan(\alpha+\beta)=\dfrac{\tan\alpha+\tan\beta}{1-\tan\alpha\tan\beta}\\ \tan(\alpha-\beta)=\dfrac{\tan\alpha-\tan\beta}{1+\tan\alpha\tan\beta}\end{cases}$

参考　$\sin(\alpha+\beta)$，$\cos(\alpha+\beta)$，$\tan(\alpha+\beta)$ の公式で，β を $-\beta$ でおき換えると，$\sin(\alpha-\beta)$，$\cos(\alpha-\beta)$，$\tan(\alpha-\beta)$ の公式が得られる。

2 2直線のなす角

交わる2直線 $y=m_1x+n_1$，$y=m_2x+n_2$ が垂直でないとき，そのなす鋭角を θ，$m_1=\tan\alpha$，$m_2=\tan\beta$ とすると

$$\tan\theta=\left|\frac{\tan\alpha-\tan\beta}{1+\tan\alpha\tan\beta}\right|=\left|\frac{m_1-m_2}{1+m_1m_2}\right|$$

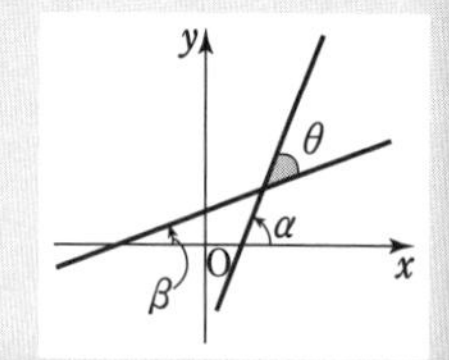

A

☐ **302** (1) $105^\circ=60^\circ+45^\circ$ であることを利用して，$\sin105^\circ$ の値を求めよ。

(2) $\dfrac{\pi}{12}=\dfrac{\pi}{3}-\dfrac{\pi}{4}$ であることを利用して，$\cos\dfrac{\pi}{12}$ の値を求めよ。

☐ **303** 次の値を求めよ。

*(1) $\sin255^\circ$　(2) $\cos165^\circ$　*(3) $\tan195^\circ$

(4) $\sin\dfrac{5}{12}\pi$　*(5) $\cos\dfrac{13}{12}\pi$　(6) $\tan\dfrac{\pi}{12}$

☐ ***304** $0<\alpha<\dfrac{\pi}{2}$，$\dfrac{\pi}{2}<\beta<\pi$ とする。次の値を求めよ。

(1) $\sin\alpha=\dfrac{\sqrt{3}}{2}$，$\cos\beta=-\dfrac{3}{5}$ のとき　$\sin(\alpha+\beta)$，$\tan(\alpha+\beta)$

(2) $\tan\alpha=1$，$\tan\beta=-2$　のとき　$\tan(\alpha+\beta)$，$\cos(\alpha-\beta)$

☐ **305** 次の2直線のなす角 θ を求めよ。ただし，$0<\theta<\dfrac{\pi}{2}$ とする。

*(1) $y=\dfrac{3}{2}x$，$y=-5x$　(2) $y=2x$，$3x+y-2=0$

☐ Aのまとめ **306** (1) $\tan255^\circ$ の値を求めよ。

(2) $\dfrac{\pi}{2}<\alpha<\pi$，$\dfrac{\pi}{2}<\beta<\pi$ とする。$\tan\alpha=-\dfrac{3}{4}$，$\cos\beta=-\dfrac{2\sqrt{5}}{5}$ のとき，$\cos(\alpha+\beta)$ の値を求めよ。

tan と角の関係

例題 35 α, β, γ は鋭角，$\tan\alpha=2$，$\tan\beta=5$，$\tan\gamma=8$ のとき，$\alpha+\beta+\gamma$ の値を求めよ。

指針 **加法定理の利用** $\tan(\alpha+\beta+\gamma)=\tan\{(\alpha+\beta)+\gamma\}$ に加法定理を適用する。
また，$\alpha+\beta+\gamma$ のとりうる値の範囲に注意する。

解答

$$\tan(\alpha+\beta)=\frac{\tan\alpha+\tan\beta}{1-\tan\alpha\tan\beta}=\frac{2+5}{1-2\cdot5}=-\frac{7}{9}$$

$$\tan(\alpha+\beta+\gamma)=\frac{\tan(\alpha+\beta)+\tan\gamma}{1-\tan(\alpha+\beta)\tan\gamma}=\frac{-\frac{7}{9}+8}{1-\left(-\frac{7}{9}\right)\cdot8}=1$$

ここで，$\sqrt{3}<2<5<8$ であるから　$\tan\frac{\pi}{3}<\tan\alpha<\tan\beta<\tan\gamma$

α, β, γ は鋭角であるから　$\frac{\pi}{3}<\alpha<\beta<\gamma<\frac{\pi}{2}$

よって　$\pi<\alpha+\beta+\gamma<\frac{3}{2}\pi$

ゆえに，$\tan(\alpha+\beta+\gamma)=1$ から　$\alpha+\beta+\gamma=\boldsymbol{\frac{5}{4}\pi}$ 答

307 次の等式を証明せよ。

(1) $\cos(\alpha+\beta)\sin(\alpha-\beta)=\sin\alpha\cos\alpha-\sin\beta\cos\beta$

*(2) $\cos(\alpha+\beta)\cos(\alpha-\beta)=\cos^2\alpha-\sin^2\beta=\cos^2\beta-\sin^2\alpha$

***308** α, β, γ は鋭角，$\tan\alpha=\frac{\sqrt{3}}{7}$，$\tan\beta=\frac{\sqrt{3}}{6}$，$\tan\gamma=2-\sqrt{3}$ のとき，$\alpha+\beta$，$\alpha+\beta+\gamma$ の値を求めよ。

309 $\alpha+\beta=\frac{\pi}{4}$ のとき，$(\tan\alpha+1)(\tan\beta+1)$ の値を求めよ。

***310** $\sin\alpha+\cos\beta=\sqrt{2}$，$\cos\alpha+\sin\beta=1$ のとき，$\sin(\alpha+\beta)$ の値を求めよ。

***311** 原点を通り，直線 $y=2x+1$ と $\frac{\pi}{6}$ の角をなす直線の方程式を求めよ。

312 点 P(3, 4) を，原点Oを中心として $\frac{2}{3}\pi$ だけ回転させた点Qの座標を求めよ。

30 加法定理の応用

1 2倍角の公式

加法定理において $\beta=\alpha$ とすることで，次の公式が得られる。

① $\sin 2\alpha=2\sin\alpha\cos\alpha$

② $\cos 2\alpha=\cos^2\alpha-\sin^2\alpha=1-2\sin^2\alpha=2\cos^2\alpha-1$

③ $\tan 2\alpha=\dfrac{2\tan\alpha}{1-\tan^2\alpha}$

参考　**3倍角の公式**

$\sin 3\alpha=3\sin\alpha-4\sin^3\alpha,\quad \cos 3\alpha=-3\cos\alpha+4\cos^3\alpha$

2 半角の公式

① $\sin^2\dfrac{\alpha}{2}=\dfrac{1-\cos\alpha}{2}$　② $\cos^2\dfrac{\alpha}{2}=\dfrac{1+\cos\alpha}{2}$　③ $\tan^2\dfrac{\alpha}{2}=\dfrac{1-\cos\alpha}{1+\cos\alpha}$

A

■次の値を求めよ。[313～315]

☐ **313** (1) $0<\alpha<\dfrac{\pi}{2}$，$\cos\alpha=\dfrac{3}{4}$ のとき　$\cos 2\alpha$，$\sin 2\alpha$，$\tan 2\alpha$

*(2) $\dfrac{\pi}{2}<\alpha<\pi$，$\sin\alpha=\dfrac{5}{6}$ のとき　$\cos 2\alpha$，$\sin 2\alpha$，$\tan 2\alpha$

*(3) $\tan\alpha=4$ のとき　$\tan 2\alpha$，$\cos 2\alpha$，$\sin 2\alpha$

☐ **314** *(1) $\sin\dfrac{\pi}{12}$　(2) $\cos\dfrac{\pi}{12}$　(3) $\tan\dfrac{5}{12}\pi$

☐ **315** *(1) $0<\alpha<\dfrac{\pi}{2}$，$\cos\alpha=\dfrac{2}{3}$ のとき　$\sin\dfrac{\alpha}{2}$，$\cos\dfrac{\alpha}{2}$，$\tan\dfrac{\alpha}{2}$

(2) $\dfrac{3}{2}\pi<\alpha<2\pi$，$\sin\alpha=-\dfrac{3}{5}$ のとき　$\sin\dfrac{\alpha}{2}$，$\cos\dfrac{\alpha}{2}$，$\tan\dfrac{\alpha}{2}$

*(3) $\pi<\alpha<\dfrac{3}{2}\pi$，$\tan\alpha=\dfrac{5}{12}$ のとき　$\cos\alpha$，$\sin\dfrac{\alpha}{2}$，$\cos\dfrac{\alpha}{2}$，$\tan\dfrac{\alpha}{2}$

☐ ***316** 次の等式を証明せよ。

(1) $(\sin\alpha-\cos\alpha)^2=1-\sin 2\alpha$　(2) $\dfrac{\cos 2\alpha}{\cos^2\alpha}=\dfrac{2\tan\alpha}{\tan 2\alpha}$

☐ Aのまとめ **317** $\dfrac{\pi}{2}<\alpha<\pi$，$\sin\alpha=\dfrac{4}{5}$ のとき，次の値を求めよ。

(1) $\sin 2\alpha$　(2) $\cos 2\alpha$　(3) $\sin\dfrac{\alpha}{2}$　(4) $\cos\dfrac{\alpha}{2}$

三角関数の最大値，最小値（2倍角）

例題 36 関数 $y=\cos 2x-2\cos x$ $(0\leqq x<2\pi)$ の最大値と最小値，およびそのときの x の値を求めよ。

指針 **三角関数の最大値，最小値（2倍角）** まず，2倍角の公式を用いて関数を $\cos x$ だけで表す。例題 34 参照。

解答 $\cos x=t$ とおくと，$0\leqq x<2\pi$ であるから

$-1\leqq t\leqq 1$ …… ①

y を t で表すと

$y=\cos 2x-2\cos x=(2\cos^2 x-1)-2\cos x$

$=2t^2-2t-1=2\left(t-\dfrac{1}{2}\right)^2-\dfrac{3}{2}$

① の範囲において，y は

$t=-1$ で最大値 3，$t=\dfrac{1}{2}$ で最小値 $-\dfrac{3}{2}$

をとる。したがって

$t=-1$ すなわち $\boldsymbol{x=\pi}$ **で最大値 3**；

$t=\dfrac{1}{2}$ すなわち $\boldsymbol{x=\dfrac{\pi}{3},\ \dfrac{5}{3}\pi}$ **で最小値** $-\dfrac{3}{2}$ 答

B

☐ *318 $\tan\alpha=t$ $(t\neq\pm 1)$ とするとき，次の式を t で表せ。

(1) $\tan 2\alpha$　(2) $\cos 2\alpha$　(3) $\sin 2\alpha$

☐ 319 $0\leqq x<2\pi$ のとき，次の方程式，不等式を解け。

(1) $\sin 2x=\sqrt{2}\sin x$　*(2) $\cos 2x=3\cos x-2$

(3) $\cos 2x>\sin x$　*(4) $\sin 2x>\cos x$

(5) $\tan 2x\geqq\tan x$

☐ *320 関数 $y=2\sin x-\cos 2x$ $(0\leqq x<2\pi)$ の最大値と最小値，およびそのときの x の値を求めよ。

☐ 321 次の関数のグラフをかけ。

(1) $y=\cos^2 x$　*(2) $y=\sin^2 x+3\cos^2 x$

発展

☐ 322 (1) $\theta=18^\circ$ のとき，$\cos 2\theta=\sin 3\theta$ が成り立つことを示せ。

(2) $\sin 18^\circ$ の値を求めよ。

第4章 三角関数

31 ◆ 補 和と積の公式

1 積 ⟶ 和の公式

加法定理により次の公式が得られる。

① $\sin\alpha\cos\beta=\dfrac{1}{2}\{\sin(\alpha+\beta)+\sin(\alpha-\beta)\}$

② $\cos\alpha\sin\beta=\dfrac{1}{2}\{\sin(\alpha+\beta)-\sin(\alpha-\beta)\}$

③ $\cos\alpha\cos\beta=\dfrac{1}{2}\{\cos(\alpha+\beta)+\cos(\alpha-\beta)\}$

④ $\sin\alpha\sin\beta=-\dfrac{1}{2}\{\cos(\alpha+\beta)-\cos(\alpha-\beta)\}$

2 和 ⟶ 積の公式

上の等式で $\alpha+\beta=A$，$\alpha-\beta=B$ とおくと，下の等式が得られる。
また，下の等式で $A+B=2\alpha$，$A-B=2\beta$ とおくと，上の等式が得られる。

① $\sin A+\sin B=2\sin\dfrac{A+B}{2}\cos\dfrac{A-B}{2}$

② $\sin A-\sin B=2\cos\dfrac{A+B}{2}\sin\dfrac{A-B}{2}$

③ $\cos A+\cos B=2\cos\dfrac{A+B}{2}\cos\dfrac{A-B}{2}$

④ $\cos A-\cos B=-2\sin\dfrac{A+B}{2}\sin\dfrac{A-B}{2}$

B

☐ **323** 次の積を和または差の形に，また，和や差を積の形に変形せよ。

(1) $2\sin5\theta\cos3\theta$　　(2) $2\sin2\theta\sin\theta$

(3) $\sin5\theta-\sin3\theta$　　(4) $\cos4\theta+\cos6\theta$

☐ **324** 次の値を求めよ。

*(1) $\sin75^\circ\cos15^\circ$　　(2) $\cos105^\circ\sin15^\circ$

*(3) $\cos75^\circ\cos15^\circ$　　(4) $\sin105^\circ\sin15^\circ$

☐ **325** 次の値を求めよ。

(1) $\sin105^\circ+\sin15^\circ$　　*(2) $\sin75^\circ-\sin15^\circ$

(3) $\cos105^\circ+\cos15^\circ$　　*(4) $\cos105^\circ-\cos15^\circ$

☐ **326** 次の式を $\sin2x$，$\cos2x$，$\sin x$，$\cos x$ のうちのいずれかを用いて表せ。

(1) $\sin\left(x+\dfrac{\pi}{3}\right)\cos\left(x-\dfrac{\pi}{3}\right)$　　(2) $\cos\left(x+\dfrac{\pi}{4}\right)+\cos\left(x-\dfrac{\pi}{4}\right)$

和と積の公式

例題 37 次の値を求めよ。

(1) $\sin 20^\circ \sin 40^\circ \sin 80^\circ$　　(2) $\cos 10^\circ + \cos 110^\circ + \cos 130^\circ$

指針 **和と積の公式** (1) 積 ⟶ 和の公式を繰り返し利用する。

(2) 和 ⟶ 積の公式を利用する。

解答

(1) $(与式) = -\frac{1}{2}(\cos 60^\circ - \cos 20^\circ)\sin 80^\circ$

$= -\frac{1}{4}\sin 80^\circ + \frac{1}{2}\cos 20^\circ \sin 80^\circ$

$= -\frac{1}{4}\sin 80^\circ + \frac{1}{4}(\sin 100^\circ + \sin 60^\circ)$

$= -\frac{1}{4}\sin 80^\circ + \frac{1}{4}\sin(180^\circ - 80^\circ) + \frac{1}{4}\sin 60^\circ$

$= -\frac{1}{4}\sin 80^\circ + \frac{1}{4}\sin 80^\circ + \frac{1}{4}\cdot\frac{\sqrt{3}}{2} = \boldsymbol{\frac{\sqrt{3}}{8}}$ 答

(2) $(与式) = 2\cos 60^\circ \cos 50^\circ + \cos 130^\circ = \cos 50^\circ + \cos 130^\circ$

$= \cos 50^\circ + \cos(180^\circ - 50^\circ) = \cos 50^\circ - \cos 50^\circ = \boldsymbol{0}$ 答

発展

☐ **327** 次の値を求めよ。

(1) $\cos 20^\circ \cos 40^\circ \cos 80^\circ$　　(2) $\sin 20^\circ + \sin 140^\circ + \sin 260^\circ$

☐ **328** 次の式を簡単にせよ。

(1) $\cos(\alpha+\beta)\sin(\alpha-\beta) + \cos(\beta+\gamma)\sin(\beta-\gamma) + \cos(\gamma+\alpha)\sin(\gamma-\alpha)$

(2) $\cos\alpha \sin(\beta-\gamma) + \cos\beta \sin(\gamma-\alpha) + \cos\gamma \sin(\alpha-\beta)$

☐ **329** $0 \leqq x < 2\pi$ とする。次の関数の最大値と最小値，およびそのときの x の値を求めよ。

(1) $y = \sin x + \sin\left(x + \frac{\pi}{3}\right)$　　(2) $y = \sin x \sin\left(x + \frac{2}{3}\pi\right)$

☐ **330** $0 \leqq x \leqq \pi$ のとき，次の方程式，不等式を解け。

(1) $\cos x + \cos 3x = 0$　　(2) $\cos x + \cos 3x + \cos 5x < 0$

☐ **331** $\triangle ABC$ において，次の等式が成り立つとき，この三角形はどのような形の三角形か。

$$\cos A + \cos B = \sin C$$

ヒント **330** (2) $(\cos x + \cos 5x) + \cos 3x$ で考える。

331 和 ⟶ 積の公式を利用。また $A+B+C=\pi$ に注意。

32 三角関数の合成

1 三角関数の合成

$a\sin\theta+b\cos\theta=\sqrt{a^2+b^2}\sin(\theta+\alpha)$

ただし　$\sin\alpha=\dfrac{b}{\sqrt{a^2+b^2}}$，$\cos\alpha=\dfrac{a}{\sqrt{a^2+b^2}}$

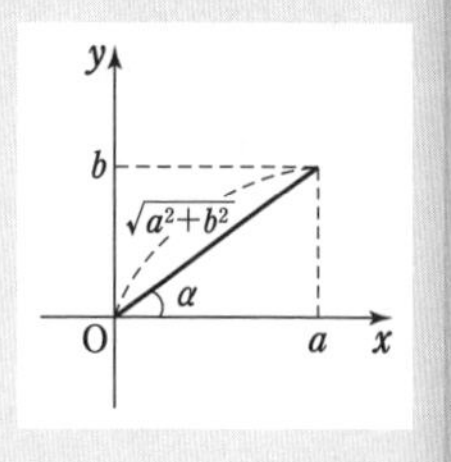

例　① $\sqrt{3}\sin\theta+\cos\theta=2\sin\left(\theta+\dfrac{\pi}{6}\right)$

② $3\sin\theta-4\cos\theta=5\sin(\theta+\alpha)$

ただし　$\sin\alpha=-\dfrac{4}{5}$，$\cos\alpha=\dfrac{3}{5}$

A

332 次の式を $r\sin(\theta+\alpha)$ の形に変形せよ。ただし，$r>0$，$-\pi<\alpha\leqq\pi$ とする。

(1) $\sin\theta-\sqrt{3}\cos\theta$　　*(2) $-2\sin\theta+2\cos\theta$

(3) $-\sqrt{3}\sin\theta+\cos\theta$　　*(4) $\sqrt{6}\sin\theta-\sqrt{2}\cos\theta$

*(5) $3\sin\theta+4\cos\theta$　　(6) $5\sin\theta-12\cos\theta$

333 次の式の値を求めよ。

*(1) $\sqrt{3}\sin\dfrac{\pi}{12}+\cos\dfrac{\pi}{12}$　　(2) $\sin\dfrac{5}{12}\pi-\cos\dfrac{5}{12}\pi$

334 $0\leqq x<2\pi$ のとき，次の関数の最大値と最小値，およびそのときの x の値を求めよ。

*(1) $y=\sin x-\cos x$　　(2) $y=3\sin x+\sqrt{3}\cos x$

Aのまとめ **335** $0\leqq x<2\pi$ のとき，関数 $y=-\sin x+\sqrt{3}\cos x$ の最大値と最小値，およびそのときの x の値を求めよ。

B

336 $0\leqq x<2\pi$ のとき，次の方程式，不等式を解け。

*(1) $\sin x-\cos x=1$　　(2) $2(\sin x+\cos x)=\sqrt{6}$

*(3) $\sin x-\sqrt{3}\cos x>-1$　　(4) $\cos x\geqq\sqrt{3}\sin x$

337 $0\leqq x<2\pi$ のとき，次の関数の最大値，最小値を求めよ。

(1) $y=5\cos x+12\sin x$　　*(2) $y=\sqrt{7}\sin x-3\cos x$

三角関数の最大値，最小値（2次→1次→合成，$\sin x+\cos x=t$ のおき換え）

例題 38

$0\leqq x<2\pi$ のとき，次の関数の最大値，最小値を求めよ。

(1) $y=5\cos^2 x+6\sin x\cos x-3\sin^2 x$

(2) $y=\sqrt{2}(\sin x+\cos x)-\sin x\cos x-1$

指針 **$\sin x$，$\cos x$ の2次式** $\sin 2x$，$\cos 2x$ で表し，$r\sin(2x+\alpha)$ の形に変形。
$\sin x$，$\cos x$ の対称式 $\sin x+\cos x=t$ とおく。t の範囲に注意。

解答

(1) $y=5\cdot\dfrac{1+\cos 2x}{2}+6\cdot\dfrac{\sin 2x}{2}-3\cdot\dfrac{1-\cos 2x}{2}$

$=3\sin 2x+4\cos 2x+1=5\sin(2x+\alpha)+1$ ただし $\sin\alpha=\dfrac{4}{5}$，$\cos\alpha=\dfrac{3}{5}$

$-1\leqq\sin(2x+\alpha)\leqq 1$ であるから **最大値 6，最小値 -4** 答

(2) $\sin x+\cos x=t$ とおく。この式の両辺を2乗すると

$\sin^2 x+2\sin x\cos x+\cos^2 x=t^2$

よって $\sin x\cos x=\dfrac{t^2-1}{2}$

ゆえに $y=\sqrt{2}\,t-\dfrac{t^2-1}{2}-1=-\dfrac{1}{2}(t-\sqrt{2})^2+\dfrac{1}{2}$

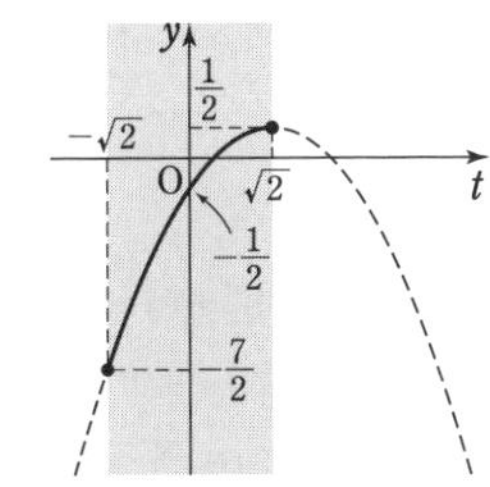

また，$t=\sin x+\cos x=\sqrt{2}\sin\left(x+\dfrac{\pi}{4}\right)$ であるから

$-\sqrt{2}\leqq t\leqq\sqrt{2}$ …… ①

① の範囲で y は $t=\sqrt{2}$ で最大値 $\dfrac{1}{2}$，$t=-\sqrt{2}$ で最小値 $-\dfrac{7}{2}$ をとる。

$0\leqq x<2\pi$ から $t=\sqrt{2}$ のとき $x=\dfrac{\pi}{4}$，$t=-\sqrt{2}$ のとき $x=\dfrac{5}{4}\pi$

答 **$x=\dfrac{\pi}{4}$ で最大値 $\dfrac{1}{2}$，$x=\dfrac{5}{4}\pi$ で最小値 $-\dfrac{7}{2}$**

B

☐*338 $0\leqq x<2\pi$ のとき，関数 $y=\sin^2 x+2\sqrt{3}\sin x\cos x+3\cos^2 x$ の最大値，最小値を求めよ。

☐*339 $0\leqq x<2\pi$ のとき，関数 $y=\sin x+\cos x+2\sin x\cos x+1$ の最大値，最小値を求めよ。

☐ 340 関数 $y=2\sin x+\cos x$ の次の区間における最大値，最小値を求めよ。

(1) $0\leqq x<2\pi$ (2) $0\leqq x\leqq\pi$ (3) $0\leqq x\leqq\dfrac{\pi}{2}$

☐*341 関数 $y=a\sin x+b\cos x$ $(0\leqq x<2\pi)$ は $x=\dfrac{\pi}{6}$ で最大値をとり，また，最小値は -5 である。定数 a，b の値を求めよ。

33 第4章　演習問題

三角形の形状

例題 39　△ABC において，次の等式が成り立つとき，この三角形はどのような形の三角形か。

$$\sin A=2\cos B\sin C$$

指針　**三角形の形状**　①　角のみの関係に直す。　②　辺のみの関係に直す。

解答　$2\cos B\sin C=\sin(B+C)-\sin(B-C)$

A，B，C は三角形の内角であるから　　$A+B+C=\pi$

よって　　$\sin(B+C)=\sin(\pi-A)=\sin A$

ゆえに，等式は　　$\sin A=\sin A-\sin(B-C)$　すなわち　$\sin(B-C)=0$

$-\pi<B-C<\pi$ であるから　　$B-C=0$　すなわち　$B=C$

したがって，△ABC は　**AB=AC の二等辺三角形**　答

☐ **342**　$\sin 75^\circ+\cos 75^\circ$ の値を，次の各方法で求めよ。

(1)　$75^\circ=30^\circ+45^\circ$ と表すことで，$\sin 75^\circ$，$\cos 75^\circ$ を求める。

(2)　$\sin 75^\circ+\cos 75^\circ$ を 2 乗して，2 倍角の公式を用いる。

(3)　$\sin 75^\circ+\cos 75^\circ=r\sin(75^\circ+\alpha)$ と変形する。

☐ **343**　$\sin 2\alpha=-\dfrac{4}{5}$，$\cos 2\alpha=-\dfrac{3}{5}$ のとき，$\tan\alpha$ の値を求めよ。

☐ **344**　△ABC において，次の等式が成り立つとき，この三角形はどのような形の三角形か。

(1)　$(\tan B+\tan C)\cos B\cos C=1$

(2)　$\sin A\cos A=\sin B\cos B$

☐ **345**　座標平面上の原点Oを中心とする半径1の円周上の点をPとおき，線分 OP と x 軸の正の向きとのなす角を θ $\left(0\leqq\theta<\dfrac{\pi}{2}\right)$ とする。また，2点 A$(0,\ -1)$，B$(\sqrt{3},\ -1)$ をとり，四角形 POAB の面積を S とする。

(1)　S を θ で表せ。

(2)　θ が変化するとき，S の最大値と最小値，およびそのときの θ の値を求めよ。

ヒント　**345** (1)　四角形を 2 つの三角形に分割する。

解が三角関数の値である2次方程式

例題 40　2次方程式 $3x^2+4x+a=0$ の2つの解が $\sin\theta$, $\cos\theta$ $(\sin\theta>\cos\theta)$ であるとき，定数 a の値を求めよ。
また，$\sin\theta$, $\cos\theta$ の値を求めよ。

指針　**方程式の解が $\sin\theta$, $\cos\theta$**　[1]　解と係数の関係　[2]　$\sin^2\theta+\cos^2\theta=1$ の利用

解答　解と係数の関係から

$$\sin\theta+\cos\theta=-\frac{4}{3} \quad \cdots\cdots ①, \qquad \sin\theta\cos\theta=\frac{a}{3} \quad \cdots\cdots ②$$

① の両辺を2乗して　$\sin^2\theta+2\sin\theta\cos\theta+\cos^2\theta=\dfrac{16}{9}$

$\sin^2\theta+\cos^2\theta=1$ と ② から　$1+\dfrac{2}{3}a=\dfrac{16}{9}$　　よって　$\boldsymbol{a=\dfrac{7}{6}}$ 答

このとき，方程式は　$18x^2+24x+7=0$　　ゆえに　$x=\dfrac{-4\pm\sqrt{2}}{6}$

$\sin\theta>\cos\theta$ であるから　$\boldsymbol{\sin\theta=\dfrac{-4+\sqrt{2}}{6}}$, $\boldsymbol{\cos\theta=\dfrac{-4-\sqrt{2}}{6}}$ 答

第4章 三角関数

発展

☐ **346**　$a\sin\theta+b\cos\theta=2\sin(\theta+\alpha)$ で，かつ $\cos\alpha=\dfrac{\sqrt{3}}{2}$, $\sin\alpha=-\dfrac{1}{2}$ のとき a, b の値を求めよ。

☐ **347**　2次方程式 $5x^2-7x+k=0$ の2つの解が $\sin\theta$, $\cos\theta$ であるとき，定数 k の値と $\sin^3\theta+\cos^3\theta$ の値を求めよ。

☐ **348**　等式 $\sin\theta+2\sin\theta\cos\theta+\cos\theta+a=0$ を満たす θ の値が存在するように，定数 a の値の範囲を定めよ。

☐ **349**◆　△ABC において，次の等式，不等式が成り立つことを証明せよ。

(1)　$\sin 2A+\sin 2B+\sin 2C=4\sin A\sin B\sin C$

(2)　$\cos A+\cos B+\cos C=1+4\sin\dfrac{A}{2}\sin\dfrac{B}{2}\sin\dfrac{C}{2}$

(3)　$2\sin A\geqq\sin 2B+\sin 2C$

☐ **350**　1辺 100 m の正方形の広場の1つの角に直立する高さ 60 m の棒があり，地上 10 m の所から上を赤く塗ってある。この広場の1点Pから棒の赤い部分を見込む角を θ, Pから棒の根元までの距離を x m とする。

(1)　$\tan\theta$ を x で表せ。

(2)　$\theta\geqq 45^\circ$ である広場の部分の面積を求めよ。

ヒント　**348**　$\sin\theta+\cos\theta=t$ とおく。t の範囲に注意。

第5章 指数関数と対数関数

34 指数の拡張

1 指数の拡張　$a>0$, $b>0$；m, n は正の整数；r, s は有理数とする。

① **定　義**　$a^0=1$, $a^{\frac{m}{n}}=\sqrt[n]{a^m}=(\sqrt[n]{a})^m$, $a^{-r}=\dfrac{1}{a^r}$

② **指数法則**　$a^r a^s=a^{r+s}$, $(a^r)^s=a^{rs}$, $(ab)^r=a^r b^r$

2 累乗根の性質　$a>0$, $b>0$；m, n, p は正の整数 とする。

$(\sqrt[n]{a})^n=a$　　$\sqrt[n]{a}\sqrt[n]{b}=\sqrt[n]{ab}$　　$\dfrac{\sqrt[n]{a}}{\sqrt[n]{b}}=\sqrt[n]{\dfrac{a}{b}}$

$(\sqrt[n]{a})^m=\sqrt[n]{a^m}$　　$\sqrt[m]{\sqrt[n]{a}}=\sqrt[mn]{a}$　　$\sqrt[n]{a^m}=\sqrt[np]{a^{mp}}$

3 $\sqrt[n]{a}$　a の n 乗根のうち　[1]　n が奇数のときは，実数であるもの
[2]　n が偶数のときは，正または0であるもの（$a\geqq 0$ のときに限る）を表す。
-1 の3乗根は -1, $\dfrac{1\pm\sqrt{3}\,i}{2}$；　$\sqrt[3]{-1}=-1$　　1の4乗根は ±1, $\pm i$；　$\sqrt[4]{1}=1$

A

■次の式を計算せよ。ただし，$a\neq 0$, $b\neq 0$ とする。[351～355]

☐ **351**　(1) 6^0　*(2) 4^{-2}　(3) 0.3^{-3}　*(4) $(-3)^{-5}$

☐ **352**　*(1) a^7a^{-3}　*(2) $(a^{-4})^{-2}$　(3) $(a^2b^{-1})^3$　*(4) $(a^2b^{-3})^{-4}$
*(5) $a^3\div a^6$　(6) $a^{-2}\div a^3$　*(7) $a^4\div a^{-2}$　*(8) $a^{-3}\div a^{-3}$

☐ **353**　(1) $2^5\times 2^{-3}$　(2) $(6^2)^4\div 6^7$　*(3) $(5^2\times 3^{-1})^3\times(5^{-3})^2$

☐ **354**　(1) $\sqrt[3]{125}$　*(2) $\sqrt[4]{256}$　(3) $\sqrt[3]{1000000}$　(4) $\sqrt[5]{0.00001}$
*(5) $\sqrt[3]{4}\sqrt[3]{54}$　*(6) $\dfrac{\sqrt[4]{48}}{\sqrt[4]{3}}$　*(7) $\sqrt[3]{\sqrt{64}}$　(8) $\sqrt[6]{4^3}$

☐ **355**　(1) $49^{\frac{1}{2}}$　(2) $8^{\frac{4}{3}}$　(3) $16^{-\frac{3}{4}}$　(4) $100^{-\frac{3}{2}}$

☐ ***356**　次の値を求めよ。ただし，(2)，(4) は実数の範囲で答えよ。
(1) $\sqrt[3]{216}$　(2) 216 の 3 乗根　(3) $\sqrt[4]{10000}$　(4) 10000 の 4 乗根

☐ **Aのまとめ 357**　次の計算をせよ。
(1) $(3^2)^{-3}\times 3^3\div 9^{-2}$　(2) $(8^{\frac{1}{2}}\times 4^{\frac{1}{4}})^{\frac{1}{2}}\div(4^{-\frac{3}{4}})^{\frac{2}{3}}$
(3) $\sqrt[3]{2}\times\sqrt[3]{6}\times\sqrt[3]{18}$　(4) $\sqrt[3]{3}\times\sqrt[6]{3}\div\sqrt{3}$

指数の計算，式の値

例題 41

(1) $a>0$，$b>0$ とする。次の式を計算せよ。

$$(a^{\frac{1}{3}}-b^{\frac{1}{3}})(a^{\frac{2}{3}}+a^{\frac{1}{3}}b^{\frac{1}{3}}+b^{\frac{2}{3}})$$

(2) $a^{\frac{1}{3}}+a^{-\frac{1}{3}}=4$ のとき，$a+a^{-1}$ の値を求めよ。

指針 **指数と式の計算，式の値** (1) 式を適当におき換えて，展開の公式を利用する。

(2) $a=(a^{\frac{1}{3}})^3$，$a^{-1}=(a^{-\frac{1}{3}})^3$ であることに着目する。

解答 (1) $a^{\frac{1}{3}}=A$，$b^{\frac{1}{3}}=B$ とおくと　$a^{\frac{2}{3}}=A^2$，$b^{\frac{2}{3}}=B^2$

よって　(与式)$=(A-B)(A^2+AB+B^2)=A^3-B^3$

$=(a^{\frac{1}{3}})^3-(b^{\frac{1}{3}})^3=\boldsymbol{a-b}$ 答

(2) $a+a^{-1}=(a^{\frac{1}{3}})^3+(a^{-\frac{1}{3}})^3=(a^{\frac{1}{3}}+a^{-\frac{1}{3}})^3-3a^{\frac{1}{3}}a^{-\frac{1}{3}}(a^{\frac{1}{3}}+a^{-\frac{1}{3}})$

$=(a^{\frac{1}{3}}+a^{-\frac{1}{3}})^3-3(a^{\frac{1}{3}}+a^{-\frac{1}{3}})=4^3-3\cdot4=64-12=\mathbf{52}$ 答

358 次の計算をせよ。

*(1) $\sqrt[3]{-36}\times\sqrt[6]{72}\div\sqrt[6]{2}$　(2) $\sqrt[3]{\sqrt{125}}\times\sqrt[3]{-25}\div\sqrt[6]{5}$

(3) $\sqrt[4]{32}+\sqrt[4]{162}-\sqrt[4]{512}$　*(4) $\sqrt[3]{54}+\sqrt[3]{2}-\sqrt[3]{16}$

(5) $(\sqrt[3]{2}-\sqrt[3]{16})^3\times\left\{\left(\dfrac{9}{4}\right)^{\frac{2}{3}}\right\}^{\frac{3}{4}}$　*(6) $\sqrt[3]{54}+\dfrac{3}{2}\sqrt[6]{4}+\sqrt[3]{-\dfrac{1}{4}}$

359 x，y，a，b は正の数とする。次の式を計算せよ。

(1) $(x-y^{-1})\div(x^{\frac{1}{2}}-y^{-\frac{1}{2}})$　*(2) $(a^{\frac{1}{4}}-b^{\frac{1}{4}})(a^{\frac{1}{4}}+b^{\frac{1}{4}})(a^{\frac{1}{2}}+b^{\frac{1}{2}})(a+b)$

*(3) $(a^{\frac{1}{3}}+b^{\frac{1}{3}})(a^{\frac{2}{3}}-a^{\frac{1}{3}}b^{\frac{1}{3}}+b^{\frac{2}{3}})$　(4) $(a^{\frac{1}{2}}+a^{\frac{1}{4}}b^{\frac{1}{4}}+b^{\frac{1}{2}})(a^{\frac{1}{2}}-a^{\frac{1}{4}}b^{\frac{1}{4}}+b^{\frac{1}{2}})$

***360** $x^{\frac{1}{3}}+x^{-\frac{1}{3}}=3$ のとき，次の式の値を求めよ。

(1) $x+x^{-1}$　(2) x^3+x^{-3}

***361** $2^x+2^{-x}=3$ のとき，次の式の値を求めよ。

(1) $2^{2x}+2^{-2x}$　(2) $2^{3x}+2^{-3x}$

362 $a>0$，$a^{2x}=5$ のとき，次の式の値を求めよ。

(1) a^x+a^{-x}　(2) $(a^x+a^{-x})(a^x-a^{-x})$　(3) $(a^{3x}+a^{-3x})\div(a^x+a^{-x})$

363 地球と太陽の距離を 1.5×10^{11} m，光の進む速さを毎秒 3.0×10^8 m とする。このとき，光が太陽から地球まで到達するには何秒かかるか。

35 指数関数

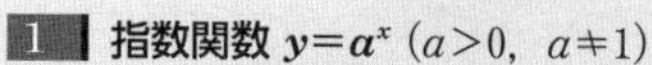

1 指数関数 $y=a^x$ $(a>0,\ a\neq1)$

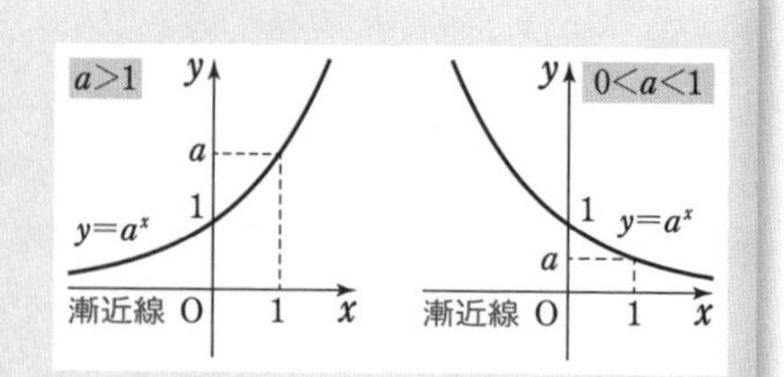

① 定義域は実数全体,
値域は正の数全体

② $a>1$ のとき
x の値が増加すると y の値も増加
$p<q \iff a^p<a^q$
$0<a<1$ のとき
x の値が増加すると y の値は減少
$p<q \iff a^p>a^q$

③ グラフは点 $(0,\ 1)$, $(1,\ a)$ を通り, x 軸が漸近線

A

☐ **364** 右の図は, 関数 $y=5^x$ のグラフである。
図中の目盛り A, B, C, D の値を求めよ。

☐ **365** 次の関数のグラフをかけ。また, (2)~(6) のグラフと (1) のグラフの位置関係をいえ。

*(1) $y=4^x$　(2) $y=-4^x$

*(3) $y=4^{-x}$　*(4) $y=-\left(\dfrac{1}{4}\right)^x$　(5) $y=\left(\dfrac{1}{4}\right)^{-x}$　*(6) $y=4\cdot4^x$

☐ **366** 次の関数の値域を求めよ。

*(1) $y=-3^x$ $(0\leqq x\leqq2)$　(2) $y=\left(\dfrac{1}{3}\right)^x$ $(-2\leqq x\leqq2)$

☐ *__367__ 次の数の大小を不等号を用いて表せ。

(1) 2^{-3}, 2^0, 2^4　(2) $\left(\dfrac{1}{3}\right)^{-3}$, $\left(\dfrac{1}{3}\right)^0$, $\left(\dfrac{1}{3}\right)^4$　(3) $\sqrt[4]{8}$, $\sqrt[6]{32}$, $\sqrt[9]{128}$

☐ **368** 次の方程式, 不等式を解け。

*(1) $2^x=64$　(2) $\left(\dfrac{1}{4}\right)^x=\dfrac{1}{64}$　*(3) $2^{2x+1}=32$　(4) $4^{2x-1}=2^{3x-5}$

(5) $3^x<27$　*(6) $\left(\dfrac{1}{9}\right)^x\leqq\dfrac{1}{81}$　(7) $5^{2x-1}>\dfrac{1}{125}$　*(8) $\left(\dfrac{1}{4}\right)^x\leqq2^{x+2}$

☐ Aのまとめ **369** (1) 関数 $y=\left(\dfrac{1}{8}\right)^x$ のグラフをかけ。

(2) 次の方程式, 不等式を解け。

(ア) $2^x=\sqrt[3]{16}$　(イ) $(0.5)^{2x-1}<\sqrt[4]{32}$

数の大小 (1)，指数を含む方程式

例題 42

(1) 次の数の大小を等号，不等号を用いて表せ。

(ア) $2^{\frac{1}{2}}$, $4^{\frac{1}{4}}$, $8^{\frac{1}{8}}$　　(イ) $\sqrt{2}$, $\sqrt[3]{3}$, $\sqrt[6]{6}$

(2) 方程式 $2^{2x+1}-5\cdot2^x-12=0$ を解け。

指針 **数の大小** a^x と b^y を比較する場合 ① 底をそろえる。

② 何乗かして比較。$n>0$, $a\geqq0$, $b\geqq0$ のとき $a<b \iff a^n<b^n$

指数を含む方程式 $2^x=t$ とおくと，もとの式は t の 2 次方程式になる。

解答 (1) (ア) $2^{\frac{1}{2}}$, $4^{\frac{1}{4}}=(2^2)^{\frac{1}{4}}=2^{\frac{1}{2}}$, $8^{\frac{1}{8}}=(2^3)^{\frac{1}{8}}=2^{\frac{3}{8}}$

底 2 は 1 より大きく，$\frac{3}{8}<\frac{1}{2}=\frac{1}{2}$ であるから

$2^{\frac{3}{8}}<2^{\frac{1}{2}}=2^{\frac{1}{2}}$ すなわち $\boldsymbol{8^{\frac{1}{8}}<2^{\frac{1}{2}}=4^{\frac{1}{4}}}$ 答

(イ) 3 数をそれぞれ 6 乗すると

$(\sqrt{2})^6=(2^{\frac{1}{2}})^6=2^3=8$, $(\sqrt[3]{3})^6=(3^{\frac{1}{3}})^6=3^2=9$, $(\sqrt[6]{6})^6=(6^{\frac{1}{6}})^6=6$

$6<8<9$ であるから　$(\sqrt[6]{6})^6<(\sqrt{2})^6<(\sqrt[3]{3})^6$

$\sqrt[6]{6}>0$, $\sqrt{2}>0$, $\sqrt[3]{3}>0$ であるから　$\boldsymbol{\sqrt[6]{6}<\sqrt{2}<\sqrt[3]{3}}$ 答

(2) 方程式を変形すると　$2\cdot(2^x)^2-5\cdot2^x-12=0$

$2^x=t$ とおくと，$t>0$ であり，方程式は

$2t^2-5t-12=0$　　よって　$(2t+3)(t-4)=0$

$t>0$ であるから　$2t+3>0$　　ゆえに　$t=4$

$2^x=4$ すなわち $2^x=2^2$ から　$\boldsymbol{x=2}$ 答

B

370 次の関数のグラフをかけ。

(1) $y=2^x+3$　(2) $y=2^{x-3}$　*(3) $y=8\cdot2^x$　*(4) $y=\frac{2^{-x}}{4}$

371 次の数の大小を不等号を用いて表せ。

(1) $3^{\frac{1}{2}}$, $9^{\frac{1}{6}}$　*(2) 5^{20}, 3^{30}　(3) $\left(\frac{1}{3}\right)^{30}$, $\left(\frac{1}{4}\right)^{20}$

(4) $\sqrt{3}$, $\sqrt[3]{6}$　*(5) $\sqrt{3}$, $\sqrt[3]{5}$, $\sqrt[4]{10}$　(6) $\sqrt{2}$, $\sqrt[3]{3}$, $\sqrt[6]{7}$

372 次の方程式，不等式を解け。

(1) $(3^x)^2+3^x-12=0$　*(2) $2^x+16\cdot2^{-x}-10=0$

(3) $16^x-3\cdot4^x-4\geqq0$　*(4) $\left(\frac{1}{9}\right)^x-\frac{1}{3^x}-6>0$

373 次の関数の最大値と最小値，およびそのときの x の値を求めよ。

(1) $y=2^{2x}-2^{x+3}+17$　*(2) $y=-4^x+2^x+2$　$(-1\leqq x\leqq2)$

36 対数とその性質

1 対数とその性質

a, b, c, M, N は正の数で，$a \neq 1$, $b \neq 1$, $c \neq 1$, p, k は実数，n は自然数とする。

① **指数と対数**　$a^p = M \iff p = \log_a M$　　$\log_a a^p = p$

特に　$\log_a a = 1$, $\log_a 1 = 0$, $\log_a \frac{1}{a} = -1$

② **対数の性質**　(1) $\log_a MN = \log_a M + \log_a N$,　$\log_a \frac{M}{N} = \log_a M - \log_a N$

(2) $\log_a M^k = k\log_a M$,　$\log_a \frac{1}{N} = -\log_a N$,　$\log_a \sqrt[n]{M} = \frac{1}{n}\log_a M$

③ **底の変換公式**　$\log_a b = \frac{\log_c b}{\log_c a}$

A

374 次の関係を，(1)～(3) は $p = \log_a M$，(4)～(6) は $a^p = M$ の形に書け。

(1) $8^{\frac{2}{3}} = 4$　(2) $4^0 = 1$　*(3) $4^{-\frac{1}{2}} = \frac{1}{2}$

*(4) $\log_{10} 1000 = 3$　(5) $\log_{\sqrt{2}} 32 = 10$　(6) $\log_{25} \frac{1}{5} = -\frac{1}{2}$

375 次の対数の値を求めよ。

*(1) $\log_4 4$　(2) $\log_{10} 100000$　*(3) $\log_7 49$

*(4) $\log_{\sqrt{3}} 1$　(5) $\log_2 \frac{1}{4}$　*(6) $\log_{\frac{1}{3}} 9$

*(7) $\log_2 \sqrt[3]{32}$　*(8) $\log_{\sqrt{3}} 3$　(9) $\log_{0.2} 25$

376 次の式を簡単にせよ。

*(1) $\log_6 4 + \log_6 9$　(2) $\log_{10} 25 + \log_{10} 4$

(3) $\log_3 18 - \log_3 2$　*(4) $\log_2 2\sqrt{6} - \log_2 \sqrt{3}$

*(5) $2\log_2 \sqrt{2} - \frac{1}{2}\log_2 3 + \log_2 \frac{\sqrt{3}}{2}$

377 底の変換公式を用いて，次の式を簡単にせよ。

*(1) $\log_4 32$　(2) $\log_2 5 \cdot \log_5 8$　*(3) $\log_3 5 \cdot \log_5 27$

Aのまとめ 378 次の計算をせよ。

(1) $\log_4 128 + \log_4 8$　(2) $\log_5 \sqrt{75} - \log_5 \sqrt{15}$

(3) $\log_2 \sqrt[3]{16} - 2\log_2 \sqrt{8}$　(4) $\log_3 8 \cdot \log_4 3$

指数・対数の取り扱い (1)

例題 43　$xyz \neq 0$，$2^x=3^y=12^z$ のとき，等式 $\dfrac{2}{x}+\dfrac{1}{y}=\dfrac{1}{z}$ を証明せよ。

指針　**指数・対数の取り扱い**　$a^p=M \Leftrightarrow p=\log_a M$　指数の問題を対数に直したり，対数の問題を指数に直したりして考えることもある。

解答　$2^x=3^y=12^z$ の各辺は正の数であるから，2 を底とする対数をとり，その値を k とおくと

$$x=y\log_2 3=z(2+\log_2 3)=k \qquad (12=2^2\cdot 3)$$

$xyz \neq 0$ より，$x \neq 0$ であるから　$k \neq 0$

$$\frac{2}{x}+\frac{1}{y}-\frac{1}{z}=\frac{2}{k}+\frac{\log_2 3}{k}-\frac{2+\log_2 3}{k}=0 \qquad ゆえに \qquad \frac{2}{x}+\frac{1}{y}=\frac{1}{z}$$ 終

□ **379**　次の式を簡単にせよ。

*(1)　$\log_4 25\cdot\log_5 9\cdot\log_{27}16$　　(2)　$\log_{a^2}b\cdot\log_b c^2\cdot\log_{\sqrt{c}}a^2$

(3)　$(\log_2 3)(\log_3 2+\log_9 4)$　　*(4)　$(\log_3 2+\log_9 4)(\log_2 9+\log_4 3)$

*(5)　$(\log_{10}2)^2+(\log_{10}5)^2+\log_{10}5\cdot\log_{10}4$

□ **380**　$a=\log_{10}2$，$b=\log_{10}3$ とするとき，次の式を a，b で表せ。

*(1)　$\log_{10}12$　　*(2)　$\log_{10}5$　　(3)　$\log_{10}45$

(4)　$\log_2 9$　　(5)　$\log_{18}\dfrac{8}{9}$　　*(6)　$\log_{45}\sqrt[3]{24}$

□ **381**　$a=\log_2 3$，$b=\log_3 7$ とするとき，$\log_{14}56$ を a，b で表せ。

□* **382**　$\log_{10}6=0.7782$，$\log_{10}12=1.0792$ のとき，$\log_{10}2$，$\log_{10}3$ の値を求めよ。

□ **383**　$x=\dfrac{\sqrt{10}+\sqrt{2}}{2}$，$y=\dfrac{\sqrt{10}-\sqrt{2}}{2}$ のとき，$\log_{\sqrt{2}}(x^2-xy+y^2)$ の値を求めよ。

□ **384**　次の式の値を求めよ。ただし，a，x は正の数とし，$a \neq 1$ とする。

*(1)　$5^{\log_5 7}$　　(2)　$10^{1+\log_{10}3}$　　(3)　$36^{\log_6\sqrt{5}}$　　*(4)　$a^{2\log_a x}$

□* **385**　$3^x=4^y=6^z$ $(x \neq 0)$ のとき，等式 $\dfrac{1}{x}+\dfrac{1}{2y}=\dfrac{1}{z}$ を証明せよ。

第5章　指数関数と対数関数

ヒント　**384**　対数の定義から，$a^{\log_a M}=M$ が成り立つ。

37 対数関数

1 対数関数 $y=\log_a x$ $(a>0,\ a\neq 1)$

① 定義域は正の数全体，値域は実数全体

② $a>1$ のとき

$0<p<q \iff \log_a p<\log_a q$

$0<a<1$ のとき

$0<p<q \iff \log_a p>\log_a q$

③ グラフは点 $(1,\ 0)$，$(a,\ 1)$ を通り，y 軸が漸近線

④ $y=\log_a x$ と $y=a^x$ のグラフは，$y=x$ に関して対称

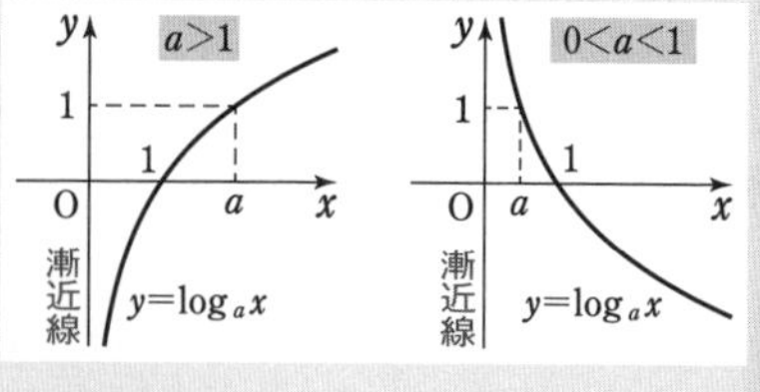

A

☐ **386** 右の図は，関数 $y=\log_5 x$ のグラフである。図中の目盛り A，B，C の値を求めよ。

☐ **387** 次の関数のグラフをかけ。また，(2)～(6) のグラフと (1) のグラフの位置関係をいえ。

*(1) $y=\log_4 x$　*(2) $y=\log_{\frac{1}{4}} x$

(3) $y=\log_4 \dfrac{1}{x}$　*(4) $y=\log_4(-x)$　(5) $y=-\log_4(-x)$　(6) $y=4^x$

☐ **388** 次の関数の値域を求めよ。

*(1) $y=\log_2(x+1)$ $(0\leqq x\leqq 3)$　(2) $y=\log_{\frac{1}{2}} 2x$ $(1<x<4)$

☐ **389** 次の数の大小を不等号を用いて表せ。

*(1) $\log_2 3$，$\log_2 5$　*(2) $\log_{0.3} 3$，$\log_{0.3} 5$　(3) $\log_3 0.8$，$\log_3 5$，0

☐ **390** 次の方程式，不等式を解け。

*(1) $\log_3 x=3$　(2) $\log_{\frac{1}{2}} x=4$　*(3) $\log_{16}(x-2)=0.5$

*(4) $\log_5 x<3$　*(5) $\log_{\frac{1}{3}} x\geqq 2$　(6) $\log_{0.5}(x+3)\leqq -2$

☐ **Aのまとめ 391** (1) $y=\log_3 x$ のグラフと $y=\log_3 \dfrac{1}{x}$，$y=\log_9 x$，$y=3^x$ のグラフの位置関係をいえ。

(2) $\log_{0.2} 0.6$，$\log_{0.2} 4$，$\dfrac{1}{2}\log_{0.2} 8$ の大小を不等号を用いて表せ。

(3) 次の方程式，不等式を解け。

(ア) $\log_4(x-3)=\dfrac{1}{2}$　(イ) $\log_2(x+1)>1$

数の大小 (2)

例題 44 次の数の大小を不等号を用いて表せ。

(1) 1.5, $\log_3 5$　　(2) $\log_2 3$, $\log_3 2$, $\log_4 8$

指針 **数の大小** $\log_a x$, $\log_b y$ を比較する場合 ① 底をそろえる。
② 大小の見当をつける。1 との大小比較も活用する。

解答 (1) $1.5=\dfrac{3}{2}=\dfrac{3}{2}\log_3 3=\log_3 3^{\frac{3}{2}}$　　また　$(3^{\frac{3}{2}})^2=3^3=27$, $5^2=25$

よって　$5^2<(3^{\frac{3}{2}})^2$　　ゆえに　$5<3^{\frac{3}{2}}$

底 3 は 1 より大きいから　$\log_3 5<\log_3 3^{\frac{3}{2}}$　すなわち　$\boldsymbol{\log_3 5<1.5}$ 答

(2) $\log_2 3>1$, $\log_3 2<1$, $\log_4 8>1$ …… ①

底の変換公式から　$\log_4 8=\dfrac{\log_2 8}{\log_2 4}=\dfrac{3}{2}=\log_2 2^{\frac{3}{2}}=\log_2 2\sqrt{2}$

底 2 は 1 より大きく，$2\sqrt{2}<3$ であるから

$\log_2 2\sqrt{2}<\log_2 3$　すなわち　$\log_4 8<\log_2 3$

これと ① から　$\boldsymbol{\log_3 2<\log_4 8<\log_2 3}$ 答

B

392 次の関数のグラフをかけ。

*(1) $y=\log_2 \dfrac{x}{2}$　　(2) $y=\log_{\frac{1}{2}} 4x$　　*(3) $y=\log_3(9-x)$

393 次の数の大小を不等号を用いて表せ。

(1) $\log_5 8$, $\log_{25} 30$, 2　　*(2) $\log_{\frac{1}{2}} 3$, $\log_{\frac{1}{4}} 2$, $\log_{\frac{1}{8}} 1$

*(3) $\log_4 3$, $\log_3 4$, 0.5　　(4) $\log_4 9$, $\log_9 25$, 1.5

■次の方程式，不等式を解け。[**394**, **395**]

394 (1) $\log_{\frac{1}{3}}(x+1)=\log_{\frac{1}{3}}(x^2-1)$　　*(2) $\log_{10}(x-1)+\log_{10}(x+2)=1$

(3) $\log_2(x+3)=\log_4(x+5)$　　*(4) $\log_{\frac{1}{9}}(x+7)=1+\log_{\frac{1}{3}}(6x-3)$

395 *(1) $2\log_{0.3}(8-3x)\geqq\log_{0.3} 12x$　　(2) $\log_4(x+2)+\log_4(x-4)\leqq 2$

*(3) $\log_3(x-2)\geqq\log_9(x+10)$　　(4) $\log_{\frac{1}{4}}(14-x)\leqq 2+\log_{\frac{1}{2}}(4x-8)$

***396** $1\leqq x\leqq 64$ のとき，次の関数の最大値と最小値を求めよ。

(1) $y=(\log_4 x)^2-\log_4 x^2$　　(2) $y=(\log_{\frac{1}{4}} x)^2+\log_{\frac{1}{4}} 4x$

397 $\log_{11} 2$ の小数第 1 位の数を求めよ。

38 常用対数

1 常用対数

10を底とする対数を常用対数という。

$x=a\times10^n$（nは整数，$1\leqq a<10$）とすると　$\log_{10}x=n+\log_{10}a$

2 桁数と対数

① $N\geqq1$　Nの整数部分がn桁

$\iff 10^{n-1}\leqq N<10^n \iff \log_{10}N$ の整数部分が $n-1$

② $0<N<1$　Nは小数第n位に初めて0でない数字が現れる

$\iff 10^{-n}\leqq N<10^{-n+1} \iff \log_{10}N$ の整数部分が $-n$

A

☐ **398** 次の値を求めよ。

*(1) $\log_{10}100000$　(2) $\log_{10}0.0001$　*(3) $\log_{10}0.000001$

☐ **399** $\log_{10}4.56=0.6590$ として，次の値を求めよ。

(1) $\log_{10}45.6$　*(2) $\log_{10}45600$　(3) $\log_{10}0.456$　*(4) $\log_{10}0.000456$

☐ **400** 常用対数表を用いて，次の数の常用対数を求めよ。

(1) 1.23　*(2) 38700　*(3) 0.0458　(4) 397×10^{-6}

☐ **401** 常用対数表を用いて，常用対数が次の数となる真数を求めよ。

(1) 0.5647　*(2) 2.9845　(3) -0.5229　*(4) -1.1175

☐ **402** $\log_{10}2=0.3010$，$\log_{10}3=0.4771$ として，次の値を求めよ。

(1) $\log_{10}200$　*(2) $\log_{10}24$　*(3) $\log_{10}15$　*(4) $\log_4 9$

☐ ***403** 次の空欄を最も適当な正の整数で埋めよ。

(1) 正の数Nが5桁の整数のとき $10^{ア\square}\leqq N<10^{イ\square}$，${}^{ウ}\square\leqq\log_{10}N<{}^{エ}\square$

(2) 正の数Nが小数第3位に初めて0でない数字が現れる小数であるとき

$10^{-オ\square}\leqq N<10^{-カ\square}$，$-{}^{キ}\square\leqq\log_{10}N<-{}^{ク}\square$

☐ **404** $\log_{10}2=0.3010$，$\log_{10}3=0.4771$ とする。(1)~(3)の値は何桁の数か。
また，(4)，(5)の値は小数第何位に初めて0でない数字が現れるか。

(1) 2^{50}　*(2) 6^{40}　(3) $\sqrt[3]{12^{100}}$　*(4) $\left(\frac{1}{2}\right)^{100}$　(5) $\sqrt[3]{(0.06)^{10}}$

☐ **Aのまとめ 405** (1) $\log_{10}3.45=0.5378$ として，$\log_{10}3450$ の値を求めよ。

(2) aが3桁の正の整数のとき，$\log_{10}a$ の整数部分の値をいえ。

桁数の問題

例題 45

$\log_{10}2=0.3010$, $\log_{10}3=0.4771$ とする。
(1) 2^{35} は何桁の整数か。
(2) 2^{35} の最高位の数字を求めよ。
(3) $(0.6)^n$ が，小数第 7 位に初めて 0 でない数字が現れる小数となるような自然数 n の値をすべて求めよ。

指針 **桁数と対数** 対数をとって調べる。
Nが n 桁の正の整数 $\iff n-1\leqq\log_{10}N<n$
Nは小数第 n 位に初めて 0 でない数字が現れる $\iff -n\leqq\log_{10}N<-n+1$

解答 (1) $\log_{10}2^{35}=35\log_{10}2=10.5350$ ゆえに $10<\log_{10}2^{35}<11$
よって $10^{10}<2^{35}<10^{11}$ したがって，2^{35} は **11 桁の整数** 答
(2) (1) から $2^{35}=10^{10.5350}=10^{10}\times10^{0.5350}$
ここで $\log_{10}4=2\log_{10}2=2\cdot0.3010=0.6020$
よって $\log_{10}3<0.5350<\log_{10}4$ ゆえに $3<10^{0.5350}<4$
したがって，2^{35} の最高位の数字は **3** 答
(3) 小数第 7 位に初めて 0 でない数字が現れるから $10^{-7}\leqq(0.6)^n<10^{-6}$
よって $-7\leqq n\log_{10}0.6<-6$ …… ①
ここで $\log_{10}0.6=\log_{10}\dfrac{2\cdot3}{10}=\log_{10}2+\log_{10}3-\log_{10}10=-0.2219$
① から $-7\leqq-0.2219n<-6$ ゆえに $27.0\cdots<n\leqq31.5\cdots$
これを満たす整数 n は **$n=28, 29, 30, 31$** 答

■ $\log_{10}2=0.3010$, $\log_{10}3=0.4771$ とする。[**406～408**]

☐ ***406** (1) 12^{30} の桁数を求めよ。
(2) 12^{30} の最高位の数字を求めよ。
(3) 12^{30} の一の位の数字を求めよ。

☐ **407** (1) $3000<\left(\dfrac{5}{4}\right)^n<6000$ を満たす整数 n の値を求めよ。
*(2) $\left(\dfrac{1}{30}\right)^n$ を小数で表したとき小数第 30 位に初めて 0 でない数字が現れるように，整数 n の値を定めよ。

☐ ***408** 1 時間ごとに分裂して，個数が 2 倍に増える細菌がある。この細菌 100 個が，1000 億個以上になるのは約何時間後か。答えは整数で求めよ。

39 第5章　演習問題

指数・対数の取り扱い(2)

例題 46

(1)　方程式 $2^x=3^{x-1}$ を解け。

(2)　2^{29}，3^{18} の大小を不等号を用いて表せ。ただし，$\log_{10}2=0.3010$，$\log_{10}3=0.4771$ とする。

指針　**指数・対数の取り扱い**　(1)　底が2と3で異なるから，両辺の対数をとる。
(2)　対数をとって，その差の符号を調べる。

解答　(1)　方程式の両辺は正であるから，2を底とする対数をとると

$x=(x-1)\log_2 3$　　よって　$(\log_2 3-1)x=\log_2 3$

$\log_2 3-1 \neq 0$ であるから　$\boldsymbol{x=\dfrac{\log_2 3}{\log_2 3-1}}$ 答

$\left(3\text{ を底とする対数をとると}\quad x=\dfrac{1}{1-\log_3 2}\right)$

(2)　$\log_{10}2^{29}-\log_{10}3^{18}=29\times0.3010-18\times0.4771=0.1412>0$

よって　$\log_{10}2^{29}>\log_{10}3^{18}$

底10は1より大きいから　$\boldsymbol{2^{29}>3^{18}}$ 答

B

409 次の方程式を解け。

(1)　$2^x=3^{2x-1}$　　(2)　$5^{2x}=3^{x+2}$

410 $\log_{10}2=0.3010$，$\log_{10}3=0.4771$ とする。次の数の大小を不等号を用いて表せ。

(1)　2^{39}，3^{35}，4^{18}　　(2)　3^{38}，5^{27}，8^{19}

411 次の方程式，不等式を解け。

(1)　$(\log_{10}x)^2-4\log_{10}x+3=0$　　(2)　$(\log_{10}x)^2-\log_{10}x^2-3\leqq0$

発展

412 次の連立方程式，連立不等式を解け。

(1)　$3^x+3^y=4$，$3^{x+y}=3$　　(2)　$3^{-x}<3$，$\log_4(2x+3)\leqq2$

413 次の x についての不等式を解け。ただし，$a>0$，$a\neq1$ とする。

(1)　$\log_a(2x-4)^2<2\log_a(x+1)$　　(2)　$\log_{x^2}(x+2)<1$

414 $a>0$，$b>0$ のとき，不等式 $\log_2\left(a+\dfrac{1}{b}\right)+\log_2\left(b+\dfrac{1}{a}\right)\geqq2$ を証明せよ。

指数関数の最大・最小（$a^x+a^{-x}=t$ のおき換え）

例題 47

関数 $y=8(2^x+2^{-x})-(4^x+4^{-x})-10$ について，次の問いに答えよ。

(1)　$t=2^x+2^{-x}$ とし，y を t の関数で表せ。

(2)　y の最大値とそのときの x の値を求めよ。

指針　**指数関数の最大・最小**　$2^x+2^{-x}=t$ とおくと，y は t の2次式となる。t の範囲に注意。(相加平均)≧(相乗平均) が利用できる。

解答　(1)　$4^x+4^{-x}=2^{2x}+2^{-2x}=(2^x+2^{-x})^2-2\cdot2^x\cdot2^{-x}=(2^x+2^{-x})^2-2=t^2-2$

よって　$y=8t-(t^2-2)-10$　　ゆえに　$\boldsymbol{y=-t^2+8t-8}$　答

(2)　$2^x>0$，$2^{-x}>0$ であるから，相加平均と相乗平均の大小関係により　$2^x+2^{-x}\geqq2\sqrt{2^x\cdot2^{-x}}=2$

よって　$t\geqq2$　…… ①

また　$y=-(t-4)^2+8$

① の範囲において，y は $t=4$ で最大値 8 をとる。

$t=4$ のとき　$2^x+2^{-x}=4$

両辺に 2^x を掛けて整理すると

$(2^x)^2-4\cdot2^x+1=0$

$2^x>0$ であるから　$2^x=2\pm\sqrt{3}$　　よって　$x=\log_2(2\pm\sqrt{3})$

したがって，y は $\boldsymbol{x=\log_2(2\pm\sqrt{3})}$ で**最大値** 8 をとる。　答

B

☐ **415**　次の不等式を満たす点 $(x,\ y)$ 全体の作る領域を図示せよ。

(1)　$y\geqq2^x$　　(2)　$y\geqq\log_2x$　　(3)　$\log_xy\geqq1$　　(4)　$\log_xy\geqq\log_yx$

☐ **416**　$\log_23$ が無理数であることを証明せよ。

☐ **417**　(1)　$y=\log_3(2x-x^2)$ の最大値を求めよ。

(2)　$y=\log_{\frac{1}{2}}(4x-x^2)$ の最小値を求めよ。

発展

■次の最大値または最小値を求めよ。［418～421］

☐ **418**　$y=9^x+9^{-x}-6(3^x+3^{-x})+12$ の最小値

☐ **419**　$x>0$，$y>0$，$x+2y=8$ のとき $\log_{10}x+\log_{10}y$ の最大値

☐ **420**　$x+y=3$ のとき，2^x+2^y の最小値

☐ **421**　$x\geqq10$，$y\geqq10$，$xy=10^3$ のとき $(\log_{10}x)(\log_{10}y)$ の最大値と最小値

第6章 微分法と積分法

40 微分係数，導関数

1 平均変化率，微分係数，導関数

① **平均変化率** $\dfrac{f(b)-f(a)}{b-a}$

② **微分係数（変化率）** $f'(a)=\displaystyle\lim_{h\to0}\frac{f(a+h)-f(a)}{h}=\lim_{b\to a}\frac{f(b)-f(a)}{b-a}$

③ **導関数** $f'(x)=\displaystyle\lim_{h\to0}\frac{f(x+h)-f(x)}{h}$

2 導関数の公式

① nが正の整数のとき $(x^n)'=nx^{n-1}$ ② cが定数のとき $(c)'=0$

③ k，lが定数のとき $\{kf(x)+lg(x)\}'=kf'(x)+lg'(x)$

A

☐ **422** (1) 関数 $f(x)=3x-2$ において，xが0から2まで変化するときの平均変化率を求めよ。

(2) 関数 $f(x)=x^2$ において，xが1から3まで変化するときの平均変化率を求めよ。

☐ **423** 次の極限値を求めよ。

*(1) $\displaystyle\lim_{x\to1}(x^2-3x)$ (2) $\displaystyle\lim_{h\to0}(3+2h)$ (3) $\displaystyle\lim_{x\to1}\frac{x+3}{x-3}$ *(4) $\displaystyle\lim_{h\to0}\frac{h^2-2h}{h}$

☐ **424** 定義にしたがって，次の関数の与えられたxの値における微分係数を求めよ。

(1) $f(x)=2x+3$ $(x=1)$ *(2) $f(x)=4x^2$ $(x=2)$

☐ ***425** 曲線 $y=x^2+3x$ 上の点 $(0,\ 0)$ における曲線の接線の傾きを求めよ。

☐ ***426** 公式を用いて，次の関数を微分せよ。

(1) $y=-2$ (2) $y=-3x^2+6x-5$ (3) $y=2x^3-5x+3$

(4) $y=(3x-1)(x^2+1)$ (5) $y=2x^4-6x^3+3x-1$ (6) $y=(x^2-1)(x^2+1)$

☐ **427** $f(x)=3x^2+2x+1$ について，次の値を求めよ。

*(1) $f'(0)$ (2) $f'(1)$ *(3) $f'(-1)$ (4) $f'(2)$

☐ **428** $f(1)=2$，$f'(1)=1$，$f'(0)=-5$ をすべて満たす2次関数 $f(x)$ を求めよ。

☐ ***429** 半径rの円の面積Sをrの関数と考え，rで微分せよ。

☐ Aのまとめ **430** (1) $f(x)=5x^2$ のとき，定義にしたがって $f'(x)$ を求めよ。

(2) 関数 $y=x^3-2x+3$ を微分せよ。

関数の決定

例題 48 2 次関数 $f(x)=x^2+ax+b$ が $2f(x)=(x+1)f'(x)+6$ を満たすとき，定数 a，b の値を求めよ。

指針 **関数の決定** 導関数を求め，与えられた等式に代入し，x についての恒等式を導く。この恒等式から a，b の値を決定。

解答 $f(x)=x^2+ax+b$ から　　$f'(x)=2x+a$
与えられた等式に代入すると　　$2(x^2+ax+b)=(x+1)(2x+a)+6$
整理して　　$2x^2+2ax+2b=2x^2+(a+2)x+a+6$
これが x についての恒等式であるから，両辺の係数を比較すると
$2a=a+2$,　$2b=a+6$
これを解いて　　$\boldsymbol{a=2}$，$\boldsymbol{b=4}$ 答

431◆ 次の極限値を求めよ。

(1) $\displaystyle\lim_{x\to2}\frac{(x-2)(x^2+x-1)}{(x-2)(x+1)}$　　*(2) $\displaystyle\lim_{x\to3}\frac{x^2-9}{2x^2-5x-3}$

432◆ $\{(ax+b)^2\}'=2a(ax+b)$，$\{(ax+b)^3\}'=3a(ax+b)^2$ であることを用いて，次の関数を微分せよ。

(1) $y=(4x+1)^2$　　(2) $y=(2-4x)^3$

***433** 次の条件を満たす 3 次関数 $f(x)$ を求めよ。

(1) $f(0)=-1$，$f(1)=2$，$f'(0)=4$，$f'(1)=1$

(2) $f(x)+xf'(x)=4x^3-9x^2+6x+1$

***434** $f(x)=x^3-3x^2$ のグラフ上の 2 点 $(1,\ f(1))$，$(3,\ f(3))$ を結ぶ直線の傾きが，$x=a$ における $f(x)$ の微分係数に等しいとき，a の値を求めよ。ただし，$1<a<3$ とする。

435 半径が 4 cm の球がある。毎秒 1 cm の割合で球の半径が大きくなるとき，球の体積 V の 6 秒後における変化率を求めよ。

発展

436 次の条件を満たす関数 $f(x)$ を求めよ。ただし，$f(x)$ は x の多項式とする。

$$3f(x)=(x+1)f'(x),\quad f(0)=1$$

ヒント **436** 最高次の項を ax^n $(a\neq0)$ とおいて，次数を定める。

第6章 微分法と積分法

41 接線

1 接線

曲線 $y=f(x)$ 上の点 $\mathrm{A}(a,\ f(a))$ における曲線の接線

① 接線の傾き m　$m=f'(a)$

② 接線の方程式　$y-f(a)=f'(a)(x-a)$

参考 **法線**　曲線上の点Aを通り，Aにおける曲線の接線に垂直な直線のことをいう。

曲線 $y=f(x)$ 上の点 $\mathrm{A}(a,\ f(a))$ における曲線の法線の方程式は

$f'(a)\neq 0$ のとき　$y-f(a)=-\dfrac{1}{f'(a)}(x-a)$

$f'(a)=0$ のとき　$x=a$

(数学Ⅲで詳しく学習する。)

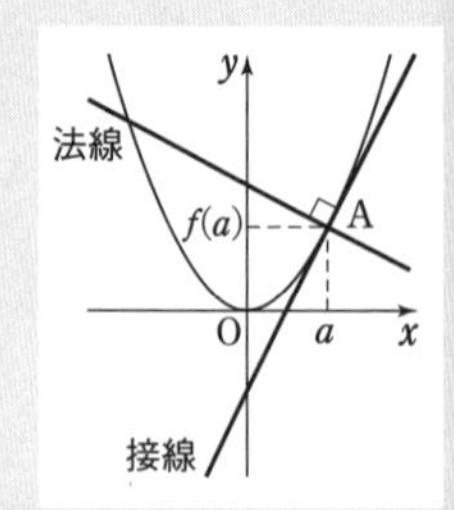

A

■次の曲線上の点における，曲線の接線の方程式を求めよ。[437, 438]

☐ **437** *(1) $y=x^2-3x+2$　$(1,\ 0)$　(2) $y=x^3+4$　$(-2,\ -4)$

(3) $y=x^3-1$　$(0,\ -1)$　*(4) $y=2x^3+5x^2$　$(-1,\ 3)$

☐ Aのまとめ **438** (1) $y=x^3-3x$　$(1,\ -2)$　(2) $y=5x-x^3$　$(2,\ 2)$

B

☐ **439** 曲線 $y=x^3-2x^2$ について，次のものを求めよ。

(1) x 軸との共有点における接線の傾き

(2) 傾きが -1 である接線の方程式

☐ **440** 次の曲線上の点Aを通り，点Aにおける曲線の接線に垂直な直線の方程式を求めよ。

(1) $y=x^2-4$　$\mathrm{A}(2,\ 0)$　(2) $y=x^3-3x^2$　$\mathrm{A}(1,\ -2)$

☐ ***441** 曲線 $y=x^3-4x$ …… ① について，次のものを求めよ。

(1) 曲線上の点 $(1,\ -3)$ における ① の接線の方程式

(2) 曲線上の点 $(1,\ -3)$ を通り，この点における ① の接線に垂直な直線の方程式

(3) (1) で求めた接線が ① と点 $(1,\ -3)$ 以外で交わる点の座標

(4) 傾きが 8 である ① の接線の方程式

接線から曲線の方程式の係数決定

例題 49 曲線 $y=x^3+kx+2$ が直線 $y=9x-14$ に接するとき，定数 k の値を求めよ。

指針 **接する条件** 曲線 $y=f(x)$ と直線 $y=mx+n$ が接する
$\iff$ 接点の x 座標が p のとき $f(p)=mp+n$，$f'(p)=m$

解答 $y=x^3+kx+2$ から $y'=3x^2+k$
曲線と直線の接点の x 座標を p とする。
$x=p$ における y 座標が等しいから $p^3+kp+2=9p-14$ …… ①
曲線の $x=p$ における微分係数と直線の傾きが等しいから
$3p^2+k=9$ よって $k=9-3p^2$ …… ②
② を ① に代入して $p^3+(9-3p^2)p+2=9p-14$
整理して $p^3=8$ p は実数であるから $p=2$
これを ② に代入して $\boldsymbol{k=-3}$ 答

B

☐ **442** 次の曲線に，与えられた点から引いた接線の方程式と，接点の座標を求めよ。
(1) $y=x^2+3x+4$ $(0,\ 0)$
*(2) $y=x^2-x+3$ $(1,\ -1)$
*(3) $y=x^3+1$ $(1,\ 2)$
(4) $y=\frac{1}{8}(x+1)^3$ $\left(\frac{5}{3},\ 0\right)$

☐ ***443** 曲線 $y=x^3-x$ …… ① について，次のものを求めよ。
(1) ① が直線 $y=2x-2$ に接しているときの接点の座標
(2) ① 上の点における ① の接線のうち，傾きが最小となる直線の方程式
(3) ① 上の点 $(2,\ 6)$ を通る ① のすべての接線の方程式

☐ ***444** 曲線 $y=x^3+ax+1$ と直線 $y=2x-1$ が接するとき，定数 a の値を求めよ。

☐ ***445** 曲線 $y=x^3+ax+b$ と直線 $y=x+c$ が点 $(2,\ 3)$ で接するとき，a，b，c の値を求めよ。

☐ **446** 2 つの放物線 $y=x^2+2$，$y=x^2+2x+3$ の交点Pにおいて，それぞれの曲線に引いた接線は直交することを証明せよ。

☐ **447** 2 つの曲線 $y=x^2$，$y=-(x-2)^2$ の共通接線の方程式を求めよ。

ヒント **447** 共通接線 ⟶ 2 つの接線が一致する。または，1 つの接線が他に接する。

42 関数の値の変化

1 関数の増減

ある区間で常に $f'(x)>0$ ならば，$f(x)$ はその区間で単調に増加する。
ある区間で常に $f'(x)<0$ ならば，$f(x)$ はその区間で単調に減少する。
ある区間で常に $f'(x)=0$ ならば，$f(x)$ はその区間で定数である。

2 関数の極大，極小

x の多項式で表された関数 $f(x)$ の，$x=a$ を含む十分小さな区間における値の変化を考える。

$x=a$ で **極大** $\iff$ $f'(x)$ の符号が $x=a$ の前後で **正から負** に変わる。
$x=a$ で **極小** $\iff$ $f'(x)$ の符号が $x=a$ の前後で **負から正** に変わる。

注意 $x=a$ で極値をとれば $f'(a)=0$ である。しかし，$f'(a)=0$ であっても $x=a$ で極値をとるとは限らない。　例　$f(x)=x^3$

A

448 次の関数の増減を調べよ。

(1) $y=2x^2+3x-4$　　*(2) $y=2x^3-3x^2+1$
(3) $y=-x^3+3x+1$　　*(4) $y=x^3+x$

449 次の関数の極値を求めよ。また，そのグラフをかけ。

(1) $y=-x^2+4x-5$　　(2) $y=x^3-4x^2+4x$
*(3) $y=-x^3+3x$　　*(4) $y=\frac{1}{9}x^3-x^2+3x$

Aのまとめ 450 次の関数の極値を求めよ。また，そのグラフをかけ。

(1) $y=x^3-3x^2-9x+11$　　(2) $y=-x^3+6x^2-12x$

B

451 次の関数の極値を求めよ。また，そのグラフをかけ。

*(1) $y=x^4-6x^2+2$　　(2) $y=3x^4-4x^3-12x^2$

452 3次関数 $y=ax^3+bx^2+cx+d$ のグラフが右の図のようになるとき，a，b，c，d の値の符号をそれぞれ求めよ。ただし，図中の黒丸は極値をとる点を表している。

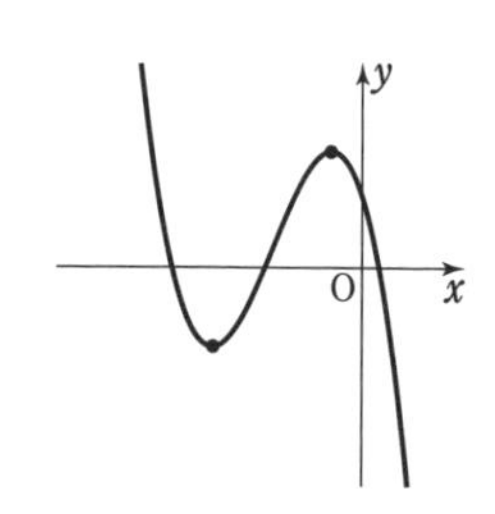

3次関数が極値をもつ条件

例題 50 関数 $f(x)=x^3-3kx^2+3kx+1$ が極値をもつように，定数 k の値の範囲を定めよ。

指針 **3次関数が極値をもつ条件** $f(x)$ が3次関数のとき，$f'(x)$ は2次関数であるから，次のことがいえる。

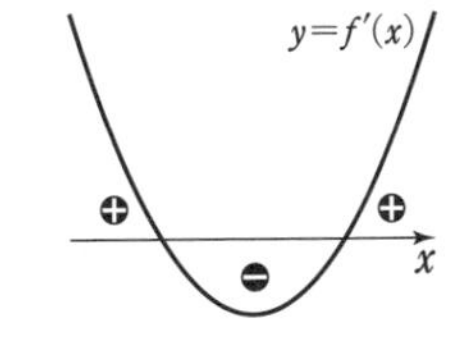

$f(x)$ が極値をもつ
$\iff$ $f'(x)$ の符号がその前後で変わる x の値がある
$\iff$ 2次方程式 $f'(x)=0$ が異なる2つの実数解をもつ
$\iff$ 2次方程式 $f'(x)=0$ の判別式 $D>0$

解答 $f(x)=x^3-3kx^2+3kx+1$ から　$f'(x)=3x^2-6kx+3k$
$f(x)$ が極値をもつのは，$f'(x)$ の符号がその前後で変わる x の値が存在するとき，すなわち2次方程式 $f'(x)=0$ が異なる2つの実数解をもつときである。
2次方程式 $f'(x)=0$ の判別式を D とすると

$$\frac{D}{4}=(-3k)^2-3\cdot 3k=9k^2-9k=9k(k-1)$$

異なる2つの実数解をもつための必要十分条件は $D>0$ であるから　$9k(k-1)>0$
これを解いて　$\boldsymbol{k<0,\ 1<k}$ 答

B

□*453 関数 $f(x)$ について，次のものを求めよ。
(1) $f(x)=x^3-4x^2+ax$ が $x=2$ で極小値をとるような定数 a の値
(2) $f(x)=x^3+ax^2+bx$ が $x=-2$ で極大値をとり，$x=1$ で極小値をとるような定数 a，b の値
(3) $x=-1$ で極大値5，$x=2$ で極小値 -4 をとるような3次関数 $f(x)$

□ 454 a は定数とする。次の各場合に，関数 $y=x(x-a)^2$ の極値を調べよ。
(1) $a<0$　(2) $a=0$　(3) $a>0$

□ 455 関数 $f(x)=2x^3-3(a+2)x^2+12ax$ の極小値が0であるように，定数 a の値を定めよ。また，極大値を求めよ。

□*456 次の条件を満たすような，定数 a の値の範囲をそれぞれ求めよ。
(1) 関数 $f(x)=x^3+3ax^2+3(a+2)x+1$ が極値をもつ。
(2) 関数 $f(x)=x^3+ax^2-3ax+2$ が単調に増加する。

□ 457 次の関数のグラフをかけ。
(1) $y=|x^3-3x^2|$　(2) $y=|x|(x^2-1)$　(3) $y=|x+1|(x-2)^2$

43 最大値・最小値，方程式・不等式

1 最大値・最小値

$f(x)$ が x の多項式で表された関数であるとき，区間 $a \leqq x \leqq b$ における $f(x)$ の最大値・最小値は，この区間での $f(x)$ の極値と，区間の両端での値 $f(a)$，$f(b)$ とを比べて求める。

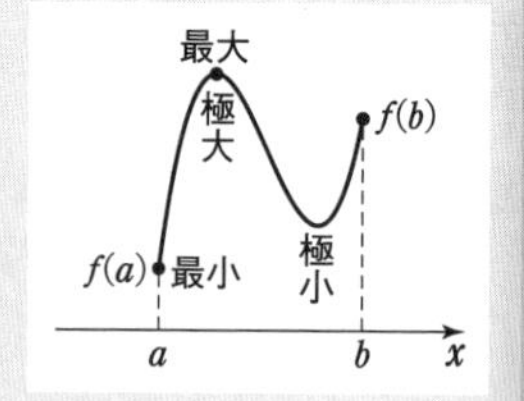

2 方程式の実数解

① $f(x)=0$ の実数解は，関数 $y=f(x)$ のグラフと x 軸の共有点の x 座標である。

② $f(x)=g(x)$ の実数解は，2つの関数 $y=f(x)$，$y=g(x)$ のグラフの共有点の x 座標である。

③ $f(x)$ が x の多項式で表された関数で $a<b$ のとき，$f(a)f(b)<0 \Longrightarrow f(x)=0$ は $a<x<b$ に少なくとも1つの実数解をもつ。ただし，逆は成り立たない。

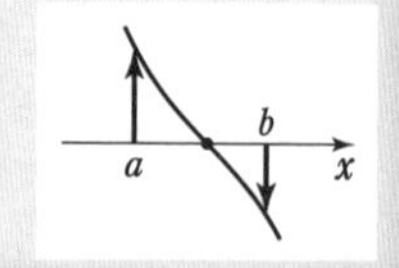

A

458 次の関数の最大値と最小値を求めよ。

*(1) $y=x^3-12x$　$(-3 \leqq x \leqq 3)$　　(2) $y=x^3-x^2$　$(-1 \leqq x \leqq 1)$

(3) $y=x^3-6x^2+9x$　$(0<x<4)$　　*(4) $y=x^3-\frac{7}{2}x^2+2x$　$\left(-\frac{1}{2}<x<3\right)$

459 次の方程式の異なる実数解の個数を求めよ。

*(1) $x^3+6x^2-6=0$　　(2) $2x^3+6x+1=0$　　*(3) $x^3-8x^2+16x=0$

Aのまとめ 460 (1) 関数 $y=-x^3+3x+2$ $(-2 \leqq x \leqq 3)$ の最大値と最小値を求めよ。

(2) 方程式 $x^3+3x^2-9x+5=0$ の異なる実数解の個数を求めよ。

B

***461** $x+3y=9$，$x \geqq 0$，$y \geqq 0$ のとき，x^2y の最大値，最小値を求めたい。

(1) x^2y を x だけの式で表せ。

(2) x のとりうる値の範囲を求めよ。

(3) x^2y の最大値，最小値と，そのときの x，y の値を求めよ。

462 $x^2+4y^2=4$ のとき，$x(x+2y^2)$ の最大値，最小値と，そのときの x，y の値を求めよ。

最大・最小と係数

例題 51 $a>0$ とする。関数 $f(x)=ax^3-6ax^2+b\ (-1\leqq x\leqq 2)$ の最大値が 5，最小値が -27 になるように，定数 a，b の値を定めよ。

指針 **最大・最小から係数決定**　$-1\leqq x\leqq 2$ における極値と端の値を比較。

解答 $f'(x)=3ax^2-12ax=3ax(x-4)$

$f'(x)=0$ とすると　$x=0,\ 4$

$a>0$ であるから，区間 $-1\leqq x\leqq 2$ における増減表は右のようになる。

x	-1	$\cdots$	0	$\cdots$	2
$f'(x)$		$+$	0	$-$	
$f(x)$	$-7a+b$	↗	極大	↘	$-16a+b$

よって，最大値は　$f(0)=b$

$a>0$ から　$f(2)=-16a+b<f(-1)=-7a+b$

ゆえに，最小値は　$f(2)=-16a+b$

よって　$b=5,\ -16a+b=-27$

したがって　$a=2,\ b=5$　　これは，$a>0$ を満たす。

答　$\boldsymbol{a=2,\ b=5}$

B

☐ ***463** $a<0$ とする。関数 $f(x)=ax^3-3ax^2+b\ (1\leqq x\leqq 3)$ の最大値が 10，最小値が -2 になるように，定数 a，b の値を定めよ。

☐ **464** $a>0$ とする。関数 $f(x)=x^3-3x^2+2\ (0\leqq x\leqq a)$ の最大値，最小値と，そのときの x の値を求めよ。

☐ ***465** a は定数とする。関数 $f(x)=-x^3+3ax\ (0\leqq x\leqq 1)$ の最大値と，そのときの x の値を求めよ。

☐ **466** 放物線 $y=x^2$ 上の点のうち，点 $(6,\ 3)$ から最短距離にある点の座標と，その距離を求めよ。

☐ ***467** 底面の半径 6，高さ 18 の直円錐に直円柱を内接させる。次の値が最大になるときの直円柱の底面の半径と高さを求めよ。

(1) 直円柱の体積 V　　(2) 直円柱の表面積 S

発展

☐ **468** 周の長さが一定である二等辺三角形のうち，その面積が最大となるものはどのような三角形か。

ヒント **468** 三角形の周の長さを文字定数でおいて考える。

第6章 微分法と積分法

方程式の解と係数

例題 52　方程式 $x^3-3x^2-9x+a=0$ が異なる2個の正の解と1個の負の解をもつように，定数 a の値の範囲を定めよ。

指針　**方程式 $f(x)+a=0$ の解の符号**　$-f(x)=a$ と変形し，曲線 $y=-f(x)$ と直線 $y=a$ の共有点の x 座標を考える。この x 座標の符号が解の符号。

解答　方程式を変形すると　　$-x^3+3x^2+9x=a$
よって，この方程式の実数解は，3次関数 $y=-x^3+3x^2+9x$ …… ① のグラフと直線 $y=a$ の共有点の x 座標で表される。
関数 ① を微分すると
$$y'=-3x^2+6x+9=-3(x+1)(x-3)$$
$y'=0$ とすると
$x=-1,\ 3$
y の増減表は右のようになる。

x	$\cdots$	-1	$\cdots$	3	$\cdots$
y'	$-$	0	$+$	0	$-$
y	↘	-5	↗	27	↘

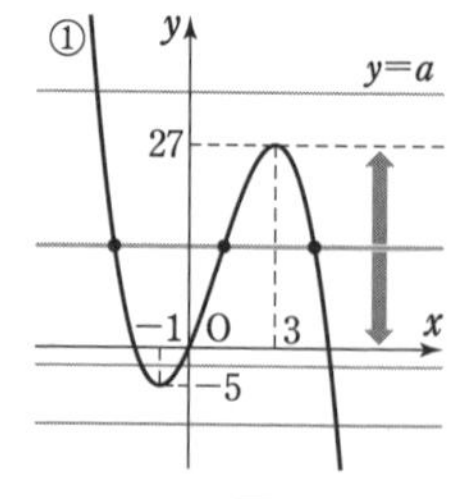

よって，関数 ① のグラフは右の図のようになる。
このグラフと直線 $y=a$ が $x>0$ で異なる2点で交わり，かつ $x<0$ で1点で交わるような a の値の範囲を求めて　　$0<a<27$ 答

B

□ *469　次の方程式が与えられたそれぞれの区間に実数解をもつことを示せ。
$$x^3-5x^2+2x+7=0 \qquad -1 \leqq x \leqq 0,\ 1 \leqq x \leqq 2,\ 4 \leqq x \leqq 5$$

□ 470　次の不等式が成り立つことを証明せよ。
*(1)　$x>0$ のとき　$x^3-6x^2+9x \geqq 0$
*(2)　$x>1$ のとき　$x^3-3x^2+6x-4>0$　　(3)　$x^4+48 \geqq 32x$

□ *471　a は定数とする。$2x^3+9x^2-3-a=0$ の異なる実数解の個数を調べよ。

□ *472　方程式 $2x^3-3x^2-36x-1-a=0$ が異なる2個の正の解と1個の負の解をもつように，定数 a の値の範囲を定めよ。

□ *473　方程式 $x^3-3px+p=0$ が異なる3個の実数解をもつように，定数 p の値の範囲を定めよ。

□ 474　すべての正の数 x に対して $ax^3-3x^2+1 \geqq 0$ を満たすような定数 a の最小値を求めよ。ただし，$a>0$ とする。

発展

□ 475　3次関数のグラフを利用して，次の3次不等式を解け。
(1)　$x(x-2)(x+3)>0$　　(2)　$x^3-x \leqq 0$　　(3)　$x^3-6x^2+9x \leqq 0$

44 不定積分

1 不定積分 n は 0 以上の整数；k，l は定数；C は積分定数 とする。

① **定義** $F'(x)=f(x)$ のとき $\int f(x)dx=F(x)+C$

② $\int x^n dx=\dfrac{1}{n+1}x^{n+1}+C$

参考◆ $\int (ax+b)^n dx=\dfrac{1}{a(n+1)}(ax+b)^{n+1}+C$ ただし，$a\neq0$

③ $\int\{kf(x)+lg(x)\}dx=k\int f(x)dx+l\int g(x)dx$

A

■次の不定積分を求めよ。[**476**，**477**]

☐ **476** (1) $\int(-3)dx$ (2) $\int 7x^2dx$ *(3) $\int(2x-5)dx$

(4) $\int(3x^2-1)dx$ *(5) $\int(4x^3-3x^2+1)dx$

☐ **477** (1) $\int x(x+3)dx$ *(2) $\int(t-1)(t+2)dt$ (3) $\int(x+2)^2dx$

*(4) $\int(x+1)^3dx$ (5) $\int(x+1)^2(x-2)dx$ (6) $\int(3x+2)^4dx$

☐ **478** 次の条件を満たす関数 $F(x)$ を求めよ。

(1) $\begin{cases}F'(x)=4x+2\\F(0)=1\end{cases}$ *(2) $\begin{cases}F'(x)=6(x-1)(x-2)\\F(1)=-1\end{cases}$

☐ **479** 曲線 $y=f(x)$ が次の条件を満たすとき，曲線の方程式を求めよ。(2) については，定数 a の値も求めよ。

*(1) 点 $(1,\ 3)$ を通り，曲線上の各点 $(x,\ y)$ における接線の傾きは $6x^2+2x+3$

(2) 点 $(1,\ -1)$，$(2,\ -3)$ を通り，曲線上の各点 $(x,\ y)$ における接線の傾きは $6x^2+ax-1$

☐ **Aのまとめ** **480** 次の不定積分を求めよ。

(1) $\int(-3x^2+2x+4)dx$ (2) $\int(2x-3)(3x+2)dx$

(3) $\int(t^3+4t^2+1)dt$ (4) $\int(t+3)^2dt$ (5) $\int(2x-3)^3dx$

45 定積分

1 定積分 k, l は定数とする。

① **定義** 関数 $f(x)$ の不定積分の1つを $F(x)$ とするとき

$$\int_a^b f(x)dx=\Big[F(x)\Big]_a^b=F(b)-F(a)$$

② $\int_a^b \{kf(x)+lg(x)\}dx=k\int_a^b f(x)dx+l\int_a^b g(x)dx$

③ $\int_a^b f(x)dx=\int_a^b f(t)dt$, $\int_a^a f(x)dx=0$, $\int_b^a f(x)dx=-\int_a^b f(x)dx$

④ $\int_a^b f(x)dx=\int_a^c f(x)dx+\int_c^b f(x)dx$

参考 $\int_{-a}^a x^{2n}dx=2\int_0^a x^{2n}dx$, $\int_{-a}^a x^{2n+1}dx=0$ (n は整数, $n\geqq 0$)

A

■次の定積分を求めよ。[**481～484**]

481 (1) $\int_0^2 (6x^2-1)dx$ (2) $\int_1^2 (-3)dx$ *(3) $\int_0^1 (3x^2+2x-1)dx$

*(4) $\int_2^4 (x-1)(x-2)dx$ (5) $\int_{-2}^3 (x-2)^2dx$ (6) $\int_{-1}^3 (x+1)^2(x-1)dx$

***482** (1) $\int_0^3 (t^2-3t+5)dt$ (2) $\int_2^2 (5y^2+2y-1)dy$

(3) $\int_3^0 (x^2-4x)dx$ (4) $\int_1^5 (x^2+4x)dx+\int_5^1 (x^2+4x)dx$

483 (1) $\int_{-2}^2 (3x^2-1)dx$ (2) $2\int_0^2 (3x^2-1)dx$

(3) $\int_{-1}^1 (2x^2-3x+4)dx$ (4) $\int_{-1}^1 (2x^2+4)dx$

484 (1) $\int_0^2 (1+2x)dx+\int_0^2 (3x^2-x)dx$

*(2) $\int_0^2 (x^2+1)dx+\int_2^3 (x^2+1)dx$

*(3) $\int_{-1}^2 (x^2-x)dx-\int_0^2 (x^2-x)dx+\int_{-1}^0 (2x-1)dx$

Aのまとめ 485 次の定積分を求めよ。

(1) $\int_{-2}^3 (3x^2-6x+1)dx$ (2) $\int_{-3}^2 3x^2dx+\int_1^{-3} 3x^2dx$

定積分の条件から係数決定

例題 53 $f(x)=x^2+ax+b$ とする。任意の 1 次関数 $g(x)$ に対して $\int_{-1}^{1} f(x)g(x)dx=0$ が成り立つとき，定数 a，b の値を求めよ。

指針 **定積分の問題** 定積分を計算すると，等式の問題に帰着される。$g(x)=px+q$ として計算し，p，q についての恒等式と考える。

解答 $g(x)=px+q$ $(p \neq 0)$ とおく。

$$\int_{-1}^{1} f(x)g(x)dx=\int_{-1}^{1}(x^2+ax+b)(px+q)dx$$
$$=p\int_{-1}^{1}(x^3+ax^2+bx)dx+q\int_{-1}^{1}(x^2+ax+b)dx$$
$$=2p\int_{0}^{1}ax^2dx+2q\int_{0}^{1}(x^2+b)dx$$
$$=\frac{2}{3}ap+\frac{2}{3}(1+3b)q$$

条件から，次の等式が任意の p $(p \neq 0)$，q に対して成り立つ。

$\frac{2}{3}ap+\frac{2}{3}(1+3b)q=0$ よって $\frac{2}{3}a=0$，$\frac{2}{3}(1+3b)=0$

これを解いて **$a=0$，$b=-\frac{1}{3}$** 答

☐ *486 $\int_{\alpha}^{\beta}(x-\alpha)(x-\beta)dx=-\frac{1}{6}(\beta-\alpha)^3$ を用いて，次の定積分を求めよ。

(1) $\int_{-1}^{2}(x^2-x-2)dx$　　(2) $\int_{1-\sqrt{2}}^{1+\sqrt{2}}(x^2-2x-1)dx$

☐ 487 次の定積分を求めよ。

(1) $\int_{-1}^{3}(x^4-x^2+1)dx$　　(2) $\int_{-1}^{1}(x^4+x^3-3x^2-2x+1)dx$

☐ 488 $f(x)=ax^2+bx+c$ において，$f(-1)=2$，$f'(0)=0$，$\int_{0}^{1}f(x)dx=-2$ であるとき，定数 a，b，c の値を求めよ。

☐ *489 次の条件を満たす 2 次関数 $f(x)$ を求めよ。

$$\int_{-1}^{1}f(x)dx=0,\quad \int_{0}^{2}f(x)dx=10,\quad \int_{-1}^{1}xf(x)dx=\frac{4}{3}$$

☐ *490 次の 2 つの条件 [1]，[2] を同時に満たす x の 3 次の多項式 $P(x)$ を求めよ。

[1] 任意の 2 次以下の多項式 $Q(x)$ に対して $\int_{-1}^{1}P(x)Q(x)dx=0$

[2] $P(1)=1$

46 定積分と微分法

1 定積分で表された関数

a は x に無関係な定数とする。

① $\int_a^x f(t)dt$, $\int_{g(x)}^{h(x)} f(t)dt$ は x の関数である。

② $\frac{d}{dx}\int_a^x f(t)dt=f(x)$

A

☐ **491** 次の x の関数を微分せよ。

*(1) $\int_1^x (3t^2-4t+1)dt$　(2) $\int_x^3 (3t^2-1)dt$　(3) $\int_0^1 (t^2+xt+x^2)dt$

☐ ***492** 次の等式を満たす関数 $f(x)$，および定数 a の値を求めよ。

(1) $\int_a^x f(t)dt=x^2+2x-3$　(2) $\int_1^x f(t)dt=2x^2+x+a$

☐ Aのまとめ **493** (1) x の関数 $\int_1^x (t^2+3t-4)dt$ を微分せよ。

(2) 等式 $\int_a^x f(t)dt=x^2-4x$ を満たす関数 $f(x)$，および定数 a の値を求めよ。

B

☐ **494** 次の等式を満たす関数 $f(x)$ を求めよ。

*(1) $f(x)=x+\int_0^3 f(t)dt$　(2) $f(x)=x^2-x\int_0^2 f(t)dt+2\int_0^1 f(t)dt$

☐ ***495** $f(a)=\int_0^1 (2ax^2-a^2x)dx$ について

(1) $f(a)$ を a の式で表せ。　(2) $f(a)$ の最大値を求めよ。

☐ **496** $f(0)=0$, $f(1)=1$ を満たす2次関数 $f(x)$ のうちで，$\int_0^1 \{f(x)\}^2dx$ を最小にするものを求めよ。

☐ ***497** $f(x)=\int_1^x (2t^2-6t-20)dt$ の極値を求めよ。

47 面積

1 面積の公式

区間 $a \leqq x \leqq b$ で考える。

① 常に $f(x) \geqq 0$ のとき　曲線 $y=f(x)$ と x 軸，および 2 直線 $x=a$，$x=b$ で囲まれた図形の面積 S は

$$S=\int_a^b f(x)dx=\int_a^b y\,dx$$

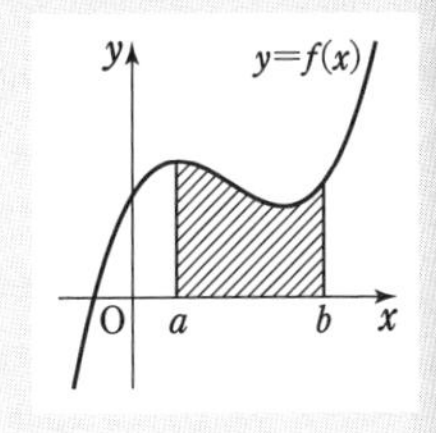

② 常に $f(x) \geqq g(x)$ のとき　2 曲線 $y=f(x)$，$y=g(x)$，および 2 直線 $x=a$，$x=b$ で囲まれた図形の面積 S は

$$S=\int_a^b \{f(x)-g(x)\}\,dx$$

参考　放物線に関する面積には $\int_\alpha^\beta (x-\alpha)(x-\beta)dx=-\frac{1}{6}(\beta-\alpha)^3$ を利用するとよい。

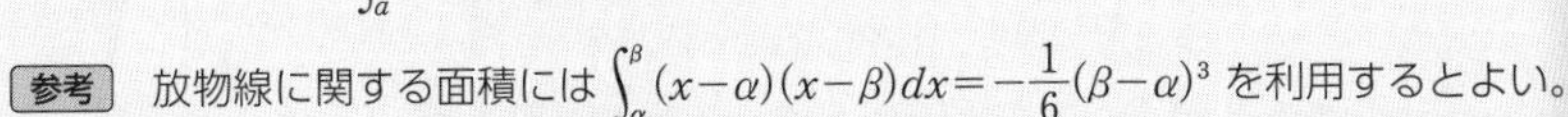

A

☐ **498** 次の曲線と 2 直線，および x 軸で囲まれた図形の面積 S を求めよ。

(1) $y=x^2+4$，$x=-2$，$x=3$　(2) $y=x^2+2x$，$x=1$，$x=3$

*(3) $y=-x^2+2x-2$，$x=0$，$x=2$　*(4) $y=x^3+x$，$x=1$，$x=3$

☐ **499** 次の放物線と x 軸で囲まれた図形の面積 S を求めよ。

*(1) $y=x^2-9$　*(2) $y=x^2-4x+1$　(3) $y=-x^2+6x-8$

☐ **500** 次の曲線や直線で囲まれた図形の面積 S を求めよ。

*(1) $y=x^2-3x+5$，$y=2x-1$　(2) $y=x^2+x$，$y=1-x$

*(3) $y=x^2-3x-2$，$y=-x^2+x-2$　(4) $y=x(x-4)^2$，$y=0$

☐ ***501** 曲線 $y=x^3-6x^2+8x$ と x 軸で囲まれた 2 つの部分の面積の和 S を求めよ。

☐ **502** $f(x)=\begin{cases} -x+3 & (x \leqq 2) \\ 3x-5 & (x \geqq 2) \end{cases}$ のとき $\int_0^4 f(x)dx$ を求めよ。

☐ **503** 次の定積分を求めよ。

*(1) $\int_0^5 |x-2|\,dx$　*(2) $\int_0^3 |x^2+2x-3|\,dx$　(3) $\int_{-2}^3 |x^2-x|\,dx$

☐ **Aのまとめ 504** 次の曲線や直線で囲まれた図形の面積 S を求めよ。

(1) $y=x^2-4x+4$，$x=1$，$x=4$，x 軸

(2) $y=x^2+2x-8$，x 軸

(3) $y=x^2-5x$，$y=-x^2+3x-6$

曲線と接線で囲まれた図形の面積

例題 54　放物線 $y=x^2-4x+3$ と，この放物線上の点 $(4,\ 3)$，$(0,\ 3)$ における接線で囲まれた図形の面積を求めよ。

指針　**接線との間の面積**　接線の方程式を求めて，面積を計算する。

解答　$y=x^2-4x+3$ から　　$y'=2x-4$

点 $(4,\ 3)$ における接線の方程式は

$$y-3=(2\cdot4-4)(x-4)$$

すなわち　$y=4x-13$

点 $(0,\ 3)$ における接線の方程式は

$$y-3=(2\cdot0-4)(x-0)$$

すなわち　$y=-4x+3$

この2つの接線の交点の x 座標は，方程式

$4x-13=-4x+3$ を解いて　　$x=2$

右の図から，求める面積は

$$\int_0^2\{(x^2-4x+3)-(-4x+3)\}\,dx+\int_2^4\{(x^2-4x+3)-(4x-13)\}\,dx$$

$$=\int_0^2 x^2\,dx+\int_2^4(x^2-8x+16)\,dx=\left[\frac{x^3}{3}\right]_0^2+\left[\frac{x^3}{3}-4x^2+16x\right]_2^4=\mathbf{\frac{16}{3}}$$ 答

別解　放物線と2つの接線で囲まれた部分は，直線 $x=2$ に関して対称であるから，その面積は

$$2\int_0^2\{(x^2-4x+3)-(-4x+3)\}\,dx=2\left[\frac{x^3}{3}\right]_0^2=\mathbf{\frac{16}{3}}$$ 答

B

□ **505**　次の曲線や直線で囲まれた図形の面積 S を求めよ。

(1)　$-1\leqq x\leqq2$ において　$y=x^2+2x-3$，$x=-1$，$x=2$，x 軸

*(2)　$-3\leqq x\leqq2$ において　$y=x^2$，$y=x+6$，$x=-3$，$x=2$

□ **506**　連立不等式 $y\geqq x^2-4$，$y\leqq x+2$，$y\leqq -2x-1$ の表す領域の面積を求めよ。

□ ***507**　放物線 $y=x^2-2x-3$ …… ① と，x 軸上に接点をもつ ① の2つの接線で囲まれた図形の面積を求めよ。

□ ***508**　曲線 $y=x^3-x$ と，この曲線上の点 $(2,\ 6)$ における接線で囲まれた図形の面積を求めよ。

□ **509**　放物線 $y=x^2+4$ 上の点Pにおける放物線の接線と放物線 $y=x^2$ で囲まれた図形の面積は，点Pの選び方に関係なく一定であることを示せ。

面積の分割

例題 55 直線 $y=kx$ が，放物線 $y=2x-x^2$ と x 軸で囲まれた図形 A の面積を 2 等分するように，定数 k の値を定めよ。

指針 **面積の等分**　2 つの部分の面積を計算して　$S_1=S_2$ または $S=2S_1$

解答 放物線 $y=2x-x^2$ と直線 $y=kx$ で囲まれた図形の面積を $S(k)$ とする。

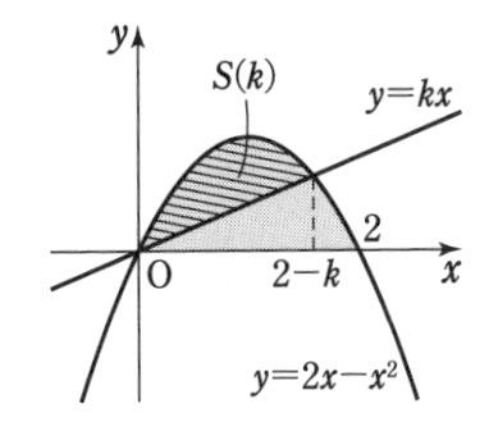

この放物線と直線の共有点の x 座標は，方程式

$2x-x^2=kx$　すなわち　$x\{x-(2-k)\}=0$

を解いて　　$x=0,\ 2-k$

よって，A が 2 つの図形に分けられるための条件は

$0<2-k<2$　すなわち　$0<k<2$　…… ①

ここで　$S(k)=\int_0^{2-k}\{(2x-x^2)-kx\}\,dx=-\int_0^{2-k}x\{x-(2-k)\}\,dx=\dfrac{(2-k)^3}{6}$

A の面積は放物線 $y=2x-x^2$ と x 軸（直線 $y=0\cdot x$）で囲まれた図形の面積で $S(0)$ であるから，A が 2 等分されるとき　　$2S(k)=S(0)$

よって　　$2\cdot\dfrac{(2-k)^3}{6}=\dfrac{2^3}{6}$　　　整理すると　　$(2-k)^3=4$

ゆえに　　$2-k=\sqrt[3]{4}$　　　したがって　　$\boldsymbol{k=2-\sqrt[3]{4}}$（① を満たす）答

□*510 放物線 $y=ax-x^2\ (a>0)$ と x 軸で囲まれた図形の面積が $\dfrac{9}{2}$ になるように，定数 a の値を定めよ。

□*511 曲線 $y=x(4-x)$ と x 軸で囲まれた図形の面積 S を求めよ。また，直線 $y=ax\ (a<4)$ が面積 S を 2 等分するように，定数 a の値を定めよ。

□*512 放物線 $y=x^2+x-1$ と，原点を通る傾き m の直線で囲まれた図形の面積が最小となるように，定数 m の値を定めよ。また，そのときの面積を求めよ。

□ 513 次の曲線や直線で囲まれた図形の面積を求めよ。

(1) $y=-x^3+3x,\ y=x$　　　(2) $y=x^3-6x^2,\ y=x^2$

(3) $y=x^4+x^2,\ y=3-x^2$

□*514 曲線 $y=x^3-4x^2+4x$ と直線 $y=mx$ で囲まれてできる 2 つの図形の面積を等しくするように，定数 $m\ (0<m<4)$ の値を定めよ。

第6章 微分法と積分法

ヒント 514 $\int_a^b f(x)dx=\int_b^c\{-f(x)\}\,dx$ から，$\int_a^c f(x)dx=0$ を利用。

48 第6章 演習問題

接線の本数

例題 56 点 A$(3,\ 3)$ を通るように，曲線 $C：y=x^3+3x^2$ に接線を引くとき，何本の接線が引けるか。

指針 **接線の本数** 3次関数のグラフでは，接点が異なると接線も異なる。よって，接線の本数は接点の x 座標の個数と一致する。

解答 曲線 C 上の点 $\mathrm{P}(t,\ t^3+3t^2)$ における接線の方程式は

$$y-(t^3+3t^2)=(3t^2+6t)(x-t)$$

これが，点Aを通るとき　$3-(t^3+3t^2)=(3t^2+6t)(3-t)$

整理すると　$2t^3-6t^2-18t+3=0$ ……①

点Aを通る C の接線の本数は，① の異なる実数解の個数に一致する。

$g(t)=2t^3-6t^2-18t+3$ とおくと　$g'(t)=6(t+1)(t-3)$

よって，増減表は右のようになる。

$g(-1)g(3)<0$ から，① は異なる3つの実数解をもつ。

したがって，接点の x 座標が3個存在するから，**3本** の接線が引ける。 答

t	$\cdots$	-1	$\cdots$	3	$\cdots$
$g'(t)$	$+$	0	$-$	0	$+$
$g(t)$	↗	13	↘	-51	↗

B

515 $f(x)$ は $f(x+y)=f(x)+f(y)$，$f'(0)=2$ を満たすとする。次の値を求めよ。

(1) $f(0)$　　(2) $\displaystyle\lim_{x\to 0}\frac{f(x)}{x}$　　(3) $f'(x)$

516 点 A$(2,\ 4)$ を通るように，曲線 $y=x^3$ に接線を引くとき，何本の接線が引けるか。また，点 B$(2,\ 0)$ を通る場合，点 C$(2,\ -3)$ を通る場合はどうか。

発展

517 関数 $y=4\sin^3\theta-3\sin^2\theta+2$ $(0\leqq\theta<\pi)$ の最大値と最小値，そのときの θ の値を求めよ。

518 次の問いに答えよ。

(1) 関数 $f(x)=x^3+6x^2+9x+7$ について，$y=f(x)$ のグラフをかけ。

(2) (1)のグラフについて，その形からこの曲線は曲線上のある点Pに関して対称であると考えられる。グラフの形から点Pの座標を予想せよ。また，予想した点に関して，$y=f(x)$ のグラフが対称であることを確かめよ。

ヒント **515** (1) $x=0$ あるいは $x=y=0$ を代入。 (2) (1)から $f(x)=f(x+0)-f(0)$

定積分と不等式

例題 57 次の不等式を証明せよ。ただし，p と q は定数とする。

$$\left\{\int_0^1 x(px+q)dx\right\}^2 \leqq \frac{1}{3}\int_0^1 (px+q)^2 dx$$

指針 **不等式の証明** 定積分を計算して，p，q の不等式に直して証明する。

または，$a \leqq x \leqq b$ で $f(x) \geqq 0$ ならば $\int_a^b f(x)dx \geqq 0$ であることを利用する。

この問題では，$P^2 \leqq Q$ の形であるから，次のことが利用できる。

$A>0$ のとき，常に $At^2+Bt+C \geqq 0$ ならば $B^2-4AC \leqq 0$

解答 $$(右辺)-(左辺)=\frac{1}{3}\int_0^1 (p^2x^2+2pqx+q^2)dx-\left(\frac{p}{3}+\frac{q}{2}\right)^2$$

$$=\frac{1}{3}\left(\frac{p^2}{3}+pq+q^2\right)-\left(\frac{p^2}{9}+\frac{pq}{3}+\frac{q^2}{4}\right)=\frac{q^2}{12} \geqq 0$$

したがって $\left\{\int_0^1 x(px+q)dx\right\}^2 \leqq \frac{1}{3}\int_0^1 (px+q)^2 dx$ 終

別解 任意の実数 t について，$\{xt+(px+q)\}^2 \geqq 0$ であるから $\int_0^1 \{xt+(px+q)\}^2 dx \geqq 0$

よって $\frac{1}{3}t^2+2t\int_0^1 x(px+q)dx+\int_0^1 (px+q)^2 dx \geqq 0$

この不等式が任意の実数 t について成り立つから，(左辺)$=0$ の判別式を D とすると

$$\frac{D}{4}=\left\{\int_0^1 x(px+q)dx\right\}^2-\frac{1}{3}\int_0^1 (px+q)^2 dx \leqq 0$$

したがって $\left\{\int_0^1 x(px+q)dx\right\}^2 \leqq \frac{1}{3}\int_0^1 (px+q)^2 dx$ 終

参考 等号は $xt+(px+q)=0$ $(0 \leqq x \leqq 1)$ から $q=0$ $(t=-p)$ のとき成り立つ。

一般に $\left\{\int_0^1 f(x)g(x)dx\right\}^2 \leqq \int_0^1 \{f(x)\}^2 dx \int_0^1 \{g(x)\}^2 dx$

発展

☐ **519** 関数 $f(x)=x^3-3ax^2+3bx+1$ が，$0 \leqq x \leqq 1$ の範囲で単調に増加するとき，点 $(a,\ b)$ の存在する範囲を求め，図示せよ。

☐ **520** 関数 $y=x^4-6x^2+2ax$ が極大値をもつように，定数 a の値の範囲を定めよ。

☐ **521** 不等式 $\left\{\int_0^1 (x-a)(x-b)dx\right\}^2 \leqq \int_0^1 (x-a)^2 dx \int_0^1 (x-b)^2 dx$ を証明せよ。

☐ **522** 関数 $f(a)=\int_0^1 |x(x-a)|dx$ の最小値と，そのときの a の値を求めよ。

ヒント **519** $0 \leqq x \leqq 1$ で $f'(x) \geqq 0$ となる条件は，$f'(x)=0$ の判別式を D，解を α，β とすると

[1] $D \leqq 0$ [2] $D>0$，($\alpha \leqq 0$，$\beta \leqq 0$ または $\alpha \geqq 1$，$\beta \geqq 1$)

522 a が $0 \leqq x \leqq 1$ の範囲にあるかどうかで場合を分けて，$f(a)$ を計算する。

総合問題

ここでは，思考力・判断力・表現力の育成に特に役立つ問題をまとめて掲載しました。

☐ **1** 下の図のようなパスカルの三角形において，1 以外の数を 1 つ選ぶ。選んだ数を P とし，P の周りにある 6 つの数を P の左上の数から反時計回りに順に Q, R, S, T, U, V とする。例えば，下の図のように P として 10 を選んだ場合，$Q=4$, $R=5$, $S=15$, $T=20$, $U=10$, $V=6$ となる。

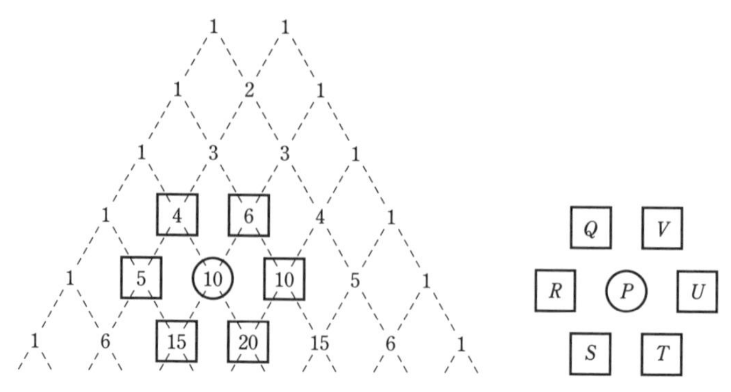

(1) $P=10$ のとき，P ～ V の数をそれぞれ 1 回ずつ用いて，次の等式が成り立つように□に P ～ V を入れよ。ただし，左辺，右辺はそれぞれ左からアルファベット順になるようにせよ。

□＋□＋□＋□＋□＝□＋□

(2) 任意に P を選んだとき，(1) の等式が成り立つことを証明せよ。

(3) $P=10$ のとき，P を除く Q ～ V の数をそれぞれ 1 回ずつ用いて，次の等式が成り立つように□に R ～ V を入れよ。ただし，左辺，右辺はそれぞれ左からアルファベット順になるようにせよ。

$\boxed{Q}$×□×□＝□×□×□

(4) 任意に P を選んだとき，(3) の等式が成り立つことを証明せよ。

☐ **2** 次の問題は，数値に 1 つだけ誤りがある。その数値を訂正して，この問題を解け。

> 3 次方程式 $x^3+2x^2-ax-3=0$ の解が 1，-1，-2 であるとき，定数 a の値を求めよ。

☐ **3** 座標平面上の直線 $y=2x$ を ℓ とする。

(1) ℓ に関して，ℓ 上にない点 A$(p,\ q)$ と対称な点B の座標を $p,\ q$ を用いて表せ。

(2) 点 P$(5,\ 5)$ から出発して直進する点が，点Qにおいて ℓ で反射し，次に x 軸で反射して，再びPに戻るようにしたい。このとき，点Qをどこにとればよいか。その座標を求めよ。ただし，入射方向と反射方向について，反射の際の直線とのなす角は等しいものとする（右の図を参照)。

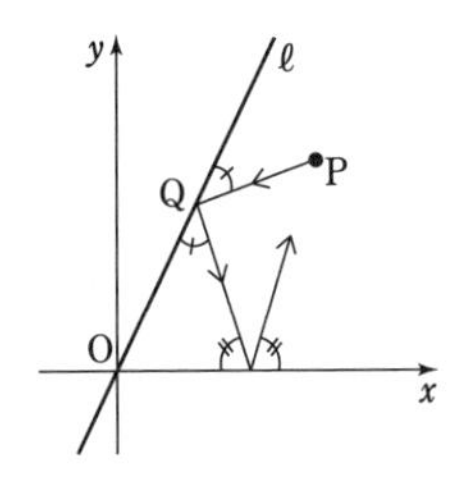

☐ **4** AさんとBさんは野球の練習をしている。
点 (27, 27) の位置にいるAさんは，点 (0, 0) の位置にいるBさんが打った球を，Bさんが球を打つと同時にとりに行く。Bさんの打つ球の水平方向の速さは，Aさんの走る速さの $\sqrt{10}$ 倍であるとするとき，Aさんが球をとることができる領域を図示することを考える。

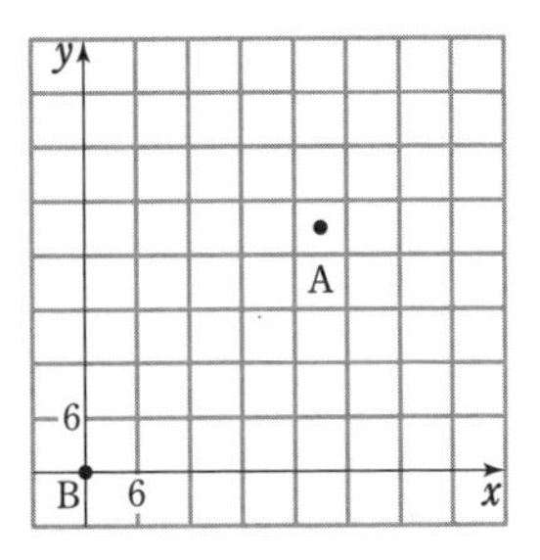

ただし，ある地点Pに向けて球が打たれたとき，球がその地点Pに最短距離で到着するまでにかかる時間より，その地点PにAさんが最短距離で到着するまでにかかる時間のほうが短いとき，Aさんは球をとることができるものとする。
また，かかる時間が同じときもAさんは球をとることができるものとする。

(1) 点 (24, 18) に向けて打たれた球を，Aさんはとることができるか。

(2) Aさんが球をとることができる領域を，上の図に図示せよ。

総合問題

□ **5** 縦 1.4 m の絵が垂直な壁に掛かっていて，絵の下端が目の高さより 1.8 m 上方の位置にある。この絵を縦方向に見込む角が最大となる位置を求めたい。なお，見込む角とは，右の図のように，絵の上端Aと下端Bと見る人の目の位置Pによってできる∠APB のことである。

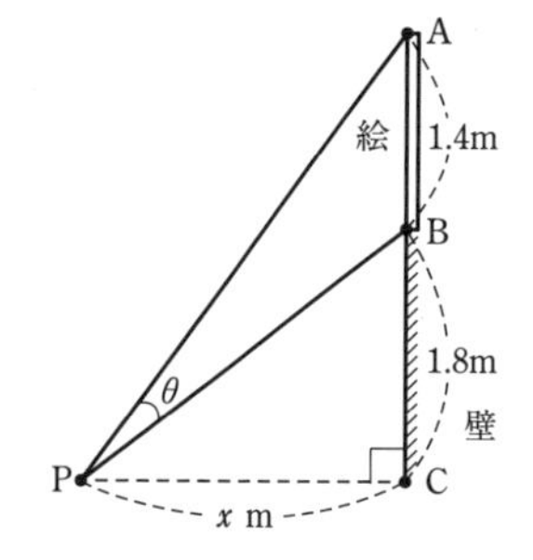

(1) 図において，$\angle APB=\theta$，$PC=x$ (m) とする。このとき，x を用いて

$$\tan\theta=\frac{1.4}{\square}$$

と表すことができる。□ に当てはまる x の式を求めよ。

(2) $0<\theta<\frac{\pi}{2}$ であるから，$\tan\theta$ が最大となるとき，θ も最大となる。このことから，見込む角が最大となるときの x の値を求めよ。

□ **6** 次の問題に対する下の解答は誤りである。誤りの理由を述べ，正しい解を求めよ。

問題 方程式 $\log_3(2x-1)^2=2\log_3(x+4)$ を解け。

> **解答** 真数は正であるから $(2x-1)^2>0$ かつ $x+4>0$
>
> よって $-4<x<\frac{1}{2}$，$\frac{1}{2}<x$
>
> $\log_3(2x-1)^2=2\log_3(2x-1)$ より $2\log_3(2x-1)=2\log_3(x+4)$
>
> すなわち $\log_3(2x-1)=\log_3(x+4)$ ゆえに $2x-1=x+4$
>
> したがって $x=5$ これは $-4<x<\frac{1}{2}$，$\frac{1}{2}<x$ を満たす。

☐ **7** a を有理数の定数とし，x の方程式

$$\left(\frac{2^{x-1}}{3}\right)^x=\frac{2^a}{9} \quad \cdots\cdots ①$$

が 2 つの実数解をもち，そのうち少なくとも 1 つは有理数の解であるとする。このとき，2 つの解の差が 1.4 より大きく 1.5 より小さいことを次の手順で示す。ただし，$\log_2 3$ が無理数であることは証明なしに用いてよい。

(1) 方程式 ① の両辺は正であるから，2 を底とする対数をとると 2 次方程式 $\boxed{}=0$ に変形することができる。$\boxed{}$ に入る適当な式を求めよ。ただし，x^2 の係数は 1 とする。

(2) a の値を求めよ。

(3) 方程式 ① を解け。

(4) $1.5<\log_2 3<1.6$ であることを示せ。

(5) 2 つの解の差が 1.4 より大きく 1.5 より小さいことを示せ。

☐ **8** 3 次関数 $f(x)=ax^3+bx^2+cx+d$ について，d，b^2-3ac，c の符号を調べると，それぞれ次のようになった。

$$d>0,\ b^2-3ac>0,\ c<0$$

このとき，$y=f(x)$ のグラフとして考えられる最も適切な図を次の (A)〜(H) から選べ。

(A)
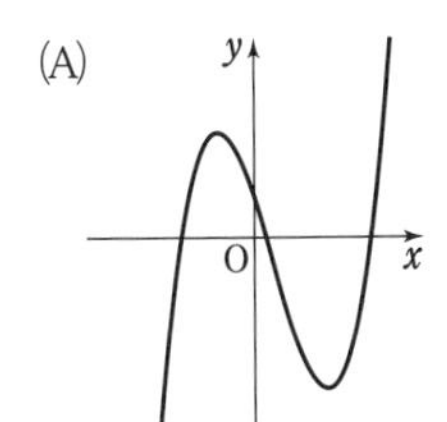

(B)
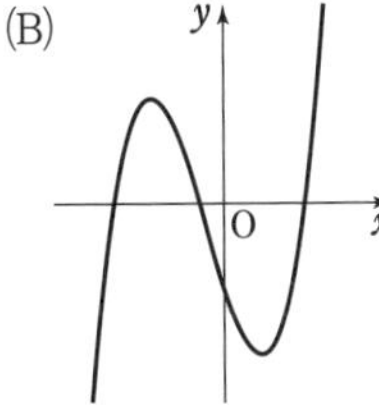

(C)
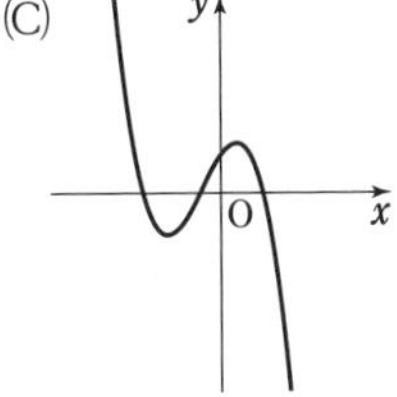

(D)
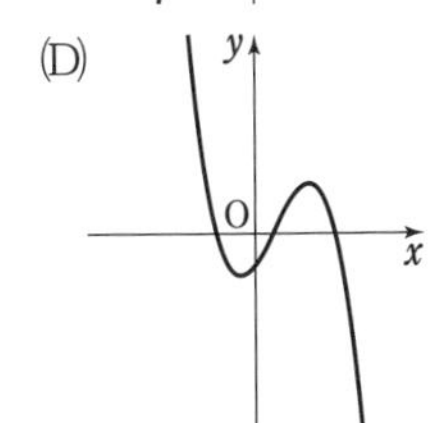

(E)
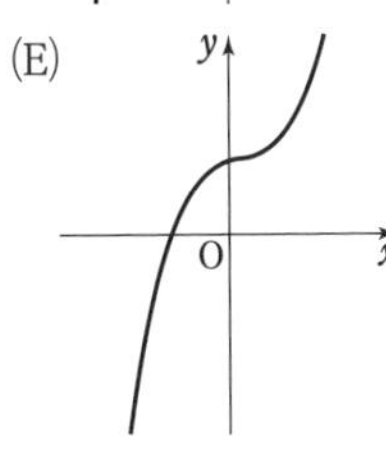

(F)
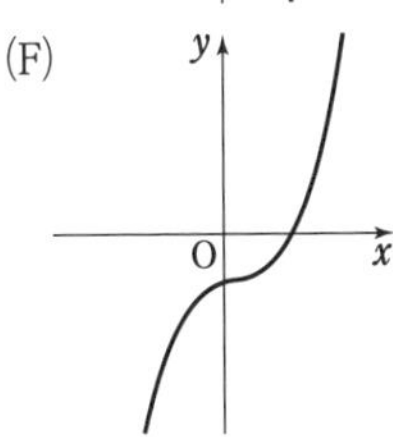

(G)
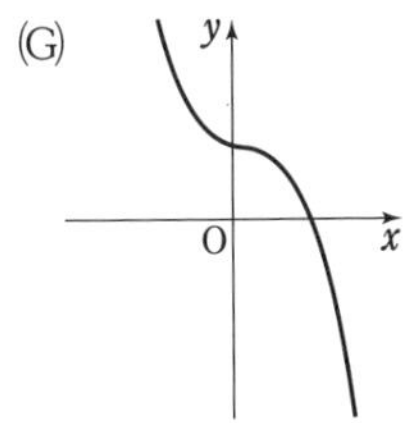

(H)
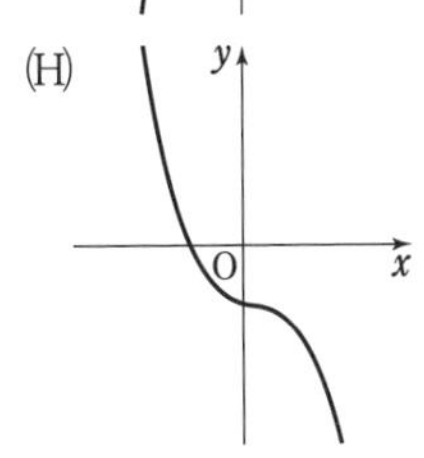

答と略解

1 問題の要求している答の数値，図などを記載し，略解・略証は［ ］に入れて付した。

2 ［ ］の中には，本文にない文字でも断らずに用いている場合もあるので注意してほしい。

3 ［ ］の中は答案形式ではないので，諸君が独力で考え，完全な答案にしてほしい。

---

1 (1) $a^3+6a^2+12a+8$
(2) $27x^3-27x^2+9x-1$
(3) $8a^3-12a^2b+6ab^2-b^3$
(4) $-27x^3+54x^2y-36xy^2+8y^3$

2 (1) x^3+64 (2) a^3-125
(3) $8a^3+27b^3$ (4) $125x^3-8y^3$

3 (1) $x^6-27x^4+243x^2-729$
(2) $x^6+16x^3y^3+64y^6$
(3) a^6-1

4 (1) $(x+3)(x^2-3x+9)$
(2) $(2a-3b)(4a^2+6ab+9b^2)$
(3) $\left(3x-\frac{y}{2}\right)\left(9x^2+\frac{3}{2}xy+\frac{y^2}{4}\right)$
(4) $(ab-c)(a^2b^2+abc+c^2)$

5 (1) $(2x+y)(2x-y)(4x^2-2xy+y^2)$
$\times(4x^2+2xy+y^2)$
(2) $(a-b)(a+2b)(a^2+ab+b^2)$
$\times(a^2-2ab+4b^2)$

6 (1) (ア) $125x^3+225x^2y+135xy^2+27y^3$
(イ) $8x^3+y^3$
(2) (ウ) $\left(4-\frac{a}{2}\right)\left(16+2a+\frac{a^2}{4}\right)$
(エ) $(x+3y)(x-y)(x^2-3xy+9y^2)$
$\times(x^2+xy+y^2)$

7 $x^3+6x^2y-9x^2z+12xy^2-36xyz+27xz^2+8y^3$
$-36y^2z+54yz^2-27z^3$

8 (1) $(2x-1)(4x^2-x+1)$
(2) $(x-3)^3$
[(1) $(8x^3-1)+(-6x^2+3x)$
(2) $x^3-3\cdot x^2\cdot 3+3\cdot x\cdot 3^2-3^3$
別解 $(x^3-27)+(-9x^2+27x)$]

9 (1) $x^6+6x^5+15x^4+20x^3+15x^2+6x+1$
(2) $32x^5-80x^4+80x^3-40x^2+10x-1$
(3) $a^4+8a^3b+24a^2b^2+32ab^3+16b^4$

10 (1) $a^6-6a^5b+15a^4b^2-20a^3b^3+15a^2b^4-6ab^5$
$+b^6$
(2) $x^5+10x^4y+40x^3y^2+80x^2y^3+80xy^4+32y^5$
(3) $x^5+\frac{5}{3}x^4+\frac{10}{9}x^3+\frac{10}{27}x^2+\frac{5}{81}x+\frac{1}{243}$

11 (1) -960 (2) 1080 (3) 6048
[(1) ${}_{10}C_rx^{10-r}(-2)^r$ から
$r=3$ のとき ${}_{10}C_3(-2)^3x^7$]

12 [二項定理により $(1+x)^n$
$={}_nC_0+{}_nC_1x+{}_nC_2x^2+\cdots\cdots+{}_nC_rx^r+\cdots$
$\cdots+{}_nC_nx^n$
この式で (1) $x=2$ (2) $x=-\frac{1}{2}$ とおく]

13 (1) -4320 (2) 17

14 (1) $56x^2$ (2) $-\frac{40}{27}$
[(1) 一般項は ${}_8C_rx^{8-r}\cdot\frac{1}{x^r}$
よって，$\frac{x^{8-r}}{x^r}=x^2$ から $x^{8-r}=x^2\cdot x^r$
ゆえに $8-r=r+2$
(2) 一般項は ${}_5C_r(2x^3)^{5-r}\left(-\frac{1}{3x^2}\right)^r$
$={}_5C_r2^{5-r}\left(-\frac{1}{3}\right)^r\frac{x^{15-3r}}{x^{2r}}$
$\frac{x^{15-3r}}{x^{2r}}=1$ から $x^{15-3r}=x^{2r}$
よって $15-3r=2r$]

15 (1) 60 (2) 1512
[(1) $\{(a+b)+c\}^6$ で c^3 を含む項は
${}_6C_3(a+b)^3c^3$,
$(a+b)^3$ で ab^2 を含む項の係数は ${}_3C_2$
よって ${}_6C_3\times{}_3C_2$]

16 [$(a+b)^n$ の二項定理において
(1) $a=1$，$b=\frac{1}{n}$ を代入すると
$\left(1+\frac{1}{n}\right)^n={}_nC_0+{}_nC_1\frac{1}{n}+{}_nC_2\frac{1}{n^2}+\cdots$
$\cdots+{}_nC_n\frac{1}{n^n}>{}_nC_0+{}_nC_1\frac{1}{n}=2$
(2) $a=1$，$b=x$ を代入すると
$(1+x)^n={}_nC_0+{}_nC_1x+{}_nC_2x^2+\cdots\cdots+{}_nC_nx^n$

$\geqq {}_nC_0+{}_nC_1x+{}_nC_2x^2$

$=1+nx+\dfrac{n(n-1)}{2}x^2$]

17 一の位の数字は 1，十の位の数字は 5

[二項定理により　$(1+x)^{25}$

$={}_{25}C_0+{}_{25}C_1x+{}_{25}C_2x^2+\cdots\cdots+{}_{25}C_{25}x^{25}$

$x=10$ を代入すると

$11^{25}={}_{25}C_0+{}_{25}C_1\cdot10+{}_{25}C_2\cdot10^2+\cdots+{}_{25}C_{25}\cdot10^{25}$

一の位の数字，十の位の数字に関係するのは

${}_{25}C_0+{}_{25}C_1\cdot10=1+250=251$]

18 (1)　-60　(2)　-864

[(1)　$\dfrac{6!}{2!1!3!}a^2b(-c)^3$

(2)　$\dfrac{4!}{1!2!1!}(2x)(3y)^2(-4z)$]

19 (1)　-4　(2)　-28

[一般項は　$\dfrac{4!}{p!q!r!}(-1)^q2^rx^{2p+q}$

(1)　$2p+q=7$，$p+q+r=4$，$p\geqq0$，$q\geqq0$，

$r\geqq0$ を満たす整数は　$q=7-2p\geqq0$，

$r=p-3\geqq0$ から　$3\leqq p\leqq\dfrac{7}{2}$

よって　$p=3$，$q=1$，$r=0$

$\dfrac{4!}{3!1!0!}(-1)^12^0$

(2)　$2p+q=5$，$p+q+r=4$，$p\geqq0$，$q\geqq0$，

$r\geqq0$ を満たす整数の組を求める。

$\dfrac{4!}{3!}(-1)^32^0+\dfrac{4!}{2!}(-1)^12^1$]

20　-3105

[$2p+q=r$，$p+q+r=6$，$p\geqq0$，$q\geqq0$，$r\geqq0$ を満たす整数の組を求める]

21 (1)　商 $x-4$，余り 0

(2)　商 $2x^2+x+1$，余り 1

(3)　商 $2x^2+4x+5$，余り 11

(4)　商 a^2-a，余り $-2a+1$

(5)　商 $x-2$，余り 0

(6)　商 $-3x^2+5x-11$，余り $-21x+23$

22 (1)　$Q=4x^2+6x+9$，$R=0$；

$8x^3-27=(2x-3)(4x^2+6x+9)$

(2)　$Q=x^2+2x+9$，$R=24$；

$x^3-x^2+3x-3=(x-3)(x^2+2x+9)+24$

23 (1)　$A=2x^3-7x^2+2x+3$

(2)　$B=3x^2+2x-1$

[(1)　$A=(x^2-2x-1)(2x-3)-2x$

(2)　$6x^4+7x^3-9x^2-x+3=B(2x^2+x-3)+6x$]

24 (1)　商 $x-4$，余り $-x+4$

(2)　$3x^3-5x^2-3x+4$

25 (1)　商 $4x+7a$，余り 0

(2)　商 $x+y+5$，余り 0

[(2)　$A=x^2+2(y-1)x+(y^2-2y-35)$，

$B=x+(y-7)$]

26 (1)　商 $x-y-1$，余り $6y^2+4y-1$

(2)　商 $y+\dfrac{x}{3}+\dfrac{1}{3}$，余り $\dfrac{2}{3}x^2-\dfrac{4}{3}x-1$

[(1)　$x^2+(2y-1)x+(3y^2+y-1)$

(2)　$3y^2+(2x+1)y+(x^2-x-1)$]

27 (1)　$6x^4+4x^3-11x^2-x+7$

(2)　x^2-3x+1

[(1)　求める多項式をAとすると

$A=(2x^2-1)(3x^2+2x-4)+x+3$

(2)　求める多項式をBとすると

$x^4-3x^3+2x^2-1=B(x^2+1)+3x-2$]

28 (1)　$a-2$　(2)　$a=4$　(3)　$b=-15$

[(2)　$a-2=2$

(3)　$2x^3+bx+10$ を $x+3$ で割った商は

$2x^2-6x+b+18$，余りは $-3b-44$

よって　$-3b-44=1$]

29 (1)　$\dfrac{5}{6}a$　(2)　$\dfrac{3b^3}{4ac^3}$　(3)　$\dfrac{a^2+2b^2}{3a}$

(4)　$\dfrac{x-2}{x-3}$　(5)　$\dfrac{x^2+x+1}{x+4}$　(6)　$\dfrac{a-b-c}{a+b-c}$

30 (1)　$\dfrac{x}{2b}$　(2)　$\dfrac{4a}{x}$　(3)　$\dfrac{x(x+1)}{2}$

(4)　1　(5)　$\dfrac{x+4}{x-1}$　(6)　$\dfrac{a-2}{a-1}$

31 (1)　2　(2)　1　(3)　$\dfrac{x^2+x-1}{(x+1)(x+2)}$

(4)　$\dfrac{4}{(x-1)(x-5)(x+3)}$　(5)　$\dfrac{2(x+4)}{x(x+2)}$

[(5)　$\dfrac{x+8}{(x+2)(x-1)}+\dfrac{x-4}{x(x-1)}$]

32 (1)　$a+1$　(2)　$2x+4$

33 (1)　$\dfrac{(a+b)(a^2+ab+b^2)}{a}$

(2)　$\dfrac{6(x+1)}{x(x-3)}$　(3)　$\dfrac{2x}{x^2+1}$

34 (1)　$a+b+c$

(2)　$\dfrac{2x+1}{(x+3)(x-3)}$　(3)　$\dfrac{4}{x+2}$

[(1)　分母を $(a-b)(b-c)(c-a)$ で通分すると

分子は　$a^3(-b+c)+b^3(-c+a)+c^3(-a+b)$

a について整理して共通因数 $(-b+c)$ でくくり出す。次に b について整理。

(2) 各項の分母を因数分解し，約分してから通分。

$\dfrac{x-2}{x^2+x-6}=\dfrac{x-2}{(x+3)(x-2)}=\dfrac{1}{x+3}$ など。

(3) 各項の分母を因数分解して通分]

35 (1) $\dfrac{2(2x^2+14x+23)}{(x+2)(x+3)(x+4)(x+5)}$

(2) $\dfrac{-12(2x-3)}{x(x+1)(x-3)(x-4)}$

(3) $\dfrac{8}{1-a^8}$ (4) $\dfrac{3}{a(a+6)}$

[組み合わせに注意。組み合わせたものを通分したとき，分子が煩雑にならないような組み合わせを考えると計算がらくになる。例えば(1)では

$\dfrac{1}{x+2}$，$\dfrac{1}{x+3}$ と $\dfrac{1}{x+2}$，$-\dfrac{1}{x+4}$ の組み合わせを比較すると

$\dfrac{1}{x+2}+\dfrac{1}{x+3}=\dfrac{2x+5}{(x+2)(x+3)}$，

$\dfrac{1}{x+2}-\dfrac{1}{x+4}=\dfrac{2}{(x+2)(x+4)}$

よって，$\dfrac{1}{x+2}$ と $-\dfrac{1}{x+4}$ を組み合わせた方が，計算がらくにできる。

(1) $\left(\dfrac{1}{x+2}-\dfrac{1}{x+4}\right)+\left(\dfrac{1}{x+3}-\dfrac{1}{x+5}\right)$

(2) 例題 4 (1) 参照。

(3) 前から順に計算。

(4) 例題 4 (2) 参照]

36 順に 14，52

$\left[x^2+\dfrac{1}{x^2}=\left(x+\dfrac{1}{x}\right)^2-2,\right.$

$\left.x^3+\dfrac{1}{x^3}=\left(x+\dfrac{1}{x}\right)^3-3\left(x+\dfrac{1}{x}\right)\right]$

37 ②，④

38 (1) $a=-1$，$b=2$

(2) $a=-3$，$b=-9$，$c=7$

39 (1) $a=1$，$b=6$

(2) $a=2$，$b=4$，$c=1$

(3) $a=1$，$b=4$，$c=4$

(4) $a=1$，$b=4$，$c=6$，$d=4$

40 (1) $a=1$，$b=-1$ (2) $a=1$，$b=2$

(3) $a=1$，$b=-1$，$c=2$

41 (1) $a=3$，$b=1$，$c=-2$

(2) $a=1$，$b=-1$，$c=-2$

42 $a=-11$，$b=2$，$c=6$

43 (1) $a=7$，$b=-2$

(2) $a=-\dfrac{3}{2}$，$b=12$

[(1) $x^3+6x^2+ax-6=(x^2+3x+b)(x+k)$

とおくと $6=3+k$，$a=b+3k$，$-6=bk$

別解 x^3+6x^2+ax-6 を x^2+3x+b で割ると商は $x+3$，余りは

$(a-b-9)x-(3b+6)$

割り切れることから $a-b-9=0$，$3b+6=0$

(2) x^3+ax^2-3x+b

$=(x-2)^2(x+l)+3x+2$ とおくと

$a=l-4$，$-3=4-4l+3$，$b=4l+2$

別解 x^3+ax^2-3x+b を x^2-4x+4 で割ると商は $x+a+4$，余りは

$(4a+9)x+(b-4a-16)$

よって $4a+9=3$，$b-4a-16=2$]

44 (1) $x=-\dfrac{9}{11}$，$y=\dfrac{6}{11}$

(2) $x=-1$，$y=-2$ (3) $x=-1$，$y=1$

[k のどのような値に対しても成り立つ ⟶ k についての恒等式 (1) $2x+3y=0$，$x-4y+3=0$

(2) $(x-2y-3)k+(x-3y-5)=0$

から $x-2y-3=0$，$x-3y-5=0$

(3) $(x+y)k^2+(2y-2)k+(x+1)=0$

から $x+y=0$，$2y-2=0$，$x+1=0$]

45 (1) $a=-1$，$b=1$，$c=\dfrac{1}{2}$

(2) $a=\dfrac{1}{2}$，$b=\dfrac{1}{2}$

(3) $a=2$，$b=2$，$c=1$，$d=13$

[両辺の x^2，xy，y^2，x，y の項の係数，定数項どうしが等しくなる。

(1) $a+b=0$，$2a-b+3=0$，$b-2c=0$

(2) $x^2+y^2=(a+b)x^2+2(a-b)xy+(a+b)y^2$

から $a+b=1$，$2(a-b)=0$

(3) 左辺を展開して係数を比較すると

$2a-3=c$，$-3a=-6$，$b-6=-4$，

$ab+9=d$，$-3b=-6$]

46 $a=-1$，$b=1$，$c=2$

[$y=1-x$ を $ax^2+by^2+cx=1$ に代入して，x について整理すると

$(a+b)x^2+(-2b+c)x+b-1=0$

これが，x についての恒等式]

47 [(1) 左辺を展開すると $2a^2+2b^2$

(2) 両辺を変形して

$a^2c^2+3a^2d^2+3b^2c^2+9b^2d^2$

(3) 右辺を展開すると

$\dfrac{1}{2}(2a^2+2b^2+2c^2-2ab-2bc-2ca)$]

48 ［$a+b+c=0$ から
$b+c=-a$，$c+a=-b$，$a+b=-c$
(1) (左辺)$=(-c)\cdot(-a)\cdot(-b)+abc$
(2) (左辺)$-$(右辺)$=(a+b)^2+(a+b)c$
$=(-c)^2+(-c)\cdot c=0$
(3) (左辺)$=-a^3-b^3-c^3+3abc$
$=-(a+b+c)(a^2+b^2+c^2-bc-ca-ab)$］

49 ［$\dfrac{a}{b}=\dfrac{c}{d}=k$ とおくと　$a=bk$，$c=dk$
これを代入して，左辺と右辺をそれぞれ整理。
(1) $bd(k+1)(k-1)$　(2) $\dfrac{b^2+d^2}{b^2-d^2}$］

50 (1) $\dfrac{26}{29}$　(2) $a=4$，$b=6$，$c=8$
［$a:b:c=2:3:4$ から，$a=2k$，$b=3k$，
$c=4k$ ($k\neq 0$) と表される］

51 ［(1) $c=-a-b$ を左辺と右辺にそれぞれ代入すると　$-ab$
(2) $a=bk$，$c=dk$ を左辺と右辺にそれぞれ代入すると　$\dfrac{k}{k^2+1}$］

52 (1) $x=\dfrac{3}{5}z$，$y=\dfrac{4}{5}z$
(2) $x:y:z=3:4:5$　(3) $\dfrac{97}{50}$
［(1) z を定数と考えて，$2x+y=2z$，
$x-2y=-z$ を解く。
(2) (1)から　$x:y:z=\dfrac{3}{5}z:\dfrac{4}{5}z:z$
(3) $x=3k$，$y=4k$，$z=5k$ ($k\neq 0$) として与式に代入］

53 (1) 0　(2) -3
［(1) $x+y+z=1$ の両辺を 2 乗すると
$x^2+y^2+z^2+2(xy+yz+zx)=1$
(2) 展開して整理すると，$b+c=-a$，
$c+a=-b$，$a+b=-c$ から
(与式)$=\dfrac{b+c}{a}+\dfrac{c+a}{b}+\dfrac{a+b}{c}$
$=\dfrac{-a}{a}+\dfrac{-b}{b}+\dfrac{-c}{c}=-3$］

54 ［$(x-2)(y-2)(z-2)$
$=xyz-2(xy+yz+zx)+4(x+y+z)-8$
$=0+4\cdot 2-8=0$］

55 ［$(a-b)(b-c)(c-a)=0$ を示す。
$(a-b)(b-c)(c-a)$
$=(ab^2+bc^2+ca^2)-(a^2b+b^2c+c^2a)=0$］

56 ［$z=-x-y$ から，条件式は　$x^2+xy+y^2=a$
一方　$y^2-zx=x^2+xy+y^2$，
$z^2-xy=x^2+xy+y^2$］

57 ［$a^2-bc=b^2-ca$ を変形すると
$(a-b)(a+b+c)=0$　同様に，
$b^2-ca=c^2-ab$ から　$(b-c)(a+b+c)=0$
よって，$a+b+c\neq 0$ ならば $a=b=c$］

58 -1，2 ［(比の値)$=k$ とおくと
$x+y=zk$，$y+z=xk$，$z+x=yk$
辺々加えて整理すると　$(k-2)(x+y+z)=0$］

59 ［(1) $x+y>3+y>3+4$
(2) $xy+12-(4x+3y)$
$=x(y-4)-3(y-4)=(x-3)(y-4)>0$］

60 ［(1) $b^2-a^2=(b+a)(b-a)>0$
(2) $\dfrac{2a+b}{3}-a=\dfrac{b-a}{3}>0$，
$b-\dfrac{2a+b}{3}=\dfrac{2(b-a)}{3}>0$］

61 (2) 等号成立は $a=\dfrac{3}{2}b$ のとき
(3) 等号成立は $a=b=0$ のとき
(4) 等号成立は $x=y=0$ のとき
［(1) (左辺)$-$(右辺)
$=(a^2-6a+9)-9+11=(a-3)^2+2>0$
(2) (左辺)$-$(右辺)$=(2a-3b)^2\geqq 0$
等号成立は $2a-3b=0$ のとき
(3) (左辺)$=(a+b)^2+b^2\geqq 0$
等号成立は $a+b=0$，$b=0$ のとき
(4) (左辺)$-$(右辺)$=2\left(x-\dfrac{5}{4}y\right)^2+\dfrac{23}{8}y^2\geqq 0$
等号成立は $x-\dfrac{5}{4}y=0$，$y=0$ のとき］

62 ［(1) (右辺)$^2-$(左辺)$^2=24\sqrt{ab}>0$
(2) (右辺)$^2-$(左辺)$^2=2\sqrt{b}(\sqrt{a}-\sqrt{b})>0$］

63 ［(相加平均)$\geqq$(相乗平均) を利用。
(1) $a+\dfrac{9}{a}\geqq 2\sqrt{a\cdot\dfrac{9}{a}}$
(2) $\dfrac{3b}{2a}+\dfrac{2a}{3b}\geqq 2\sqrt{\dfrac{3b}{2a}\cdot\dfrac{2a}{3b}}$
(3) $\dfrac{2}{a+b}+2(a+b)\geqq 2\sqrt{\dfrac{2}{a+b}\cdot 2(a+b)}$
(4) $4+\dfrac{a}{b}+\dfrac{4b}{a}\geqq 4+2\sqrt{\dfrac{a}{b}\cdot\dfrac{4b}{a}}$］

64 ［(1) (左辺)$-$(右辺)$=(a-1)^2\geqq 0$
(2) (左辺)$-$(右辺)$=(a-2b)^2+b^2>0$
(3) (左辺)$^2-$(右辺)$^2=20\sqrt{ab}>0$
(4) (左辺)$=ab+\dfrac{1}{ab}+2\geqq 2\sqrt{ab\cdot\dfrac{1}{ab}}+2$
$=$(右辺)］

65 [(1) (左辺)
$=x^2+2(y-1)x+2y^2+2y+13$
$=\{x+(y-1)\}^2+(y+2)^2+8>0$
(2) (左辺)
$=x^2-(2y+3z)x+(4y^2+9z^2-6yz)$
$=\left(x-\dfrac{2y+3z}{2}\right)^2+3\left(y-\dfrac{3}{2}z\right)^2\geqq 0$
別解 (左辺)
$=\dfrac{1}{2}\{(x-2y)^2+(2y-3z)^2+(3z-x)^2\}\geqq 0$]

66 [(1) (左辺)−(右辺)$=a^2b^2(a-b)^2\geqq 0$
(2) (左辺)−(右辺)$=(a^4-a^3)-(a-1)$
$=a^3(a-1)-(a-1)=(a-1)(a^3-1)$
$=(a-1)^2(a^2+a+1)$
$=(a-1)^2\left\{\left(a+\dfrac{1}{2}\right)^2+\dfrac{3}{4}\right\}\geqq 0$
(3) (左辺)−(右辺)$=(a-1)^2+(b-3)^2\geqq 0$
(4) (左辺)−(右辺)
$=(a-b)^2+(b-c)^2+(c-a)^2\geqq 0$
別解 (左辺)−(右辺)
$=2\left(a-\dfrac{b+c}{2}\right)^2+\dfrac{3}{2}(b-c)^2\geqq 0$]

67 (1) $<$ (2) × (3) $\geqq$
[(1) (左辺)−(右辺)$=(2a-b)(c-2b)$
(2) (左辺)−(右辺)$=(c-a)(2b-a)$
(3) (左辺)−(右辺)$=\{a-(b+c)\}^2+(b-c)^2$]

68 (2) $|a|-|b|$, $|a+b|$, $|a|+|b|$, $\sqrt{2}\sqrt{a^2+b^2}$
[(1) $(|a|+|b|)^2-(\sqrt{a^2+b^2})^2=2|ab|\geqq 0$,
$(\sqrt{2}\sqrt{a^2+b^2})^2-(|a|+|b|)^2=(|a|-|b|)^2\geqq 0$
(2) $|a+b|^2-(|a|-|b|)^2=2(ab+|ab|)\geqq 0$
よって, $|a|\geqq|b|$ のとき $|a|-|b|\leqq|a+b|$
$|a|<|b|$ のときは明らかに
$|a|-|b|<|a+b|$ 一方
$(|a|+|b|)^2-|a+b|^2=2(|ab|-ab)\geqq 0$]

69 $x=2$ のとき最小値 25
[$x^2+\dfrac{16}{x^2}+17\geqq 2\sqrt{x^2\cdot\dfrac{16}{x^2}}+17$
等号成立は $x^2=\dfrac{16}{x^2}$ すなわち $x=2$ のとき
注意 $x+\dfrac{16}{x}\geqq 2\sqrt{x\cdot\dfrac{16}{x}}(=8)$ …… ①
$x+\dfrac{1}{x}\geqq 2\sqrt{x\cdot\dfrac{1}{x}}(=2)$ …… ②
①, ② の辺々を掛け合わせると
$\left(x+\dfrac{16}{x}\right)\left(x+\dfrac{1}{x}\right)\geqq 8\cdot 2=16$
となるが, ① と ② の等号を同時に満たす x は存在しない (① で等号が成立するのは $x=4$ のとき, ② で等号が成立するのは $x=1$ のとき) ので, 最小値が 16 になることはない]

70 a, $2ab$, $\dfrac{1}{2}$, b, $1-ab$
[$a=\dfrac{1}{4}$, $b=\dfrac{3}{4}$ などで大小の見当をつける。
$a=1-b$ から a を消去する。
$0<a<b$ から $\dfrac{1}{2}<b<1$
[1] $(1-ab)-b=(b-1)^2>0$
[2] $b>\dfrac{1}{2}$
[3] $\dfrac{1}{2}-2ab=\dfrac{1}{2}(2b-1)^2>0$
[4] $2ab-a=a(2b-1)>0$]

71 $a=-12$, $b=9$
[(与式)$=(x^2+px+q)^2$ とおく。
これを x についての恒等式とみて, 係数を比較すると
$2p=4$, $p^2+2q=-2$, $2pq=a$, $q^2=b$]

72 $a=1$, $b=-\dfrac{1}{3}$, $c=\dfrac{1}{3}$
[条件式から $y=-2x-5$, $z=x+10$
これを $ax^2+by^2+cz^2=25$ に代入して
$(a+4b+c)x^2+20(b+c)x+25(b+4c-1)=0$
これが x についての恒等式であるから
$a+4b+c=0$, $b+c=0$, $b+4c-1=0$]

73 (1) 8 (2) 8 (3) 64 (4) $\dfrac{32}{3}$
[(1) $a+\dfrac{16}{a}\geqq 2\sqrt{a\cdot\dfrac{16}{a}}=8$
$a=\dfrac{16}{a}$ のとき等号成立。
よって, $a=4$ のとき最小値 8
(2) $a+b\geqq 2\sqrt{ab}=2\sqrt{16}=8$
$a=b$ のとき等号成立。
よって, $a=4$, $b=4$ のとき最小値 8
(3) $a+b\geqq 2\sqrt{ab}$ から $16\geqq 2\sqrt{ab}$
ゆえに $8^2\geqq(\sqrt{ab})^2=ab$
$a=b$ のとき等号成立。
よって, $a=8$, $b=8$ のとき最大値 64
(4) $2a+3b\geqq 2\sqrt{2a\cdot 3b}$ から $16\geqq 2\sqrt{6ab}$
ゆえに $\dfrac{8}{\sqrt{6}}\geqq\sqrt{ab}$ $\dfrac{32}{3}\geqq ab$
$2a=3b$ のとき等号成立。

よって，$a=4$，$b=\frac{8}{3}$ のとき最大値 $\frac{32}{3}$]

74 (2) $\frac{1}{13}$ (3) $\sqrt{13}$

[(1) (左辺)−(右辺)$=(ay-bx)^2\geqq 0$

(2) $(2^2+3^2)(x^2+y^2)\geqq 1^2$

(3) $(2^2+3^2)\cdot 1\geqq(2x+3y)^2$]

75 [(1) $c^2=(a+b)^2=a^2+2ab+b^2>a^2+b^2$

(2) $(c^3)^2-(a^3+b^3)^2=(c^2)^3-(a^3+b^3)^2$

$=(a^2+b^2)^3-(a^3+b^3)^2$

$=a^2b^2\left\{3\left(a-\frac{b}{3}\right)^2+\frac{8}{3}b^2\right\}>0$]

76 [$c=2-a-b$ を $a^2+b^2+c^2=2$ に代入すると

$a^2+b^2+1-2a-2b+ab=0$ …… ①

① から $(1-a)^2=-b^2+2b-ab$

よって $a(1-a)^2=-ab^2+2ab-a^2b$

また ① から $(1-b)^2=-a^2+2a-ab$

よって $b(1-b)^2=-a^2b+2ab-ab^2$]

77 [(1) $a\geqq 2$，$b\geqq 2$ のとき

$ab-(a+b)=(a-1)(b-1)-1\geqq 0$

(2) (1) と同様に，$cd\geqq c+d$

$ab\geqq 4>2$，$cd\geqq 4>2$ であるから

$ab\cdot cd>ab+cd\geqq a+b+c+d$]

78 [(1) (右辺)−(左辺)$=(a-b)(x-y)\geqq 0$

(2) $(a+b)(x+y)\leqq 2(ax+by)$

$(b+c)(y+z)\leqq 2(by+cz)$

$(c+a)(z+x)\leqq 2(cz+ax)$

辺々加えて整理する]

79 (1) $\frac{a}{d}$，$\frac{ac}{bd}$，$\frac{a+c}{b+d}$，$\frac{c}{b}$

(2) $\frac{2ab}{a+b}$，$\sqrt{ab}$，$\frac{a+b}{2}$，$\sqrt{\frac{a^2+b^2}{2}}$

[最初に大小関係の見当をつけて，その予想をもとに 2 数ずつ大小関係を決めていく]

80 (1) 実部 4，虚部 −5

(2) 実部 2，虚部 $\frac{3}{2}$

(3) 実部 −5，虚部 0

(4) 実部 0，虚部 3

81 (1) $x=3$，$y=-5$ (2) $x=2$，$y=-3$

(3) $x=7$，$y=3$ (4) $x=5$，$y=-10$

82 (1) $9i$ (2) $3+5i$ (3) 1

(4) $-1+7i$ (5) 40 (6) $5-12i$

83 (1) $5-3i$ (2) $1+2i$ (3) $-2i$ (4) 8

84 (1) $2-i$ (2) $-i$

(3) $\frac{4}{5}+\frac{3}{5}i$ (4) $\frac{5}{13}+\frac{1}{13}i$

85 [(1) (左辺)$=-\sqrt{6}$，(右辺)$=\sqrt{6}$

(2) (左辺)$=-\frac{\sqrt{3}}{\sqrt{2}}i$，(右辺)$=\frac{\sqrt{3}}{\sqrt{2}}i$]

86 (1) $-19-4i$ (2) $-24-70i$

(3) 1 (4) $-\frac{1}{9}+\frac{4\sqrt{5}}{9}i$

87 (1) $39-80i$ (2) 4 (3) −3

(4) −1 (5) 0 (6) $\frac{7}{5}+\frac{2}{5}i$

[(4) $\frac{3-2i}{2+3i}=\frac{(3-2i)(2-3i)}{(2+3i)(2-3i)}=-i$]

88 (1) −10 (2) 92 (3) $-\frac{10}{13}$

[$x+y=-4$，$xy=13$ であることを利用。

(1) $x^2+y^2=(x+y)^2-2xy$

(2) $x^3+y^3=(x+y)^3-3xy(x+y)$

または $(x+y)(x^2-xy+y^2)$

(3) $\frac{y}{x}+\frac{x}{y}=\frac{x^2+y^2}{xy}$]

89 (1) $x=3$，$y=0$ (2) $x=\frac{2}{5}$，$y=\frac{1}{5}$

(3) $x=2$，$y=-4$ (4) $x=0$

90 (1) $x=3$ (2) $x=-5$

[$\alpha=\frac{x+5}{2}+\frac{x-3}{2}i$]

91 [a，b，c，d は実数で $b\neq 0$，$d\neq 0$ とする。

$\alpha=a+bi$，$\beta=c+di$ とおくと

$\alpha+\beta=(a+c)+(b+d)i$

$\alpha\beta=(ac-bd)+(ad+bc)i$

ゆえに $b+d=0$ かつ $ad+bc=0$

よって $d=-b$ かつ $c=a$]

92 (1) $x=\pm 3i$ (2) $x=\frac{-3\pm\sqrt{31}i}{2}$

(3) $x=2\pm 2i$ (4) $x=\frac{1\pm i}{2}$

(5) $x=-1$，$-1-\sqrt{2}$ (6) $x=\frac{5\pm\sqrt{11}i}{6}$

(7) $x=\frac{7\pm\sqrt{23}i}{12}$ (8) $x=\frac{1\pm\sqrt{14}i}{3}$

[整理すると (6) $3x^2-5x+3=0$

(7) $6x^2-7x+3=0$ (8) $3x^2-2x+5=0$]

93 (1) 異なる 2 つの実数解

(2) 重解 (実数解) (3) 異なる 2 つの虚数解

94 (1) $a<\frac{1}{8}$ のとき異なる 2 つの実数解，

$a=\frac{1}{8}$ のとき重解 (実数解)，

$a>\frac{1}{8}$ のとき異なる 2 つの虚数解

(2) $a<-\sqrt{2}$, $\sqrt{2}<a$ のとき異なる2つの実数解；
$a=\pm\sqrt{2}$ のとき重解（実数解）；
$-\sqrt{2}<a<\sqrt{2}$ のとき異なる2つの虚数解

95 (1) $m=-1$, $x=1$ または $m=2$, $x=-2$
(2) $m=-3$, $x=\frac{1}{2}$ または $m=5$, $x=-\frac{1}{2}$
[参考] 2次方程式 $ax^2+bx+c=0$ が重解をもつとき，その解は $x=-\frac{b}{2a}$]

96 $-9<m<3$

97 (1) $x=\frac{13\pm\sqrt{7}i}{8}$ (2) $-1\leqq m\leqq\frac{1}{3}$

98 (1) 異なる2つの虚数解
(2) $-1<a<0$, $0<a<9$ のとき異なる2つの実数解；
$a=-1$, 9 のとき重解（実数解）；
$a<-1$, $9<a$ のとき異なる2つの虚数解；
$a=0$ のとき1つの実数解
[(1) 常に $\frac{D}{4}=-(a-1)^2-1<0$
(2) $a\neq0$ のとき $D>0$, $D=0$, $D<0$ で場合分け。
$a=0$ のときは1次方程式 $6x-8=0$ であるから1つの実数解]

99 $k=3$, $x=-\frac{1}{2}$
[$k^2-1\neq0$ のとき
$\frac{D}{4}=(k+1)^2-2(k^2-1)=(k+1)(-k+3)=0$
から $k=3$ ($k=-1$ は不適)]

100 (1) $\frac{1}{3}<a<2$
(2) $a<-1$, $-1<a\leqq\frac{1}{3}$, $2\leqq a$

101 [判別式をDとする。$a\neq0$
(1) $D=(a-c)^2\geqq0$
(2) $c=-a$ から $D=b^2+4a^2>0$
(3) $ac<0$ から $D=b^2-4ac>0$]

102 $a=-4$, $b=13$, 他の解 $x=2-3i$
[(前半) $x=2+3i$ を代入して整理すると
$(-5+2a+b)+(3a+12)i=0$
(後半) $x^2-4x+13=0$ を解く]

103 $a=\frac{13}{18}$, $x=-\frac{3}{2}$
[実数解をαとする。
$x=\alpha$ を代入して整理すると
$(\alpha^2+3a\alpha+1)+(2\alpha+3)i=0$]

104 (1) 和 -3, 積 2 (2) 和 5, 積 6
(3) 和 $-\frac{3}{4}$, 積 $-\frac{9}{4}$ (4) 和 0, 積 $-\frac{1}{2}$
(5) 和 $-\frac{4}{3}$, 積 $\frac{5}{9}$ (6) 和 3, 積 0

105 (1) $\frac{1}{2}$ (2) 0 (3) -1 (4) $\frac{5}{2}$
(5) $-\frac{1}{2}$ (6) -1
[$\alpha+\beta=1$, $\alpha\beta=\frac{1}{2}$]

106 (1) $m=24$, 2つの解は 4, 6
(2) $m=1$, 2つの解は1（重解）；$m=-8$, 2つの解は -2, 4
[(1) 2解を 2α, 3α とすると
$2\alpha+3\alpha=10$, $2\alpha\cdot3\alpha=m$
$\alpha=2$, $m=24$
(2) 2解を α, α^2 とすると
$\alpha+\alpha^2=2$, $\alpha\cdot\alpha^2=m$
$\alpha^2+\alpha-2=(\alpha+2)(\alpha-1)=0$, $\alpha^3=m$]

107 (1) $(x-1-\sqrt{2})(x-1+\sqrt{2})$
(2) $(x+1-2i)(x+1+2i)$
(3) $2\left(x-\frac{3+\sqrt{23}i}{4}\right)\left(x-\frac{3-\sqrt{23}i}{4}\right)$

108 (1) $x^2+2x-35=0$ (2) $6x^2-5x-6=0$
(3) $x^2-2x-4=0$ (4) $x^2-4x+13=0$

109 (1) -2, 7 (2) $2\pm\sqrt{5}$ (3) $1\pm i$

110 (1) $(2+\alpha)(2+\beta)=\frac{13}{2}$, $\alpha^2+\beta^2=7$
(2) $x^2-10x+34=0$

111 (1) 他の解 $x=4$, $a=-7$
(2) 他の解 $x=1-\sqrt{2}i$, $a=3$
[他の解をαとおいて，解と係数の関係を利用する。
別解 与えられた解を方程式に代入]

112 (1) $x^2-2x-8=0$ (2) $x^2+4x+16=0$
(3) $x^2-4x+7=0$ (4) $x^2+x+1=0$
[$\alpha+\beta=-2$, $\alpha\beta=4$
(4) 和 $\frac{\beta}{\alpha}+\frac{\alpha}{\beta}=\frac{\beta^2+\alpha^2}{\alpha\beta}$, 積 $\frac{\beta}{\alpha}\cdot\frac{\alpha}{\beta}=1$]

113 $a=-2$, 1
[$x^2+ax-1=0$ の解を α, β とすると
$(\alpha+1)+(\beta+1)=a^2$, $(\alpha+1)(\beta+1)=-a$]

114 $x=-5$, -1
[もとの正しい2次方程式を $ax^2+bx+c=0$ $(a\neq0)$ とすると，Aさんが解いた2次方程式は
$a\{x-(-3+\sqrt{14})\}\{x-(-3-\sqrt{14})\}=0$

Bさんが解いた2次方程式は　$a(x-1)(x-5)=0$]

115 (1) (ア) $(x^2-3)(x^2+4)$

(イ) $(x+\sqrt{3})(x-\sqrt{3})(x^2+4)$

(ウ) $(x+\sqrt{3})(x-\sqrt{3})(x+2i)(x-2i)$

(2) (ア) $(2x^2-1)(x^2+1)$

(イ) $2\left(x+\frac{\sqrt{2}}{2}\right)\left(x-\frac{\sqrt{2}}{2}\right)(x^2+1)$

(ウ) $2\left(x+\frac{\sqrt{2}}{2}\right)\left(x-\frac{\sqrt{2}}{2}\right)(x+i)(x-i)$

116 (1) $m>10$ (2) $-\frac{5}{2}<m<-2$

(3) $m<-\frac{5}{2}$

[判別式をD，2つの解をα，βとする。

(1) $D>0$，$\alpha+\beta>0$，$\alpha\beta>0$

(2) $D>0$，$\alpha+\beta<0$，$\alpha\beta>0$

(3) $\alpha\beta<0$

別解　$f(x)=x^2-mx+2m+5$ として，

$y=f(x)$ のグラフを考える。

(1) $D>0$，(軸) $-\frac{-m}{2\cdot1}>0$，$f(0)>0$

(2) $D>0$，(軸) $-\frac{-m}{2\cdot1}<0$，$f(0)>0$

(3) $f(0)<0$]

117 (1) $2<m<3$ (2) $m<-1$ (3) $m>3$

(4) $m>2$

[判別式をD，2つの解をα，βとする。

(1) $D>0$，$(\alpha-1)+(\beta-1)>0$，

$(\alpha-1)(\beta-1)>0$

(2) $D>0$，$(\alpha-1)+(\beta-1)\leqq0$，

$(\alpha-1)(\beta-1)\geqq0$]

118 $-7<m<-5$

[$f(x)=3x^2+mx+2$ として，$y=f(x)$ のグラフを考える。

$f(0)>0$，$f(1)<0$，$f(2)>0$]

119 (1) $\frac{11}{3}$ (2) $\frac{2}{3}$ (3) $-\frac{1}{3}$

[$(x-1)(x-2)+(x-2)(x-3)+(x-3)(x-1)$

$=3(x-\alpha)(x-\beta)$ とおけるから，この等式において

(1) $x=0$ (2) $x=1$ (3) $x=2$ を代入]

120 $(x-2)(x-y+1)$

[(与式)$=0$ とおいたxの2次方程式を解くと

$x=\frac{y+1\pm\sqrt{(y-3)^2}}{2}$]

121 (1) $(1,\ 10)$，$(-1,\ -10)$，$(2,\ 5)$，$(-2,\ -5)$

(2) $a=11$，-11，7，-7

[2解をα，βとすると解と係数の関係から

$\alpha+\beta=-a$，$\alpha\beta=10$]

122 (1) $k=-1$，3 (2) $k=1$，7

[(与式)$=0$ とおいたxの2次方程式が重解をもてばよいから　$D=0$]

123 (1) $(x,\ y)=(-2,\ 4)$，$(4,\ -2)$

(2) $(x,\ y)=(1,\ 3)$，$(3,\ 1)$，$(-1,\ -3)$，$(-3,\ -1)$

(3) $(x,\ y)=(1,\ -2)$，$(-2,\ 1)$

[(1) $t^2-2t-8=0$

(2) $x+y=\pm4$ から　$t^2\mp4t+3=0$]

124 $k=-2$，$(x+3y-2)(x-2y+1)$

[xの2次方程式 $x^2+(y-1)x-(6y^2-7y-k)=0$ の判別式は　$D=25y^2-30y-4k+1$

$D=$(多項式)^2 の形で表されるためには

$D=0$ の判別式 D' が $D'=0$]

125 (1) -20 (2) -1 (3) 0 (4) $\frac{2}{3}$

126 $k=3$

127 (1) $(x-1)(x-2)(x-3)$

(2) $(2x+1)^2(2x-3)$

[与えられた多項式を $P(x)$ とおくと

(1) $P(1)=0$ (2) $P\left(-\frac{1}{2}\right)=0$]

128 (1) $(x+1)(x-1)(x-2)$

(2) $(x-2)^2(x+3)$

(3) $(x+1)(x+2)(2x+3)$

(4) $(x+1)(x-4)(3x+1)$

129 (1) $a=-21$ (2) $a=11$

[与えられた多項式を $P(x)$ とおくと

(1) $P(3)=0$ (2) $P\left(-\frac{3}{2}\right)=0$]

130 (1) $\frac{29}{8}$ (2) $(x-2)(x+3)^2$

(3) $k=-\frac{7}{2}$

131 (1) $(x-1)^2(x+1)(x+4)$

(2) $(x+1)^2(x-2)^2$

132 順に -2，7

[$P(x)=(x+1)(x-2)Q(x)+3x+1$ とおける。

$P(-1)=-2$，$P(2)=7$]

133 (1) $a=-1$，$b=-7$

(2) $a=4$，$b=-6$

[与式を $P(x)$ とおくと

(1) $P(-2)=0$，$P(3)=30$

(2) $x^2+x-2=(x+2)(x-1)$ であるから
$P(-2)=0,\ P(1)=0$]

134 $-x-5$
[$P(x)=(x+2)(x+1)Q(x)+ax+b$ とおいて
$P(-2)=-3,\ P(-1)=-4$ を利用]

135 $6x-9$
[条件から $P(x)=(x-2)(x-1)Q_1(x)+3$
$=(x-3)(x-1)Q_2(x)+3x$
求める余りを $ax+b$ とおくと
$P(x)=(x-2)(x-3)Q(x)+ax+b$]

136 $x+1$
[余りを $ax+b$ とおくと
$(x+1)^{10}=x(x+1)Q(x)+ax+b$
$x=0,\ -1$ を代入]

137 (1) 商 x^2-2x+2, 余り -2
(2) 商 x^2-2x-3, 余り 0

138 $-2x^2+6x+1$
[$P(x)=(x-1)^2(x-3)Q(x)+a(x-1)^2+2x+3$,
$P(3)=1$]

139 (1) $x=0,\ -1,\ 3$ (2) $x=-3,\ 7,\ \dfrac{2}{5}$
(3) $x=0,\ -2,\ -5$ (4) $x=0,\ \dfrac{1\pm\sqrt{7}\,i}{4}$
[(3) $x(x+2)(x+5)=0$
(4) $x(2x^2-x+1)=0$]

140 (1) $x=-2,\ 1\pm\sqrt{3}\,i$
(2) $x=2,\ \dfrac{-5\pm3\sqrt{3}\,i}{2}$
(3) $x=\pm3,\ \pm3i$ (4) $x=\pm3,\ \pm i$
(5) $x=\pm2,\ \pm\sqrt{3}$ (6) $x=\pm3,\ \pm2i$

141 (1) $x=1,\ 2,\ -3$ (2) $x=1,\ 3,\ -\dfrac{1}{2}$
(3) $x=-1,\ -2\pm2\sqrt{2}$
(4) $x=2,\ -2,\ \dfrac{-1\pm\sqrt{7}\,i}{2}$
[(1) $P(1)=0$ (2) $P(1)=0$
(3) $P(-1)=0$ (4) $P(\pm2)=0$]

142 (1) $a=1$
(2) $a=-\dfrac{41}{5},\ b=\dfrac{54}{5}$；他の解 $x=-\dfrac{9}{10}$
[(1) $P(x)=x^3+ax+2$ として $P(-1)=0$]

143 (1) (ア) $x=1,\ -2,\ \dfrac{2}{3}$
(イ) $x=-3,\ -2,\ 1$
(2) $k=-8$

144 (1) $x=\dfrac{1}{2},\ \dfrac{1\pm\sqrt{3}\,i}{2}$
(2) $x=\dfrac{1}{3},\ \dfrac{1\pm\sqrt{3}}{2}$
(3) $x=\dfrac{3}{2},\ \dfrac{-1\pm\sqrt{7}}{2}$
[$\pm\dfrac{\text{定数項の正の約数}}{\text{最高次の項の係数の正の約数}}$ が有理数解の候補。
(1) $(2x-1)(x^2-x+1)=0$
(2) $(3x-1)(2x^2-2x-1)=0$
(3) $(2x-3)(2x^2+2x-3)=0$]

145 (1) $x=5,\ \dfrac{1\pm\sqrt{23}\,i}{2}$
(2) $x=-1,\ 3,\ 1\pm i$ (3) $x=1,\ 2,\ 3,\ 4$
(4) $x=0,\ 3,\ \dfrac{3\pm\sqrt{65}}{2}$
(5) $x=\dfrac{-1\pm\sqrt{3}\,i}{2},\ \dfrac{1\pm\sqrt{3}\,i}{2}$
[(1) $x=5$ は解。因数定理を利用。
(2) $x^2-2x=t$ とおくと $t^2-t-6=0$
(3) $x^2-5x=t$ とおくと $(t+1)(t+9)+15=0$
(4) $(x+1)(x-4)\times(x+2)(x-5)=40$
(5) $(x^2+1)^2-x^2=0$]

146 (1) 0 (2) 3 (3) -1
[$\omega^3=1,\ \omega^2+\omega+1=0$]

147 $a=7,\ b=13$；他の解 $x=-1,\ 3-2i$
[$P(x)=x^3-5x^2+ax+b$ とおくと
$P(3+2i)=0$ から
$(3a+b-34)+(2a-14)i=0$
別解 $P(x)$ は $\{x-(3+2i)\}\{x-(3-2i)\}$ で割り切れる。
参考 3次方程式の解と係数の関係を利用する。問題158ヒント参照]

148 $a=4,\ b=-28$；他の解 $x=-8$
[他の解を k とすると
$x^3+ax^2+bx+3a+20=(x-2)^2(x-k)$]

149 $a=1,\ 10$
[方程式から $(x-2)(x^2+2x+2-a)=0$
$x^2+2x+2-a=0$ について，次の場合に分けて考える。
[1] $x=2$ を解にもち，他の解は $x\neq2$
[2] $x=2$ 以外の重解をもつ]

150 $z=3+i,\ -3-i$
[$(a+bi)^2=8+6i$ であるから
$a^2-b^2=8,\ ab=3$
$b=\dfrac{3}{a}$ を $a^2-b^2=8$ に代入して b を消去すると
$(a^2-9)(a^2+1)=0$

a は実数であるから　$a=\pm 3$]

151　[$a^2-4b \geqq 0$ のとき
$(a+2)^2-4(a+b)=a^2-4b+4>0$]

152　$a=\pm 2$
[2つの解の積が -24（負）であるから，2つの解は異符号である。
解を $\alpha \neq 0$ として 3α，-2α とおくと
$3\alpha+(-2\alpha)=-a$，$3\alpha \cdot (-2\alpha)=-24$]

153　$a=1$，$b=1$
$\left[\alpha+\beta=-a,\ \alpha\beta=b\ ;\ \dfrac{1}{\alpha}+\dfrac{1}{\beta}=-b,\right.$
$\dfrac{1}{\alpha\beta}=a$ から　$a=\dfrac{1}{b}$，$a=b^2$
よって　$b^3=1$]

154　(1)　$x^2-16x+16=0$，$-8\sqrt{3}$
(2)　$6-21\sqrt{3}\,i$
[(1)　$x^3-13x^2-30x+32$
$=(x^2-16x+16)(x+3)+2x-16$ を利用。
(2)　$x^2-3x+9=0$ が成り立つ。
$2x^3-10x^2+16x-9$
$=(x^2-3x+9)(2x-4)-14x+27$ を利用]

155　$x=3$，$y=2$
[$\{x+(1-2y)\}^2+(y-2)^2=0$]

156　(1)　0　(2)　0　(3)　3
[(1)　$\omega^3=1$ であるから　$\omega^4=\omega^3\omega=\omega$
よって　$1+\omega^2+\omega^4=1+\omega^2+\omega$]

157　1 cm または 3 cm
[切り取る正方形の1辺の長さを x cm とする。
条件から　$x(10-2x)(14-2x)=96$，$0<x<5$]

158　(1)　順に -4，8　(2)　$x^3+8x+40=0$
[(1)　$x^3+2x+5=(x-\alpha)(x-\beta)(x-\gamma)$ ……①
とすると
$\alpha+\beta+\gamma=0$，$\alpha\beta+\beta\gamma+\gamma\alpha=2$，$\alpha\beta\gamma=-5$
(前半)　$\alpha^2+\beta^2+\gamma^2$
$=(\alpha+\beta+\gamma)^2-2(\alpha\beta+\beta\gamma+\gamma\alpha)$
(後半)　① に $x=1$ を代入。
(2)　$(x-2\alpha)(x-2\beta)(x-2\gamma)$
$=x^3-2(\alpha+\beta+\gamma)x^2+4(\alpha\beta+\beta\gamma+\gamma\alpha)x-8\alpha\beta\gamma$]

159　(2)　$t^2+5t=0$
(3)　$x=\pm i,\ \dfrac{-5\pm\sqrt{21}}{2}$
[(1)　$P(x)=x^4+5x^3+2x^2+5x+1$ とおくと
$P(0)=1$ となり，$x=0$ は解ではない。
(2)　$x^2+5x+2+\dfrac{5}{x}+\dfrac{1}{x^2}=0$
ここで，$x^2+\dfrac{1}{x^2}=\left(x+\dfrac{1}{x}\right)^2-2$ を利用]

160　(1)　3　(2)　7　(3)　6　(4)　8

161　(1)　4　(2)　3　(3)　19　(4)　-13

162　(1)　P(-2)，Q(22)
(2)　M(10)，PQ$=24$

163　(1)　5　(2)　$\sqrt{41}$　(3)　13　(4)　$\sqrt{65}$

164　[AB$=\sqrt{5}$，BC$=2\sqrt{5}$，CA$=5$ から
AB^2+BC^2=CA^2]

165　順に　(1)　$(3,\ 0)$，$(11,\ -8)$
(2)　$(1,\ 2)$，$(-7,\ 10)$
(3)　$\left(\dfrac{13}{5},\ \dfrac{2}{5}\right)$，$(17,\ -14)$
(4)　$(2,\ 1)$

166　(1)　$(1,\ -1)$　(2)　$\left(1,\ \dfrac{4}{3}\right)$

167　(1)　Q$(-5,\ 8)$　(2)　R$(7,\ 2)$
[(1)　Q$(x,\ y)$ とおくと
$\dfrac{3+x}{2}=-1$，$\dfrac{4+y}{2}=6$]

168　(1)　AB$=5\sqrt{5}$，BC$=5\sqrt{5}$，CA$=5\sqrt{2}$
(2)　$(1,\ 5)$　(3)　D$(-2,\ 4)$　(4)　E$(6,\ 20)$

169　(1)　$(0,\ 0)$，$(6,\ 0)$　(2)　$\left(0,\ \dfrac{15}{14}\right)$
(3)　$\left(\dfrac{1}{8},\ \dfrac{1}{4}\right)$
[(1)　求める点の座標を $(x,\ 0)$ とおくと
$(x-3)^2+(0-4)^2=5^2$
(2)　求める点の座標を $(0,\ y)$ とおくと
$(0-1)^2+(y+3)^2=(0-3)^2+(y-4)^2$
(3)　求める点の座標を $(x,\ 2x)$ とおくと
$(x-1)^2+(2x+3)^2=(x-3)^2+(2x-2)^2$]

170　$(-1,\ 2)$
[求める点の座標を $(x,\ y)$ とすると
$(x-3)^2+(y-5)^2=(x-2)^2+(y+2)^2$
$=(x+6)^2+(y-2)^2$]

171　(1)　点 $(2,\ \sqrt{3})$ の頂角が 90° の直角三角形
(2)　点 $(1,\ 1)$ の頂角が 90° の直角二等辺三角形
(3)　正三角形
[3辺の長さの関係は
(1)　$4^2=2^2+(2\sqrt{3})^2$
(2)　$(2\sqrt{2})^2+(2\sqrt{2})^2=4^2$
(3)　$(2\sqrt{2})^2=(2\sqrt{2})^2=(2\sqrt{2})^2$]

172　C$(-2,\ 5)$
[C$(x,\ y)$ とすると
$\dfrac{2+3+x}{3}=1$，$\dfrac{4-3+y}{3}=2$]

173 (1) $\left(\dfrac{1}{2},\ 1\right)$ (2) $D(-4,\ -2)$

[(1) 平行四辺形の対角線の交点は，それぞれの対角線の中点。

(2) $D(x,\ y)$ とすると $\dfrac{5+x}{2}=\dfrac{1}{2},\ \dfrac{4+y}{2}=1$]

174 $(8,\ -3)$，$(0,\ 5)$，$(-4,\ 1)$

[平行四辺形 ABDC のとき対角線の交点は $(3,\ 0)$，平行四辺形 ABCD のとき対角線の交点は $(1,\ 2)$，平行四辺形 ACBD のとき対角線の交点は $(0,\ 1)$]

175 $(2\sqrt{3},\ 2\sqrt{3}+1)$，$(-2\sqrt{3},\ -2\sqrt{3}+1)$

[$AB^2=BC^2=CA^2$]

176 $(0,\ -1)$，$(-2,\ 3)$，$(4,\ 1)$

[3つの頂点の座標を $(x_1,\ y_1)$，$(x_2,\ y_2)$，$(x_3,\ y_3)$ とする。

$\dfrac{x_1+x_2}{2}=-1,\ \dfrac{y_1+y_2}{2}=1$ など]

177 [$A(x_1,\ y_1)$，$B(x_2,\ y_2)$，$C(x_3,\ y_3)$ とすると

$D\left(\dfrac{2x_1+3x_2}{5},\ \dfrac{2y_1+3y_2}{5}\right)$，

$E\left(\dfrac{2x_2+3x_3}{5},\ \dfrac{2y_2+3y_3}{5}\right)$，

$F\left(\dfrac{2x_3+3x_1}{5},\ \dfrac{2y_3+3y_1}{5}\right)$

△DEF の重心の x 座標は

$\dfrac{1}{3}\left(\dfrac{2x_1+3x_2}{5}+\dfrac{2x_2+3x_3}{5}+\dfrac{2x_3+3x_1}{5}\right)$

$=\dfrac{x_1+x_2+x_3}{3}$

となり，△ABC の重心の x 座標と一致する]

178 [$A(a,\ b)$，$B(-c,\ 0)$，$C(c,\ 0)$ とおくと，$G\left(\dfrac{a}{3},\ \dfrac{b}{3}\right)$ となる。

(左辺)$=2(a^2+b^2+c^2)$

(右辺)$=2(a^2+b^2+c^2)$]

179 (1)～(4) [図]

(1) (2)

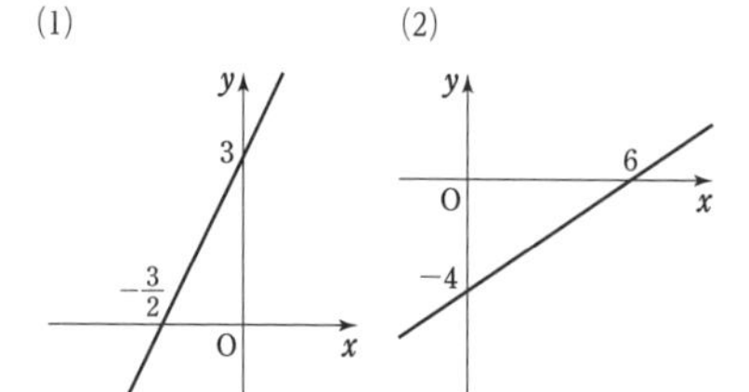

(3) (4)

180 (1) $y=3x+5$ (2) $y=-2x+5$

(3) $x=-2$ (4) $y=3$

181 (1) $y=-\dfrac{3}{5}x+\dfrac{3}{5}$ (2) $y=-x-1$

(3) $y=5$ (4) $x=-2$

(5) $y=\dfrac{5}{3}x+5$ (6) $y=\dfrac{1}{3}x-1$

182 (1) $y=-4x+11$

(2) $8x-3y-17=0$

183 (1) ある (2) ない

(3) (ア) $a=-17$ (イ) $a=1,\ 6$

[(1) $3-4+1=0$

(2) $4x-9y-66=0$

これに $(x,\ y)=(7,\ -2)$ を代入してみる。

(3) (イ) $(2,\ 5)$，$(0,\ a)$ を通る直線 $(a-5)x+2y-2a=0$ 上に $(a,\ 3)$ がある。

別解 傾きが等しいことを利用する。

$\dfrac{a-5}{0-2}=\dfrac{3-5}{a-2}$ から $(a-5)(a-2)=4$]

184 (1) 平行 (2) 垂直

185 平行，垂直の順に

(1) $y=3x+6,\ y=-\dfrac{1}{3}x+\dfrac{8}{3}$

(2) $4x-3y+13=0,\ 3x+4y-9=0$

(3) $y=3,\ x=-1$ (4) $x=-1,\ y=3$

186 順に

(1) $m\neq3$；$m=3,\ n\neq4$；$m=3,\ n=4$

(2) $a\neq-4$；$a=-4,\ c\neq-8$；$a=-4,\ c=-8$

187 (1) $(2,\ 3)$ (2) $(-3,\ 2)$

(3) $\left(\dfrac{18}{5},\ -\dfrac{11}{5}\right)$ (4) $(-4,\ 1)$

188 (1) $\dfrac{12}{5}$ (2) $\sqrt{5}$ (3) $\dfrac{4\sqrt{10}}{5}$ (4) 5

189 (1) $x-2y+4=0$ (2) $(4,\ -1)$

(3) $\sqrt{5}$

190 (1) $a=-1,\ 2$ (2) $a=0,\ -3$

[(1) $1\cdot(a+2)-a\cdot a=0$

(2) $1\cdot a+a\cdot(a+2)=0$]

191 (1) $a=1$, $b=1$
(2) $a \neq 1$, $3ab-2a=1$
[(1) 3直線が平行
$\rightarrow 1\cdot1-ab=0$, $b\cdot1-1\cdot1=0$
(2) 2直線の交点が第3の直線上にある
$\rightarrow x+ay=0$ と $x+y=3$ の交点は $a \neq 1$ のとき
$\left(\frac{-3a}{1-a}, \frac{3}{1-a}\right)$
これを $bx+y=2$ に代入]

192 $a=-2$, $-\frac{2}{3}$, 2
[三角形を作らない条件は
[1] 少なくとも2つの直線が平行
[2] 3直線が1点で交わる]

193 [1番目の直線と2番目の直線の交点
$(3, -2)$ を，3番目の直線が通るから
$3a-2b=1$ 2点 $(1, 1)$, $(3, 4)$ を通る直線の方程式は $3x-2y=1$
よって，点 (a, b) はこの直線上にある]

194 (1) $(-1, 2)$ (2) $\left(\frac{1}{5}, \frac{3}{5}\right)$
[直線の方程式を a について整理する。
(1) $a(x+1)-y+2=0$ から
$x+1=0$, $-y+2=0$
(2) $a(x-2y+1)+2x+y-1=0$ から
$x-2y+1=0$, $2x+y-1=0$]

195 (1) $13x+16y=0$ (2) $x+3y-23=0$
(3) $2x+5y-33=0$ (4) $4x+3y+25=0$
[k を定数とすると，直線
$k(x+2y-10)+2x+3y-7=0$ …… ① は2直線の交点を通る。これを利用する。
(1) ① に $(x, y)=(0, 0)$ を代入 $k=-\frac{7}{10}$
(2) ① に $(x, y)=(5, 6)$ を代入 $k=-3$
(3) ① を整理すると
$(k+2)x+(2k+3)y-10k-7=0$ から
$(k+2)\cdot5-(2k+3)\cdot2=0$
よって $k=-4$
(4) $(k+2)\cdot3+(2k+3)\cdot(-4)=0$ から
$k=-\frac{6}{5}$]

196 $x+2y-15=0$
[求める直線は線分の中点 $(3, 6)$ を通り，傾き $-\frac{1}{2}$ の直線である。
別解 求める直線上の点を $\mathrm{P}(x, y)$ とすると
$\mathrm{PA}^2=\mathrm{PB}^2$]

197 順に (1) $6x-y-18=0$,
$3x-5y=0$, $3x+4y-18=0$; $\left(\frac{10}{3}, 2\right)$
(2) $2x+3y-13=0$, $x=3$, $x-3y+4=0$;
$\left(3, \frac{7}{3}\right)$

198 (1) $5x+2y-31=0$ (2) $\mathrm{BC}=\sqrt{29}$
(3) $\frac{16\sqrt{29}}{29}$ (4) 8

199 7
[三角形の3つの頂点の座標は
$(-2, -1)$, $(2, -2)$, $(0, 2)$
点 $(0, 2)$ と直線 $x+4y+6=0$ の距離は
$\frac{|0+4\cdot2+6|}{\sqrt{1^2+4^2}}=\frac{14}{\sqrt{17}}$
2点 $(-2, -1)$, $(2, -2)$ 間の距離は $\sqrt{17}$
よって，三角形の面積は $\frac{1}{2}\times\sqrt{17}\times\frac{14}{\sqrt{17}}$
別解 三角形の各頂点を通り，座標軸に平行な直線で長方形を作り，不要な部分を引く]

200 (1) $x^2+y^2=16$
(2) $(x+3)^2+(y-4)^2=25$
(3) $(x-2)^2+(y-1)^2=5$
(4) $(x-4)^2+(y-2)^2=10$
(5) $(x-1)^2+(y-3)^2=9$
(6) $(x-3)^2+(y+1)^2=37$
[(6) 円の中心は2点を結ぶ線分の中点。
円の半径は $\frac{1}{2}\sqrt{(4-2)^2+(-7-5)^2}$]

201 (1) 中心が $(0, 0)$，半径が3の円
(2) 中心が $(2, -3)$，半径が4の円
(3) 中心が $(3, 0)$，半径が3の円
(4) 中心が $\left(-2, \frac{7}{2}\right)$，半径が $\frac{5}{2}$ の円
(5) 点 $(-3, 4)$
(6) 方程式が表す図形はない

202 (1) $x^2+y^2-3x-3y=0$
(2) $x^2+y^2+5x+9y-6=0$
[円の方程式を $x^2+y^2+lx+my+n=0$ とおいて，点の座標を代入する]

203 (1) $(x+3)^2+(y-2)^2=13$
(2) 中心が $(4, -2)$，半径が6の円

204 (1) $(x-1)^2+(y-1)^2=1$,
$(x-5)^2+(y-5)^2=25$
(2) $(x-10)^2+(y-13)^2=169$,
$(x-2)^2+(y-5)^2=25$

(3) $\left(x-\frac{1}{2}\right)^2+(y-1)^2=\frac{5}{4}$

[(1) $(x-a)^2+(y-a)^2=a^2$ とおける。

(2) $(x-a)^2+(y-b)^2=b^2$ とおける。

(3) $(x-a)^2+(y-2a)^2=r^2$ とおける]

205 (1) $-\frac{5}{3}<k<1$ (2) $k=-\frac{1}{3}$

[(1) $(x+2)^2+(y-k+1)^2=-3k^2-2k+5$

これが円を表すためには $-3k^2-2k+5>0$

(2) $-3k^2-2k+5=-3\left(k+\frac{1}{3}\right)^2+\frac{16}{3}$]

206 順に

(1) 異なる2点で交わる；(1, −2), (2, 1)

(2) 接する, (1, 1) (3) 共有点がない

[(1) $y=3x-5$ を $x^2+y^2=5$ に代入。

(3) 2式から x を消去。

判別式を D とすると $D<0$

別解 円の中心の原点から直線までの

$(\text{距離})=\frac{|1\cdot(-1)+2\cdot2+6|}{\sqrt{1^2+2^2}}=\frac{9\sqrt{5}}{5}$

円の半径は $\sqrt{5}$

よって (距離)>(円の半径)]

207 (1) $4x+3y=25$ (2) $3x-5y=34$

(3) $y=3$ (4) $x=1$

208 (1) $(x-2)^2+(y-1)^2=\frac{49}{25}$

(2) $y=2x+5$, $y=2x-5$

209 (1) (0, 5), (−4, −3)

(2) (ア) $2x-\sqrt{5}\,y=9$

(イ) $y=-2x+3\sqrt{5}$, $y=-2x-3\sqrt{5}$

210 (1) $-\sqrt{2}<k<\sqrt{2}$ のとき2個；

$k=-\sqrt{2}$, $\sqrt{2}$ のとき1個；

$k<-\sqrt{2}$, $\sqrt{2}<k$ のとき0個

(2) $2<k<10$ のとき2個；

$k=2$, 10 のとき1個；

$k<2$, $10<k$ のとき0個

[(1) $y=-x+k$ を $x^2+y^2=1$ に代入。

判別式を D とすると，共有点は，$D>0$ のとき2個，$D=0$ のとき1個，$D<0$ のとき0個

別解 円の中心 (0, 0) から直線

$x+y-k=0$ までの距離 d は

$d=\frac{|0+0-k|}{\sqrt{1^2+1^2}}=\frac{|k|}{\sqrt{2}}$

円の半径は1であるから，共有点は，$\frac{|k|}{\sqrt{2}}<1$ のとき2個，$\frac{|k|}{\sqrt{2}}=1$ のとき1個，$\frac{|k|}{\sqrt{2}}>1$ のとき0個]

211 順に 2, $\left(\frac{11}{5}, \frac{8}{5}\right)$

[(後半) 円の中心を通り，直線 $4x-3y-4=0$ に垂直な直線の方程式は $3x+4y-13=0$

これと直線 $4x-3y-4=0$ の交点が弦の中点]

212 (1) $k=10$ のとき接点 (−4, 2), $k=-10$ のとき接点 (4, −2)

(2) $k=\frac{4}{3}$ のとき接点 $\left(-\frac{12}{5}, \frac{9}{5}\right)$, $k=-\frac{4}{3}$ のとき接点 $\left(\frac{12}{5}, \frac{9}{5}\right)$

[問題 210 参照]

213 $3x+4y=25$, 接点 (3, 4)；

$x=-5$, 接点 (−5, 0)

[(方法1) 接点の座標を (x_0, y_0) とすると接線の方程式は $x_0x+y_0y=25$

これは点 (−5, 10) を通るから

$-5x_0+10y_0=25$ …… ①

また $x_0{}^2+y_0{}^2=25$ …… ②

連立方程式 ①, ② を解くと

$(x_0, y_0)=(-5, 0), (3, 4)$

(方法2) 点 (−5, 10) を通る直線の方程式は

$x=-5$ …… ① または

$y=k(x+5)+10$ …… ②

① のときは円に接する。

② のとき円の中心 (0, 0) から直線までの距離と円の半径が等しければよいので

$\frac{|5k+10|}{\sqrt{k^2+(-1)^2}}=5$ よって $k=-\frac{3}{4}$

(方法3) 点 (−5, 10) を通る直線の方程式

$y=m(x+5)+10$ を $x^2+y^2=25$ に代入して，y を消去。判別式 $D=0$ から $m=-\frac{3}{4}$]

214 (1) $3x+4y-31=0$

(2) $y=x+5+5\sqrt{2}$,

接点 $\left(-\frac{4+5\sqrt{2}}{2}, \frac{6+5\sqrt{2}}{2}\right)$；

$y=x+5-5\sqrt{2}$,

接点 $\left(-\frac{4-5\sqrt{2}}{2}, \frac{6-5\sqrt{2}}{2}\right)$

(3) $4x-3y-8=0$, 接点 (2, 0)；

$y=8$, 接点 (−2, 8)

[(1) 接線は，円 ① の中心と点 (1, 7) を結ぶ線分に垂直。

(2) 円 ① の中心と接線 $y=x+k$ の距離は円 ① の半径に等しい。
(3) 接線の方程式は $y=m(x-8)+8$]

215 $7x-y=25$
[例題 23 参照]

216 (1) 2 点で交わる (2) 外接する
(3) 互いに外部にある

217 (1) $(x-6)^2+(y-8)^2=9$
(2) $(x-4)^2+(y+3)^2=4$

218 (1) 2 点で交わる
(2) $(x-5)^2+(y-12)^2=100$,
$(x-5)^2+(y-12)^2=256$

219 (1) $(2,\ -4)$, $(4,\ 2)$ (2) $(1,\ 2)$
[(1) ①−② から $y=3x-10$ …… ③
これを ① に代入して整理すると
$(x-2)(x-4)=0$ $x=2,\ 4$ を ③ に代入]

220 $x^2+y^2+9x+3y-2=0$

221 (1) 中心が点 $(1,\ 2)$, 半径が 3 の円
(2) 2 直線 $y=3$, $y=-3$
(3) 直線 $y=2x$ ただし, 点 $(0,\ 0)$ を除く
(4) 中心が原点, 半径が 1 の円
ただし, 2 点 $(-1,\ 0)$, $(1,\ 0)$ を除く

222 (1) 中心が原点, 半径が 3 の円
(2) 2 直線 $x=3$, $x=-3$
(3) 直線 $x+y-2=0$
[(1) $AP^2+BP^2=26$
(2) $|AP^2-BP^2|=24$]

223 (1) 直線 $x+y-1=0$
(2) 中心が点 $(-3,\ 0)$, 半径が 2 の円
(3) 中心が点 $(0,\ 2)$, 半径が 2 の円
[(1) AP=BP から $AP^2=BP^2$
(2) 2AP=BP から $4AP^2=BP^2$
(3) AP=2BP から $AP^2=4BP^2$]

224 (1) 中心が点 $(-1,\ 1)$, 半径が 2 の円
(2) 中心が点 $\left(\frac{5}{2},\ 0\right)$, 半径が $\frac{3}{2}$ の円

225 (1) 直線 $x-3y+11=0$
(2) 放物線 $y=2x^2-7x+5$
[t を消去して x, y の関係式を導く。
(2) $t=x-1$ を $y=2t^2-3t$ に代入]

226 (1) 直線 $y=-2x$ の $-3<x<3$ の部分
(2) 放物線 $y=-x^2-x$
[(1) $(x-t)^2+(y+2t)^2=9-t^2$ から
$P(t,\ -2t)$ ただし, $9-t^2>0$
(2) $y=(x+t)^2-t^2+t$ から
$P(-t,\ -t^2+t)$]

227 (1) 直線 $y=2x+\frac{10}{3}$
(2) 中心が点 $(2,\ 0)$, 半径が 2 の円
ただし, 点 $(0,\ 0)$ を除く
[$P(x,\ y)$, $Q(s,\ t)$ とすると
$x=\frac{2}{3}s$, $y=\frac{2}{3}t$ から $s=\frac{3}{2}x$, $t=\frac{3}{2}y$ を
(1) $t=2s+5$ に代入。
(2) $(s-3)^2+t^2=9$ に代入。点 Q が O と一致するとき, 線分 OQ は存在しないから, この場合を除く]

228 中心が点 $(2,\ 0)$, 半径が 1 の円
ただし, 2 点 $(3,\ 0)$, $(1,\ 0)$ を除く
[$P(x,\ y)$, 円上の点を $Q(s,\ t)$ とおくと
$s^2+t^2=9$, $x=\frac{s+4+2}{3}$, $y=\frac{t+0+0}{3}$
点 Q が x 軸上にあるとき, 図形 ABQ は三角形にならないから, この場合を除く]

229 (1) $k>-1$
(2) 直線 $x=1$ の $y>1$ の部分
(3) 放物線 $y=2x^2-2x$ の $x<0$, $2<x$ の部分
[(1) 2 次方程式 $x^2=2x+k$ …… ① の判別式 $D>0$
(2) ① の 2 解を α, β とすると
P の x 座標は $\frac{\alpha+\beta}{2}$
P の y 座標は $y=2\cdot\frac{\alpha+\beta}{2}+k$]

230 (1) $y=-\frac{1}{8}x^2$
(2) $2x+2y+5=0$, $2x-2y-1=0$
[(1) 条件を満たす点 $P(x,\ y)$ について
$\sqrt{x^2+(y+2)^2}=|y-2|$ 両辺を 2 乗する。
(2) 角の二等分線上の点を $P(x,\ y)$ とすると, 点 P と 2 直線との距離が等しいから
$\frac{|x-2y-2|}{\sqrt{1^2+(-2)^2}}=\frac{|4x-2y+1|}{\sqrt{4^2+(-2)^2}}$]

231 線分 AB を 5 : 3 に内分する点を通り, 直線 AB に垂直な直線
[$A(0,\ 0)$, $B(2,\ 0)$, $P(x,\ y)$ とすると, 条件から
$x^2+y^2-\{(x-2)^2+y^2\}=1$ よって $x=\frac{5}{4}$]

232 (1) [図] 境界線を含まない
(2) [図] 境界線を含む
(3) [図] 境界線を含まない
(4) [図] 境界線を含む

(5) 〔図〕 境界線を含まない

(6) 〔図〕 境界線を含む

(1)

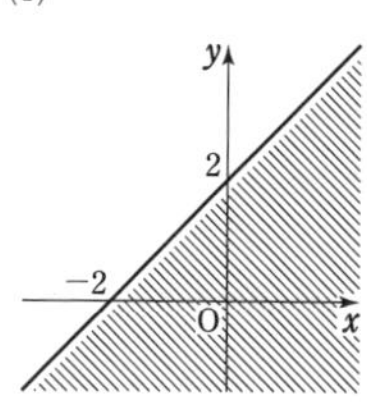

(2)

(3)

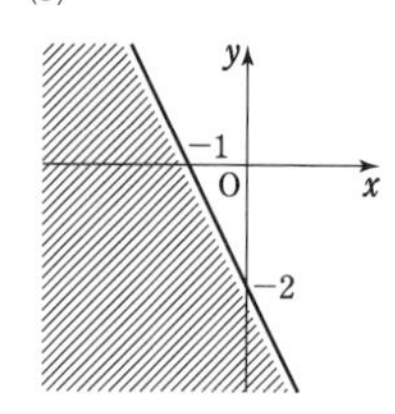

(4)

(5)

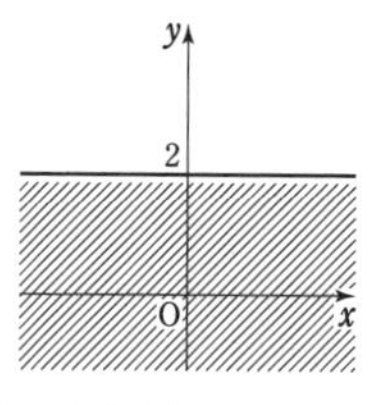

(6)

233 (1) 〔図〕 境界線を含まない

(2) 〔図〕 境界線を含む

(3) 〔図〕 境界線を含まない

(4) 〔図〕 境界線を含む

(5) 〔図〕 境界線を含まない

(1)

(2)

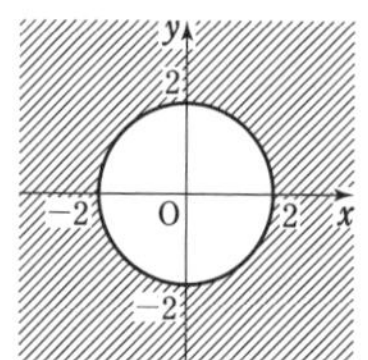

(3)

(4)

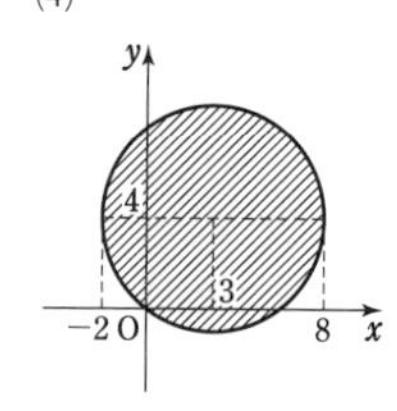

(5)

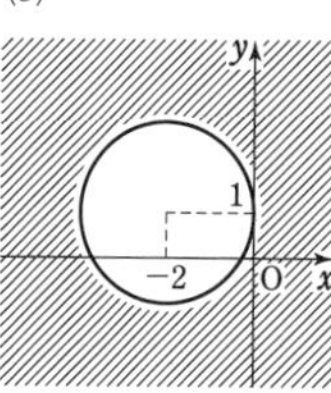

234 (1) 〔図〕 境界線を含まない

(2) 〔図〕 境界線のうち直線は含む。ただし，円は含まない

(3) 〔図〕 境界線のうち $x^2+y^2=16$ 上の点は含むが，他は含まない

(1)

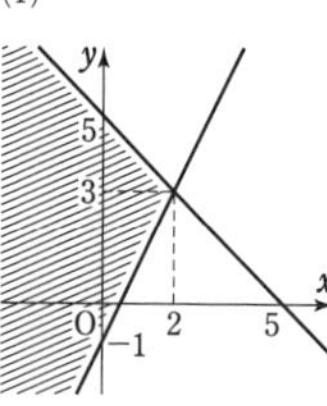

(2)

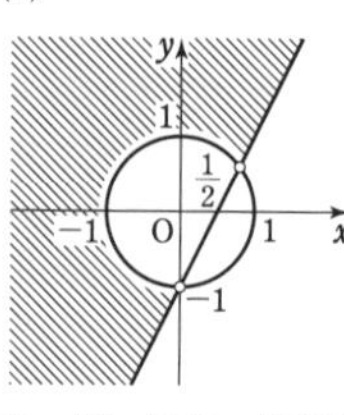

(3)

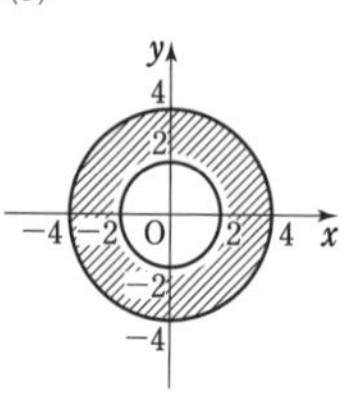

235 (1) 〔図〕 境界線を含まない

(2) 〔図〕 境界線を含まない

(3) 〔図〕 境界線を含む

(4) 〔図〕 境界線を含まない

(1)

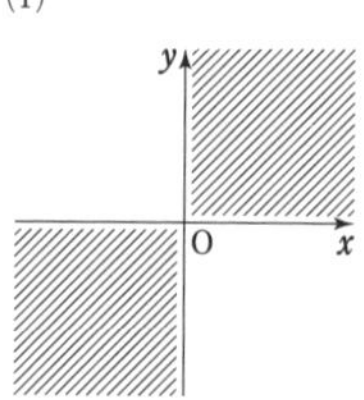

(2)

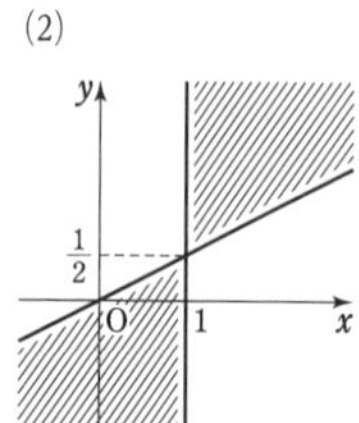

(3)

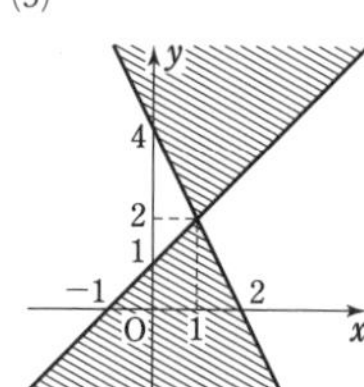

(4)

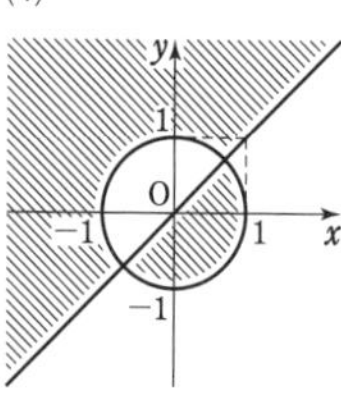

236 (1) 〔図〕 境界線のうち，$x-y=0$ 上の点は含む。ただし，$(x-1)^2+(y+1)^2=4$ 上の点は除く

(2) 〔図〕 境界線を含まない

(1)　　　　(2)

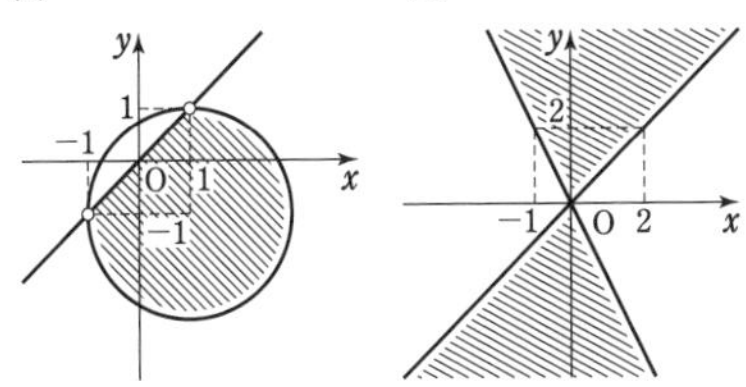

237 (1) $x+2y-2\leqq 0$，$2x+y-2\geqq 0$，$x-y-3\leqq 0$

(2) $x-3y\leqq 0$，$3x-y\geqq 0$，$x+y-4\leqq 0$

238 (1) $x=3$，$y=1$ のとき最大値 4；$x=0$，$y=0$ のとき最小値 0

(2) $x=3$，$y=3$ のとき最大値 12；$x=4$，$y=0$ のとき最小値 4

(3) $x=\sqrt{2}$，$y=\sqrt{2}$ のとき最大値 $2\sqrt{2}$；$x=-2$，$y=0$ のとき最小値 -2

[与えられた領域はそれぞれ次の通り。

(1) 4 点 $(0,\ 0)$，$\left(\dfrac{7}{2},\ 0\right)$，$(3,\ 1)$，$(0,\ 2)$ を頂点とする四角形の内部および辺上の点。

(2) 3 点 $(4,\ 0)$，$(3,\ 3)$，$(0,\ 2)$ を頂点とする三角形の内部および辺上の点。

(3) 原点を中心とする半径 2 の円の上部半円の内部および周上の点]

239 A を 10 トン，B を 15 トン製造するとき最大利益 850 万円

[製品 A，B をそれぞれ x トン，y トン製造すると $3x+6y\leqq 120$，$5x+2y\leqq 80$，利益は $40x+30y$]

240 [$x^2+y^2>4x-3$ から $(x-2)^2+y^2>1$

これと $x^2+y^2<1$ を図示すると，次のようになる。

したがって $\{(x,\ y)\,|\,x^2+y^2<1\}$
$\subset\{(x,\ y)\,|\,x^2+y^2>4x-3\}$]

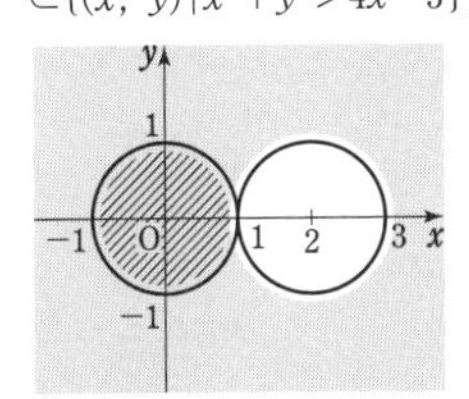

241 (1) 〔図〕 境界線のうち $y=x^2-2x$ 上の点を含む。ただし，$y=-x^2+4$ 上の点は除く

(2) 〔図〕 境界線は含まない

(1)　　　　(2)

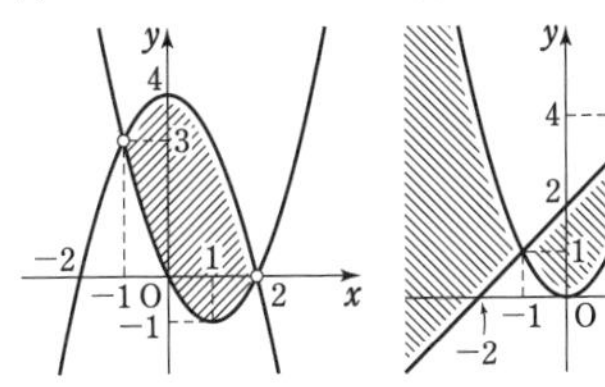

242 (1) $2x-y+4>0$，$4x+3y-12<0$，$y>0$

(2) $x^2+y^2\leqq 1$，$x+y\leqq 0$，$x+y+1\geqq 0$

243 (1)～(4) 〔図〕 境界線を含む

(1)　　　　(2)

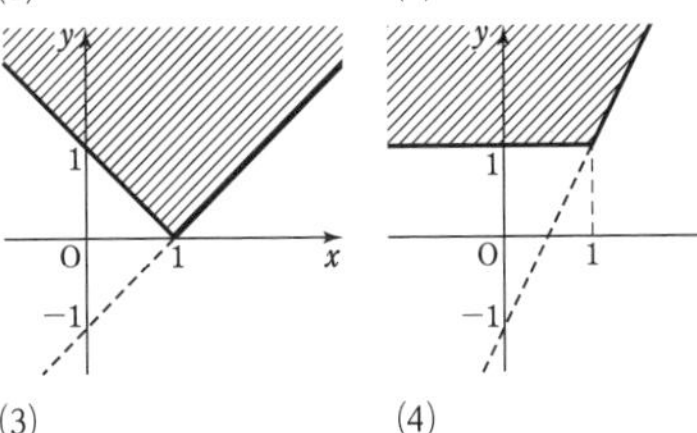

(3)　　　　(4)

244 〔図〕 境界線を含む

[$t^2+xt+x^2-y=0$ から
$D=x^2-4(x^2-y)\geqq 0$
よって $y\geqq\dfrac{3}{4}x^2$]

245 重心 $\left(\dfrac{2}{3},\ 4\right)$，外心 $\left(0,\ \dfrac{33}{8}\right)$，内心 $(1,\ 4)$，垂心 $\left(2,\ \dfrac{15}{4}\right)$

[AB=14，BC=13，CA=15

外心：AB の垂直二等分線 $(x=0)$ と BC の垂直二等分線 $\left(y=\dfrac{5}{12}x+\dfrac{33}{8}\right)$ の交点。

内心：∠ACB の二等分線 $(y=8x-4)$ と ∠ABC の二等分線 $\left(y=-\dfrac{2}{3}x+\dfrac{14}{3}\right)$ の交点。

垂心：C を通って AB に垂直な直線 $(x=2)$ と，B を通って AC に垂直な直線 $\left(y=-\dfrac{3}{4}x+\dfrac{21}{4}\right)$ の交点]

246 (1) 点 $\left(\frac{11}{5},\ \frac{27}{5}\right)$

(2) 直線 $6x+17y-30=0$

(3) 円 $\left(x+\frac{9}{5}\right)^2+\left(y-\frac{12}{5}\right)^2=1$

[(1) 問題 187 参照 (2) 例題 27 参照]

247 (1) $(1,\ -2)$

(2) $\mathrm{P}\left(\frac{5}{3},\ -\frac{2}{3}\right)$ のとき最小値 $2\sqrt{5}$

[(2) $\mathrm{PA}=\mathrm{PA}'$ であるから

$\mathrm{PA}+\mathrm{PB}=\mathrm{PA}'+\mathrm{PB}$ となる。

よって，3点B，P，A′ が同じ直線上にあるとき最小となる]

248 $\frac{8\sqrt{5}}{5}$

[円の方程式は $(x-5)^2+(y+3)^2=5$ であるから，円の中心は $(5,\ -3)$，半径は $\sqrt{5}$

円の中心 $(5,\ -3)$ と直線 $x-2y+2=0$ の距離は

$\frac{|5-2\cdot(-3)+2|}{\sqrt{1^2+(-2)^2}}=\frac{13}{\sqrt{5}}$

(線分 PQ の最小値)

=(円の中心と直線の距離)−(円の半径)

$=\frac{13}{\sqrt{5}}-\sqrt{5}$]

249 12個

[領域を図示して考える]

250 $x=1,\ x-2\sqrt{2}\,y+3=0,\ x+2\sqrt{2}\,y+3=0$

[円 $x^2+y^2=1$ 上の点 $(x_1,\ y_1)$ における接線の方程式は $x_1x+y_1y=1$

これが円 $(x-3)^2+y^2=4$ にも接するとき

$\frac{|x_1\cdot3+y_1\cdot0-1|}{\sqrt{x_1^2+y_1^2}}=2$]

251 中心が原点，半径が5の円

ただし，点 $(-5,\ 0)$ を除く

[2直線の方程式を変形して

$y=m(x+5)$ …… ①，　$-my=x-5$ …… ②

点Pの座標を $(x,\ y)$ とすると，$(x,\ y)$ は①，②を満たす。よって，$y\neq0$ と $y=0$ の場合に分けて m を消去する。

別解　2直線の交点 $(x,\ y)$ は

$\left(\frac{5-5m^2}{1+m^2},\ \frac{10m}{1+m^2}\right)$ である。

$x=\frac{5-5m^2}{1+m^2}$ から　$m^2=\frac{-x+5}{x+5}\ (x\neq-5)$

ゆえに　$y^2=\frac{100m^2}{(1+m^2)^2}=(-x+5)(x+5)$

よって，交点は円 $x^2+y^2=25$ 上にある。ただし，点 $(-5,\ 0)$ を除く]

252 $(a+b+1)(2a+b-1)<0$

[図] 境界線を含まない

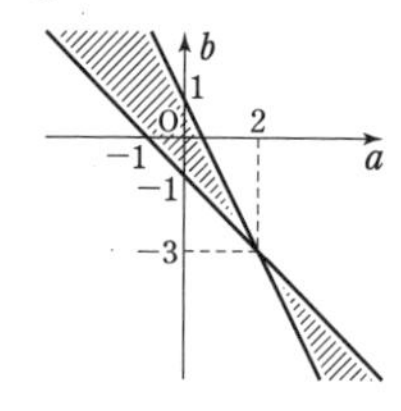

[$ax+b-y$ について

$\{a\cdot1+b-(-1)\}$

$\times(a\cdot2+b-1)<0$]

253 $5<a\leqq13,\ a=\frac{49}{10}$

[円が線分 AB と1点を共有するのは

① 点Aが円の内部，点Bが外部にある

② 円が点Bを通る　③ 接する　とき]

254 (1) 7 (2) $14+2\sqrt{13}$ (3) $\frac{3+\sqrt{3}}{4}$

[(1) $2\leqq x\leqq4$

(2) $x^2+y^2=r^2\ (r>0)$ とおく。

r^2 が最大となるのは，円 $(x-3)^2+(y-2)^2=1$ が円 $x^2+y^2=r^2$ に内接するときである。

(3) $\frac{y}{x}=k$ とおくと　$y=kx$

直線 $y=kx$ が円に接するときの k の値のうち，大きい方が求める最大値]

255 $2x-y-3>0$,

$x<1,\ y+3>0$

[図] 境界線を含まない

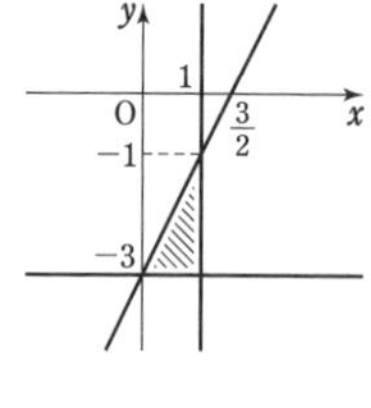

[点Pが三角形の内部にあるから

$a>0,\ b>0,\ a+b<1$

が成り立つ。

$\mathrm{Q}(x,\ y)$ とすると　$x=-a+1,\ y=2b-3$]

256 $x^2+y^2<25$

[図] 境界線を含まない

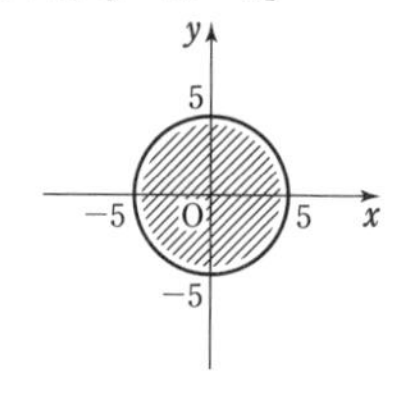

[$\mathrm{Q}(x,\ y)$ とすると

$x=3a+4b,\ y=4a-3b$

これを $a,\ b$ について解いて，$a^2+b^2<1$ に代入]

257 [図] 境界線のうち，放物線 $y=\frac{1}{4}x^2$ 上の点を含む。ただし，$y=\frac{1}{2}x^2-\frac{1}{2}$ 上の点は含まない

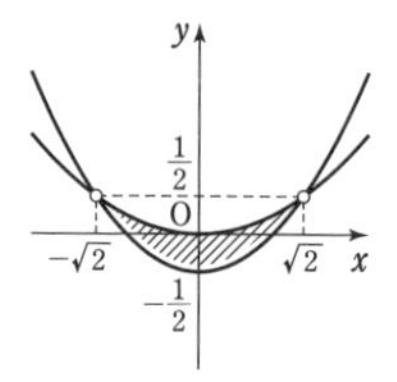

［$x=a+b$, $y=ab$ …… ①

$a^2+b^2<1$ から，① より　$x^2-2y<1$ …… ②

また，① により $t^2-xt+y=0$ について，a，b が実数であるから

$D=x^2-4y \geqq 0$ …… ③

②，③ から　$\dfrac{x^2}{2}-\dfrac{1}{2}<y \leqq \dfrac{x^2}{4}$

参考1　点 $\mathrm{P}(a,\ b)$ が平面全体を動くとき，点 $\mathrm{Q}(a+b,\ ab)$ は領域 $y \leqq \dfrac{1}{4}x^2$ を動く。

参考2　前問と同様のやり方で $x=a+b$, $y=ab$ を a，b について解いたものを $a^2+b^2<1$ に代入して求めてみると，前問との違いがわかる］

258　n は整数とする。

(1)　［図］，$100°+360°\times n$

(2)　［図］，$20°+360°\times n$

(3)　［図］，$310°+360°\times n$

(4)　［図］，$320°+360°\times n$

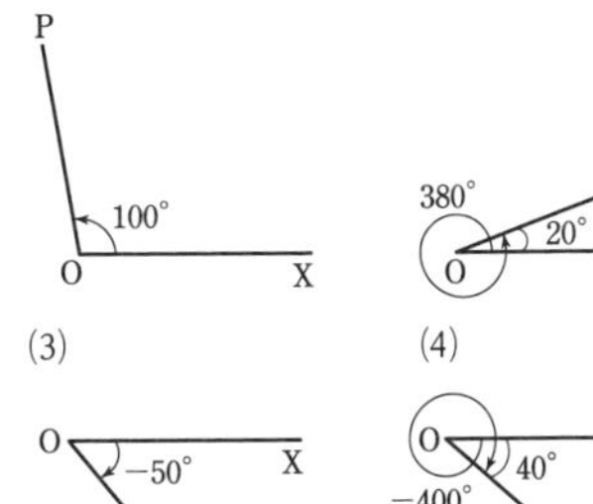

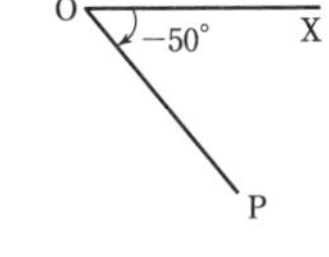

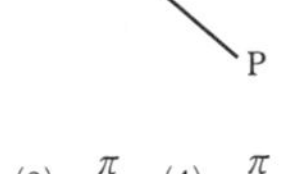

259　(1)　$\dfrac{\pi}{6}$　(2)　$\dfrac{\pi}{4}$　(3)　$\dfrac{\pi}{3}$　(4)　$\dfrac{\pi}{2}$

260　(1)　270°　(2)　135°　(3)　24°　(4)　360°

261　(1)　第 2 象限　(2)　第 3 象限

(3)　第 1 象限　(4)　第 4 象限

262　弧の長さ，面積の順に

(1)　$\dfrac{5}{3}\pi$, $\dfrac{25}{6}\pi$　(2)　3π, 6π

263　$\sin\theta$, $\cos\theta$, $\tan\theta$ の順に

(1)　$\dfrac{\sqrt{3}}{2}$, $-\dfrac{1}{2}$, $-\sqrt{3}$

(2)　$-\dfrac{1}{\sqrt{2}}$, $\dfrac{1}{\sqrt{2}}$, -1

(3)　$-\dfrac{1}{2}$, $-\dfrac{\sqrt{3}}{2}$, $\dfrac{1}{\sqrt{3}}$

(4)　$\dfrac{1}{2}$, $-\dfrac{\sqrt{3}}{2}$, $-\dfrac{1}{\sqrt{3}}$

264　(1)　$\dfrac{\sqrt{3}}{2}$　(2)　$-\dfrac{1}{2}$　(3)　-1

265　(1)　第 3，第 4 象限

(2)　第 1，第 3 象限

(3)　第 1，第 2，第 4 象限

［$\dfrac{\pi}{2}+2n\pi<\theta<\pi+2n\pi$（$n$ は整数）

(1)　$\pi+4n\pi<2\theta<2\pi+4n\pi$

(2)　$\dfrac{\pi}{4}+n\pi<\dfrac{\theta}{2}<\dfrac{\pi}{2}+n\pi$

(3)　$\dfrac{\pi}{6}+\dfrac{2}{3}n\pi<\dfrac{\theta}{3}<\dfrac{\pi}{3}+\dfrac{2}{3}n\pi$］

266　中心角 2（ラジアン），面積 9 cm^2

［半径 3，弧の長さ 6 であるから中心角を θ，面積を S とすると　$6=3\cdot\theta$, $S=\dfrac{1}{2}\cdot3\cdot6$］

267　$\left(\dfrac{26}{3}\pi+10\sqrt{3}\right)$ cm

［右の図のようになるから

$\angle \mathrm{AO_1O_2}=\dfrac{\pi}{3}$,

$\angle \mathrm{AO_2O_1}=\dfrac{\pi}{6}$

したがって，扇形の中心角は　$\dfrac{4}{3}\pi$ と $\dfrac{2}{3}\pi$］

268　面積 $\dfrac{7}{6}\pi-(1+\sqrt{3})$，弧の長さ $\dfrac{4+3\sqrt{2}}{6}\pi$

［2 円の交点を A，B とし，AB と $\mathrm{O_1O_2}$ の交点を H とすると

$\angle \mathrm{AO_1B}=\dfrac{\pi}{3}$, $\angle \mathrm{AO_2B}=\dfrac{\pi}{2}$, $\mathrm{O_1H}=\sqrt{3}$,

$\mathrm{O_2H}=1$

(面積)＝(扇形 $\mathrm{O_1AB}$)＋(扇形 $\mathrm{O_2AB}$)－$\triangle \mathrm{O_1AB}$－$\triangle \mathrm{O_2AB}$］

269　(1)　$\sin\theta=-\dfrac{\sqrt{5}}{3}$, $\tan\theta=\dfrac{\sqrt{5}}{2}$

(2)　$\sin\theta=-\dfrac{1}{\sqrt{2}}$, $\cos\theta=\dfrac{1}{\sqrt{2}}$

270　［(1)　(左辺)$=\sin^2\theta+\cos^2\theta+2\sin\theta\cos\theta$

(2)　(左辺)$=\dfrac{\cos^2\theta}{\sin^2\theta}-\cos^2\theta$

$=\dfrac{\cos^2\theta(1-\sin^2\theta)}{\sin^2\theta}=\dfrac{\cos^2\theta\cdot\cos^2\theta}{\sin^2\theta}$

$=\cos^2\theta\cdot\dfrac{1}{\tan^2\theta}$］

271 (1) $-\dfrac{1}{4}$ (2) $\dfrac{5\sqrt{2}}{8}$ (3) $\pm\dfrac{\sqrt{6}}{2}$

(4) $\pm\dfrac{3\sqrt{6}}{8}$

[(1) $(\sin\theta+\cos\theta)^2=\left(\dfrac{\sqrt{2}}{2}\right)^2$ から

$1+2\sin\theta\cos\theta=\dfrac{1}{2}$

(2) $\sin^3\theta+\cos^3\theta$

$=(\sin\theta+\cos\theta)(\sin^2\theta-\sin\theta\cos\theta+\cos^2\theta)$

(3) $(\sin\theta-\cos\theta)^2$

$=(\sin\theta+\cos\theta)^2-4\sin\theta\cos\theta$

(4) $\sin^3\theta-\cos^3\theta$

$=(\sin\theta-\cos\theta)(\sin^2\theta+\sin\theta\cos\theta+\cos^2\theta)$]

272 (1) $\sin\dfrac{\pi}{4}$, $\dfrac{1}{\sqrt{2}}$ (2) $-\cos\dfrac{\pi}{4}$, $-\dfrac{1}{\sqrt{2}}$

(3) $-\sin\dfrac{\pi}{3}$, $-\dfrac{\sqrt{3}}{2}$ (4) $-\cos\dfrac{\pi}{6}$, $-\dfrac{\sqrt{3}}{2}$

(5) $\sin\dfrac{\pi}{6}$, $\dfrac{1}{2}$ (6) $\cos\dfrac{\pi}{4}$, $\dfrac{1}{\sqrt{2}}$

(7) $\tan\dfrac{\pi}{3}$, $\sqrt{3}$ (8) $\tan\dfrac{\pi}{6}$, $\dfrac{1}{\sqrt{3}}$

273 $\cos\theta=\dfrac{12}{13}$, $\tan\theta=-\dfrac{5}{12}$

274 (1) $\pm\dfrac{1}{3}$ (2) 18

[(1) $1+\tan^2\theta=\dfrac{1}{\cos^2\theta}$ を利用。

(2) $\dfrac{1}{1+\sin\theta}+\dfrac{1}{1-\sin\theta}=\dfrac{2}{\cos^2\theta}$]

275 (1) $\dfrac{\sqrt{6}}{2}$ (2) $\pm\dfrac{\sqrt{2}}{2}$

(3) $(\sin\theta,\ \cos\theta)$

$=\left(\dfrac{\sqrt{6}+\sqrt{2}}{4},\ \dfrac{\sqrt{6}-\sqrt{2}}{4}\right)$,

$\left(\dfrac{\sqrt{6}-\sqrt{2}}{4},\ \dfrac{\sqrt{6}+\sqrt{2}}{4}\right)$

[(1) $\sin\theta>0$, $\cos\theta>0$ であるから

$\sin\theta+\cos\theta>0$

(3) (1), (2) の結果を連立させて解く]

276 (1) $-\dfrac{9}{4}$ (2) $-\dfrac{297}{64}$

[(1) $\tan\theta+\dfrac{1}{\tan\theta}=\dfrac{\sin^2\theta+\cos^2\theta}{\sin\theta\cos\theta}$

$=\dfrac{1}{\sin\theta\cos\theta}$ $\sin\theta+\cos\theta=\dfrac{1}{3}$ から

$\sin\theta\cos\theta$ の値を求める。

(2) $\tan^3\theta+\dfrac{1}{\tan^3\theta}=\left(\tan\theta+\dfrac{1}{\tan\theta}\right)^3$

$-3\cdot\tan\theta\cdot\dfrac{1}{\tan\theta}\left(\tan\theta+\dfrac{1}{\tan\theta}\right)$]

277 $(\sin\theta,\ \cos\theta)$

$=\left(\dfrac{1+\sqrt{7}}{4},\ \dfrac{-1+\sqrt{7}}{4}\right)$,

$\left(\dfrac{1-\sqrt{7}}{4},\ \dfrac{-1-\sqrt{7}}{4}\right)$

[$\sin\theta=\dfrac{1}{2}+\cos\theta$ を $\sin^2\theta+\cos^2\theta=1$ に代入して $\sin\theta$ を消去すると

$8\cos^2\theta+4\cos\theta-3=0$]

278 (1) 0 (2) $-2\sin\theta$

279 $A=1$, $B=\dfrac{\pi}{2}$, $C=-\dfrac{1}{2}$, $D=\dfrac{5}{2}\pi$, $E=\dfrac{\pi}{6}$,

$F=\dfrac{5}{6}\pi$, $G=2\pi$

280 周期, [図], 位置関係の順に

(1) 2π, [図], $y=\cos\theta$ のグラフを θ 軸方向に $\dfrac{\pi}{4}$ だけ平行移動

(2) 2π, [図], $y=\cos\theta$ のグラフを y 軸方向に -1 だけ平行移動

(3) 2π, [図], $y=\sin\theta$ のグラフを y 軸方向に 4 倍に拡大

(4) $\dfrac{\pi}{2}$, [図], $y=\sin\theta$ のグラフを θ 軸方向に $\dfrac{1}{4}$ 倍に縮小

(5) π ; [図] ; $y=\sin\theta$ のグラフを y 軸方向に 2 倍に拡大し, θ 軸方向に $\dfrac{1}{2}$ 倍に縮小

(6) 6π ; [図] ; $y=\cos\theta$ のグラフを y 軸方向に 3 倍に拡大し, θ 軸方向に 3 倍に拡大

(1)

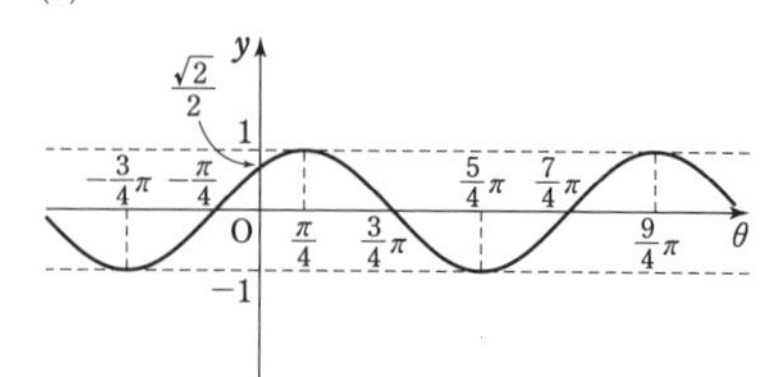

(2)

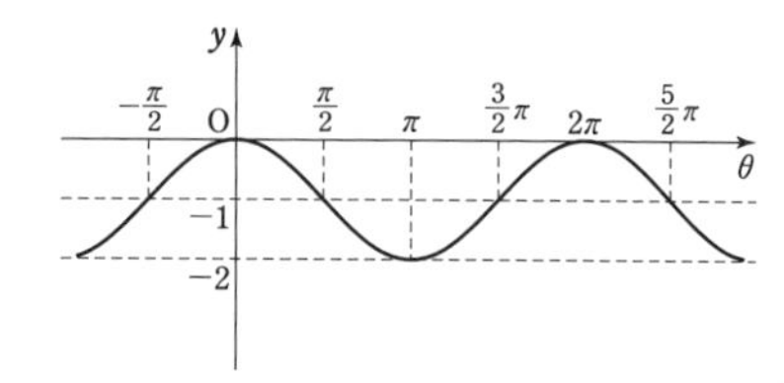

(3)

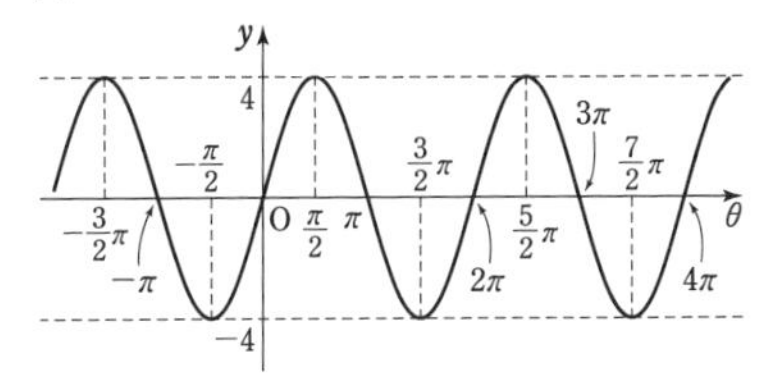

(4)

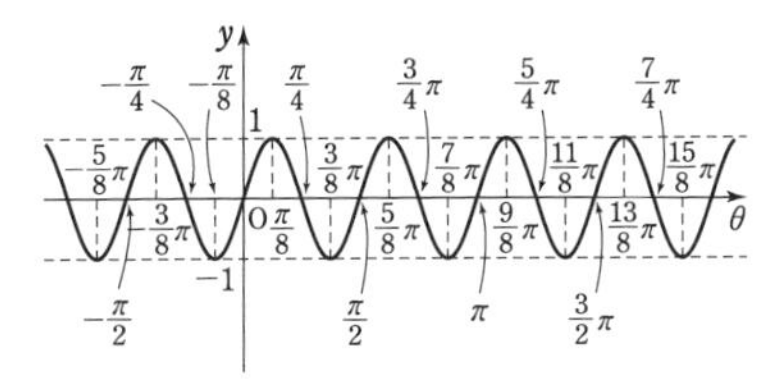

(5)

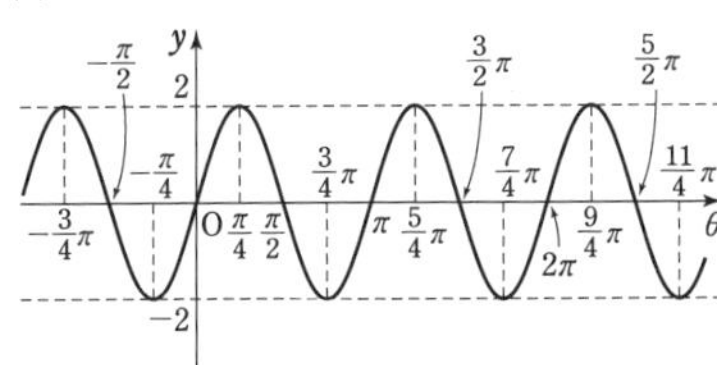

(6)

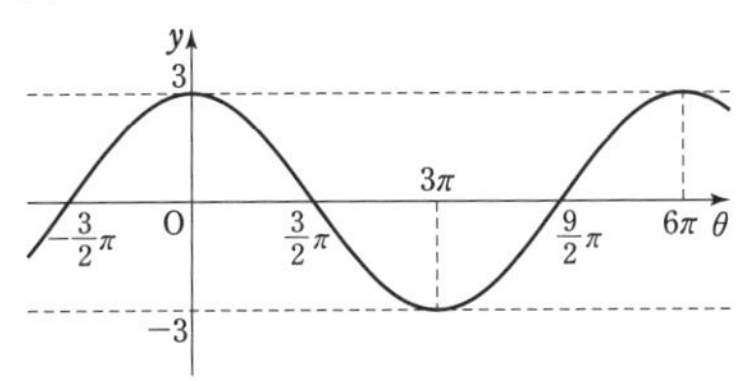

281 (1) $y=\sin 3\left(\theta-\frac{\pi}{4}\right)$

(2) θ 軸方向に $\frac{\pi}{12}$ だけ平行移動したもの

[(1) $\theta \to \theta-\frac{\pi}{4}$ にする。

(2) $y=\sin 3\left(\theta-\frac{\pi}{12}\right)$]

282 (ア) $\frac{3}{4}$ (イ) 3 (ウ) $\frac{1}{2}$

[$y=3\cos(4\theta-3\pi)=3\cos 4\left(\theta-\frac{3}{4}\pi\right)$

周期は $\frac{2\pi}{4}=\frac{\pi}{2}$]

283 (1) 〔図〕，周期は 2π

(2) 〔図〕，周期は $\frac{2}{3}\pi$

(1)

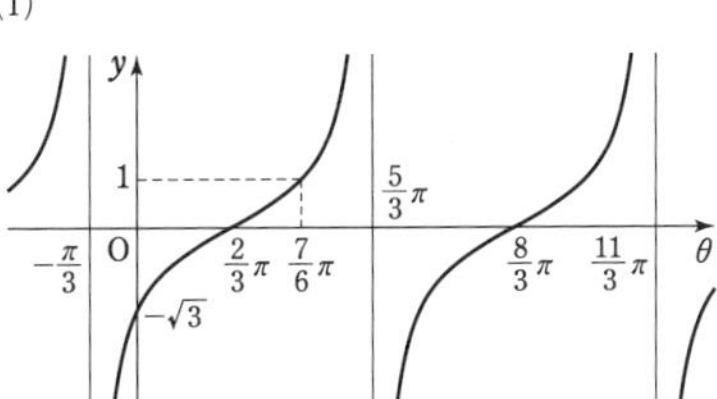

(2)

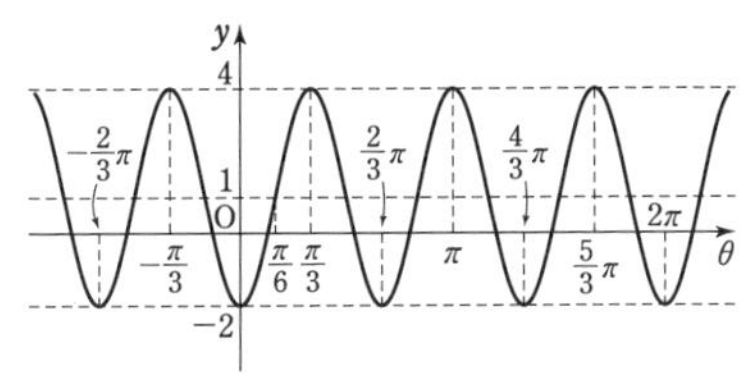

[(1) $y=\tan\frac{1}{2}\left(\theta-\frac{2}{3}\pi\right)$

(2) $y=3\sin 3\left(\theta-\frac{\pi}{6}\right)+1$]

284 奇関数 ①，④；偶関数 ③，⑤
[②，⑥ は奇関数でも偶関数でもない]

285 〔図〕，周期は π

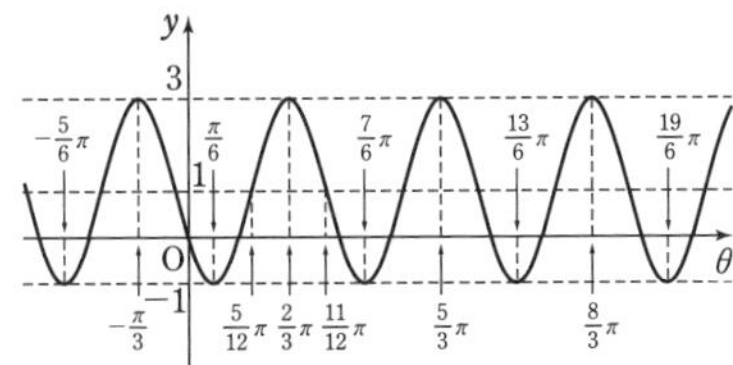

286 (1) $\theta=0$ のとき最大値 2,
$\theta=\pi$ のとき最小値 0

(2) $\theta=\frac{\pi}{2}$ のとき最大値 2,

$\theta=\frac{3}{2}\pi$ のとき最小値 -4

287 $a=3$, $b=\frac{\pi}{2}$, $A=2$, $B=-2$, $C=\frac{5}{6}\pi$

[$y=2\sin a\left(\theta-\frac{b}{a}\right)$ と変形できて，周期が $\frac{2}{3}\pi$

であるから $\frac{2\pi}{a}=\frac{2}{3}\pi$]

288 ②，④，⑦，⑧

289 $0\leqq\theta<2\pi$ のときの解；θ の範囲に制限がないときの解 の順に示す。なお，n は整数とする。

(1) $\theta=\frac{\pi}{4}$, $\frac{3}{4}\pi$；

$\theta=\frac{\pi}{4}+2n\pi$, $\theta=\frac{3}{4}\pi+2n\pi$

(2) $\theta=\frac{\pi}{3},\ \frac{5}{3}\pi$；$\theta=\frac{\pi}{3}+2n\pi,\ \frac{5}{3}\pi+2n\pi$

$\left(\text{または } \theta=\pm\frac{\pi}{3}+2n\pi\right)$

(3) $\theta=\frac{3}{4}\pi,\ \frac{7}{4}\pi$；$\theta=\frac{3}{4}\pi+n\pi$

(4) $\theta=\frac{7}{6}\pi,\ \frac{11}{6}\pi$；$\theta=\frac{7}{6}\pi+2n\pi,\ \frac{11}{6}\pi+2n\pi$

(5) $\theta=\frac{\pi}{6},\ \frac{11}{6}\pi$；$\theta=\frac{\pi}{6}+2n\pi,\ \frac{11}{6}\pi+2n\pi$

$\left(\text{または } \theta=\pm\frac{\pi}{6}+2n\pi\right)$

(6) $\theta=\frac{\pi}{6},\ \frac{7}{6}\pi$；$\theta=\frac{\pi}{6}+n\pi$

290 (1) $0\leqq\theta<\frac{\pi}{3},\ \frac{2}{3}\pi<\theta<2\pi$

(2) $0\leqq\theta\leqq\frac{\pi}{3},\ \frac{5}{3}\pi\leqq\theta<2\pi$

(3) $0\leqq\theta<\frac{\pi}{4},\ \frac{\pi}{2}<\theta<\frac{5}{4}\pi,\ \frac{3}{2}\pi<\theta<2\pi$

(4) $\frac{5}{4}\pi\leqq\theta\leqq\frac{7}{4}\pi$

(5) $0\leqq\theta<\frac{3}{4}\pi,\ \frac{5}{4}\pi<\theta<2\pi$

(6) $\frac{\pi}{2}<\theta<\frac{2}{3}\pi,\ \frac{3}{2}\pi<\theta<\frac{5}{3}\pi$

291 (1) $\theta=\frac{2}{3}\pi,\ \frac{4}{3}\pi$

(2) $\frac{\pi}{2}<\theta<\frac{5}{6}\pi,\ \frac{3}{2}\pi<\theta<\frac{11}{6}\pi$

292 (1) $\theta=\frac{\pi}{2},\ \frac{7}{6}\pi$ (2) $\theta=\frac{\pi}{12},\ \frac{19}{12}\pi$

(3) $\theta=0,\ \frac{\pi}{6},\ \frac{2}{3}\pi,\ \frac{5}{6}\pi,\ \frac{4}{3}\pi,\ \frac{3}{2}\pi$

(4) $\theta=\frac{\pi}{3},\ \frac{5}{6}\pi,\ \frac{4}{3}\pi,\ \frac{11}{6}\pi$

[(1) $-\frac{\pi}{3}\leqq\theta-\frac{\pi}{3}<\frac{5}{3}\pi$

(2) $\frac{\pi}{6}\leqq\theta+\frac{\pi}{6}<\frac{13}{6}\pi$

(3) $3\theta+\frac{\pi}{4}=x$ とおくと　$\frac{\pi}{4}\leqq x<6\pi+\frac{\pi}{4}$

$\sin x=\frac{1}{\sqrt{2}}$ を解くと　$x=\frac{\pi}{4},\ \frac{3}{4}\pi,$

$2\pi+\frac{\pi}{4},\ 2\pi+\frac{3}{4}\pi,\ 4\pi+\frac{\pi}{4},\ 4\pi+\frac{3}{4}\pi$]

293 (1) $\frac{5}{12}\pi\leqq\theta\leqq\frac{11}{12}\pi$

(2) $\frac{\pi}{3}<\theta<\frac{2}{3}\pi,\ \frac{4}{3}\pi<\theta<\frac{5}{3}\pi$

(3) $\frac{3}{4}\pi<\theta<\frac{11}{12}\pi,\ \frac{7}{4}\pi<\theta<\frac{23}{12}\pi$

(4) $\frac{\pi}{12}<\theta\leqq\frac{\pi}{6},\ \frac{7}{12}\pi<\theta\leqq\frac{2}{3}\pi,$

$\frac{13}{12}\pi<\theta\leqq\frac{7}{6}\pi,\ \frac{19}{12}\pi<\theta\leqq\frac{5}{3}\pi$

[(1) $\frac{5}{6}\pi\leqq\theta+\frac{5}{6}\pi<\frac{17}{6}\pi$

(2) $-\frac{\pi}{6}\leqq\theta-\frac{\pi}{6}<\frac{11}{6}\pi$]

294 n は整数とする。

(1) $\frac{4}{3}\pi+2n\pi<\theta<\frac{5}{3}\pi+2n\pi$

(2) $n\pi\leqq\theta<\frac{\pi}{6}+n\pi$

[(1) $0\leqq\theta<2\pi$ のとき，不等式の解は

$\frac{4}{3}\pi<\theta<\frac{5}{3}\pi$　また，$\sin\theta$ の周期は 2π

(2) $0\leqq\theta<\pi$ のとき，不等式の解は

$0\leqq\theta<\frac{\pi}{6}$　また $\tan\left(\theta+\frac{\pi}{3}\right)$ の周期は π]

295 (1) $x=0,\ \pi,\ \frac{4}{3}\pi,\ \frac{5}{3}\pi$

(2) $x=\frac{\pi}{6},\ \frac{5}{6}\pi,\ \frac{3}{2}\pi$

(3) $x=\frac{2}{3}\pi,\ \frac{4}{3}\pi$

(4) $x=\frac{\pi}{3},\ \frac{5}{3}\pi$

(5) $x=\frac{\pi}{3},\ \frac{5}{6}\pi,\ \frac{4}{3}\pi,\ \frac{11}{6}\pi$

[(1) $\sin x=0,\ -\frac{\sqrt{3}}{2}$

(2) $\sin x=-1,\ \frac{1}{2}$

(3) $(2\cos x+1)(\cos x-3)=0$

$\cos x-3\neq0$ から　$\cos x=-\frac{1}{2}$

(4) $\sin^2x=1-\cos^2x$ から

$(2\cos x-1)(\cos x+2)=0$

$\cos x+2\neq0$ から　$\cos x=\frac{1}{2}$

(5) $(\sqrt{3}\tan x+1)(\tan x-\sqrt{3})=0$]

296 (1) $0\leqq x<\frac{\pi}{3},\ \frac{2}{3}\pi<x<\frac{7}{6}\pi,$

$\frac{11}{6}\pi<x<2\pi$

(2) $0\leqq x<\frac{\pi}{4},\ \frac{7}{4}\pi<x<2\pi$

(3) $\frac{7}{6}\pi<x<\frac{11}{6}\pi$

(4) $\frac{\pi}{6}\leqq x\leqq\frac{5}{6}\pi,\ x=\frac{3}{2}\pi$

(5) $0 \leqq x < \frac{\pi}{2}$, $\pi \leqq x < \frac{3}{2}\pi$

[(1) $-\frac{1}{2} < \sin x < \frac{\sqrt{3}}{2}$

(2) $\cos x + 2 > 0$ から $\sqrt{2}\cos x - 1 > 0$

よって $\cos x > \frac{1}{\sqrt{2}}$

(3) $(2\sin x + 1)(\sin x - 1) > 0$ から

$\sin x < -\frac{1}{2}$, $1 < \sin x$

$-1 \leqq \sin x \leqq 1$ から $-1 \leqq \sin x < -\frac{1}{2}$

(4) $(2\sin x - 1)(\sin x + 1) \geqq 0$ から

$\sin x \leqq -1$, $\frac{1}{2} \leqq \sin x$

(5) $(1 - \cos x)\tan x \geqq 0$]

297 $0 \leqq \theta \leqq \frac{2}{3}\pi$, $\frac{4}{3}\pi \leqq \theta < 2\pi$

[x の 2 次方程式において

$\frac{D}{4} = (-2\sin\theta)^2 - 2(-3\cos\theta) \geqq 0$

よって $(\cos\theta - 2)(2\cos\theta + 1) \leqq 0$

$\cos\theta - 2 < 0$ であるから $2\cos\theta + 1 \geqq 0$]

298 (1) $\theta = \frac{\pi}{3}$ のとき最大値 -2,

$\theta = \pi$ のとき最小値 -5

(2) $\theta = \frac{\pi}{3}$ のとき最大値 $\sqrt{3}$,

$\theta = 0$ のとき最小値 $-\sqrt{3}$

[(2) $-\frac{\pi}{3} \leqq 2\theta - \frac{\pi}{3} \leqq \frac{\pi}{3}$]

299 (1) $\theta = \frac{3}{2}\pi$ のとき最大値 6,

$\theta = \frac{\pi}{2}$ のとき最小値 -2

(2) $\theta = \frac{\pi}{3}$, $\frac{5}{3}\pi$ のとき最大値 $\frac{9}{4}$;

$\theta = \pi$ のとき最小値 0

(3) 最大値なし;

$\theta = \frac{3}{4}\pi$, $\frac{7}{4}\pi$ のとき最小値 3

(4) $\theta = \frac{\pi}{2}$, $\frac{3}{2}\pi$ のとき最大値 1;

$\theta = 0$, π のとき最小値 -1

[(1) $\sin\theta = t$ とおくと $y = (t-2)^2 - 3$

ただし, $-1 \leqq t \leqq 1$

(2) $\cos\theta = t$ とおくと

$y = -\left(t - \frac{1}{2}\right)^2 + \frac{9}{4}$ ただし, $-1 \leqq t \leqq 1$

(3) $\tan\theta = t$ とおくと $y = 2(t+1)^2 + 3$

t は任意の値をとる]

300 $\sin 4 < \sin 3 < \sin 1 < \sin 2$

[$\frac{\pi}{4} < 1 < \frac{\pi}{3}$, $\frac{\pi}{2} < 2 < \frac{2}{3}\pi$, $\frac{5}{6}\pi < 3 < \pi$,

$\frac{7}{6}\pi < 4 < \frac{4}{3}\pi$]

301 $-1 \leqq a \leqq \frac{5}{4}$

[$\cos\theta = t$ とおくと $-1 \leqq t \leqq 1$

$\sin^2\theta + \cos\theta = -\left(t - \frac{1}{2}\right)^2 + \frac{5}{4}$]

302 (1) $\frac{\sqrt{6}+\sqrt{2}}{4}$ (2) $\frac{\sqrt{6}+\sqrt{2}}{4}$

[(1) $\sin 105° = \sin(60° + 45°)$

$= \sin 60° \cos 45° + \cos 60° \sin 45°$

(2) $\cos\frac{\pi}{12} = \cos\left(\frac{\pi}{3} - \frac{\pi}{4}\right)$

$= \cos\frac{\pi}{3}\cos\frac{\pi}{4} + \sin\frac{\pi}{3}\sin\frac{\pi}{4}$]

303 (1) $-\frac{\sqrt{6}+\sqrt{2}}{4}$ (2) $-\frac{\sqrt{6}+\sqrt{2}}{4}$

(3) $2 - \sqrt{3}$ (4) $\frac{\sqrt{6}+\sqrt{2}}{4}$

(5) $-\frac{\sqrt{6}+\sqrt{2}}{4}$ (6) $2 - \sqrt{3}$

[(1) $255° = 135° + 120°$

(2) $165° = 135° + 30°$]

304 順に (1) $\frac{4 - 3\sqrt{3}}{10}$, $\frac{48 - 25\sqrt{3}}{39}$

(2) $-\frac{1}{3}$, $\frac{1}{\sqrt{10}}$

305 (1) $\theta = \frac{\pi}{4}$ (2) $\theta = \frac{\pi}{4}$

306 (1) $2 + \sqrt{3}$ (2) $\frac{\sqrt{5}}{5}$

307 [(1) (左辺)

$= (\cos\alpha\cos\beta - \sin\alpha\sin\beta)$

$\times (\sin\alpha\cos\beta - \cos\alpha\sin\beta)$

$= \sin\alpha\cos\alpha\cos^2\beta - \cos^2\alpha\sin\beta\cos\beta$

$- \sin^2\alpha\sin\beta\cos\beta + \sin\alpha\cos\alpha\sin^2\beta$

$= \sin\alpha\cos\alpha(\cos^2\beta + \sin^2\beta)$

$- (\cos^2\alpha + \sin^2\alpha)\sin\beta\cos\beta$

$= \sin\alpha\cos\alpha - \sin\beta\cos\beta$

(2) $\cos(\alpha+\beta)\cos(\alpha-\beta)$

$= (\cos\alpha\cos\beta - \sin\alpha\sin\beta)$

$\times (\cos\alpha\cos\beta + \sin\alpha\sin\beta)$

$= \cos^2\alpha\cos^2\beta - \sin^2\alpha\sin^2\beta$

$=\cos^2\alpha(1-\sin^2\beta)-(1-\cos^2\alpha)\sin^2\beta$
$=\cos^2\alpha-\sin^2\beta$
$\cos^2\alpha-\sin^2\beta=(1-\sin^2\alpha)-(1-\cos^2\beta)$
$=\cos^2\beta-\sin^2\alpha$]

308 $\alpha+\beta=\dfrac{\pi}{6}$, $\alpha+\beta+\gamma=\dfrac{\pi}{4}$

[$\tan(\alpha+\beta)=\dfrac{\sqrt{3}}{3}$, $0<\alpha+\beta<\pi$

$\tan(\alpha+\beta+\gamma)=1$, $\dfrac{\pi}{6}<\alpha+\beta+\gamma<\dfrac{2}{3}\pi$]

309 2

[$\tan(\alpha+\beta)=1$ であるから　$\dfrac{\tan\alpha+\tan\beta}{1-\tan\alpha\tan\beta}=1$]

310 $\dfrac{1}{2}$

[$(\sin\alpha+\cos\beta)^2+(\cos\alpha+\sin\beta)^2=3$]

311 $y=-(5\sqrt{3}+8)x$, $y=(5\sqrt{3}-8)x$

[直線 $y=2x+1$ と x 軸の正の向きとのなす角を θ とすると　$\tan\theta=2$
求める直線の傾きは
$\tan\left(\theta+\dfrac{\pi}{6}\right)$ または $\tan\left(\theta-\dfrac{\pi}{6}\right)$]

312 $Q\left(-\dfrac{3+4\sqrt{3}}{2},\ \dfrac{-4+3\sqrt{3}}{2}\right)$

[$Q\left(5\cos\left(\alpha+\dfrac{2}{3}\pi\right),\ 5\sin\left(\alpha+\dfrac{2}{3}\pi\right)\right)$

ただし　$\sin\alpha=\dfrac{4}{5}$, $\cos\alpha=\dfrac{3}{5}$]

313 (1) $\cos2\alpha=\dfrac{1}{8}$, $\sin2\alpha=\dfrac{3\sqrt{7}}{8}$,

$\tan2\alpha=3\sqrt{7}$

(2) $\cos2\alpha=-\dfrac{7}{18}$, $\sin2\alpha=-\dfrac{5\sqrt{11}}{18}$,

$\tan2\alpha=\dfrac{5\sqrt{11}}{7}$

(3) $\tan2\alpha=-\dfrac{8}{15}$, $\cos2\alpha=-\dfrac{15}{17}$,

$\sin2\alpha=\dfrac{8}{17}$

[(1) $\cos2\alpha=2\cos^2\alpha-1$,
$\sin2\alpha=2\sin\alpha\cos\alpha$

$0<\alpha<\dfrac{\pi}{2}$ から　$\sin\alpha>0$

よって　$\sin\alpha=\sqrt{1-\cos^2\alpha}$

$\tan2\alpha=\dfrac{\sin2\alpha}{\cos2\alpha}$

(2) (1) と同様。符号に注意。

(3) $\tan2\alpha=\dfrac{2\tan\alpha}{1-\tan^2\alpha}$

また，$1+\tan^2\alpha=\dfrac{1}{\cos^2\alpha}$ から　$\cos^2\alpha=\dfrac{1}{17}$

$\cos2\alpha=2\cos^2\alpha-1$

$\sin2\alpha=\tan2\alpha\cdot\cos2\alpha$]

314 (1) $\dfrac{\sqrt{6}-\sqrt{2}}{4}$　(2) $\dfrac{\sqrt{6}+\sqrt{2}}{4}$

(3) $2+\sqrt{3}$

315 (1) $\sin\dfrac{\alpha}{2}=\dfrac{\sqrt{6}}{6}$, $\cos\dfrac{\alpha}{2}=\dfrac{\sqrt{30}}{6}$,

$\tan\dfrac{\alpha}{2}=\dfrac{\sqrt{5}}{5}$

(2) $\sin\dfrac{\alpha}{2}=\dfrac{\sqrt{10}}{10}$, $\cos\dfrac{\alpha}{2}=-\dfrac{3\sqrt{10}}{10}$,

$\tan\dfrac{\alpha}{2}=-\dfrac{1}{3}$

(3) $\cos\alpha=-\dfrac{12}{13}$, $\sin\dfrac{\alpha}{2}=\dfrac{5\sqrt{26}}{26}$,

$\cos\dfrac{\alpha}{2}=-\dfrac{\sqrt{26}}{26}$, $\tan\dfrac{\alpha}{2}=-5$

[(1) $\sin^2\dfrac{\alpha}{2}=\dfrac{1-\cos\alpha}{2}$

また，$0<\dfrac{\alpha}{2}<\dfrac{\pi}{4}$ から　$\sin\dfrac{\alpha}{2}>0$

(2) $\dfrac{3}{2}\pi<\alpha<2\pi$ から　$\cos\alpha>0$

$\cos\alpha=\sqrt{1-\sin^2\alpha}$

(3) $1+\tan^2\alpha=\dfrac{1}{\cos^2\alpha}$ から　$\cos^2\alpha=\dfrac{144}{169}$

$\pi<\alpha<\dfrac{3}{2}\pi$ から　$\cos\alpha<0$

$\sin^2\dfrac{\alpha}{2}=\dfrac{1-\cos\alpha}{2}$

$\dfrac{\pi}{2}<\dfrac{\alpha}{2}<\dfrac{3}{4}\pi$ から　$\sin\dfrac{\alpha}{2}>0$]

316 [(1) (左辺)
$=\sin^2\alpha-2\sin\alpha\cos\alpha+\cos^2\alpha$
$=1-2\sin\alpha\cos\alpha=1-\sin2\alpha$

(2) (左辺)$=\dfrac{\cos^2\alpha-\sin^2\alpha}{\cos^2\alpha}=1-\tan^2\alpha$]

317 (1) $-\dfrac{24}{25}$　(2) $-\dfrac{7}{25}$　(3) $\dfrac{2\sqrt{5}}{5}$

(4) $\dfrac{\sqrt{5}}{5}$

318 (1) $\dfrac{2t}{1-t^2}$　(2) $\dfrac{1-t^2}{1+t^2}$　(3) $\dfrac{2t}{1+t^2}$

[(1) $\tan2\alpha=\dfrac{2\tan\alpha}{1-\tan^2\alpha}$

(2) $1+\tan^2\alpha=\dfrac{1}{\cos^2\alpha}$

$\cos2\alpha=2\cos^2\alpha-1$

(3) $\sin 2\alpha=\tan 2\alpha\cdot\cos 2\alpha$]

319 (1) $x=0,\ \frac{\pi}{4},\ \pi,\ \frac{7}{4}\pi$

(2) $x=0,\ \frac{\pi}{3},\ \frac{5}{3}\pi$

(3) $0\leqq x<\frac{\pi}{6},\ \frac{5}{6}\pi<x<\frac{3}{2}\pi,\ \frac{3}{2}\pi<x<2\pi$

(4) $\frac{\pi}{6}<x<\frac{\pi}{2},\ \frac{5}{6}\pi<x<\frac{3}{2}\pi$

(5) $0\leqq x<\frac{\pi}{4},\ \frac{\pi}{2}<x<\frac{3}{4}\pi,\ \pi\leqq x<\frac{5}{4}\pi,$

$\frac{3}{2}\pi<x<\frac{7}{4}\pi$

[(1) $\sin x(2\cos x-\sqrt{2})=0$

(2) $(\cos x-1)(2\cos x-1)=0$

(3) $(\sin x+1)(2\sin x-1)<0$

(4) $\left(\cos x>0\ \text{かつ}\ \sin x>\frac{1}{2}\right)$ または

$\left(\cos x<0\ \text{かつ}\ \sin x<\frac{1}{2}\right)$

(5) $\frac{\tan x(1+\tan^2 x)}{1-\tan^2 x}\geqq 0$]

320 $x=\frac{\pi}{2}$ のとき最大値 3；

$x=\frac{7}{6}\pi,\ \frac{11}{6}\pi$ のとき最小値 $-\frac{3}{2}$

[$\sin x=t$ とおくと　$y=2t^2+2t-1$

ただし，$-1\leqq t\leqq 1$]

321 (1) ［図］ (2) ［図］

$\left[(1)\ \ y=\frac{1}{2}+\frac{1}{2}\cos 2x\quad (2)\ \ y=2+\cos 2x\right]$

(1)　　(2)

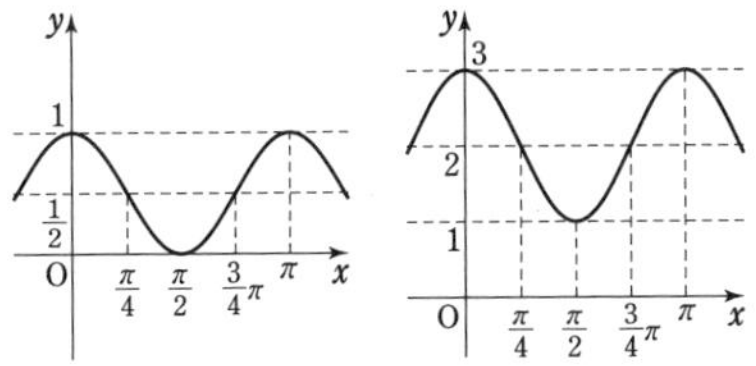

322 (2) $\sin 18^\circ=\frac{-1+\sqrt{5}}{4}$

[(1) $5\theta=90^\circ$ であるから　$\cos 2\theta=\cos(90^\circ-3\theta)$

(2) $\theta=18^\circ$ のとき，$\sin\theta=t$ とすると　$0<t<1$

$\sin 3\theta=3t-4t^3$，$\cos 2\theta=1-2t^2$

よって，(1)から　$1-2t^2=3t-4t^3$]

323 (1) $\sin 8\theta+\sin 2\theta$

(2) $-\cos 3\theta+\cos\theta$

(3) $2\cos 4\theta\sin\theta$

(4) $2\cos 5\theta\cos\theta$

324 (1) $\frac{2+\sqrt{3}}{4}$ (2) $\frac{\sqrt{3}-2}{4}$ (3) $\frac{1}{4}$

(4) $\frac{1}{4}$

[(1) $\frac{1}{2}\{\sin(75^\circ+15^\circ)+\sin(75^\circ-15^\circ)\}$

$=\frac{1}{2}\left(1+\frac{\sqrt{3}}{2}\right)$]

325 (1) $\frac{\sqrt{6}}{2}$ (2) $\frac{\sqrt{2}}{2}$ (3) $\frac{\sqrt{2}}{2}$

(4) $-\frac{\sqrt{6}}{2}$

[(1) $2\sin\frac{105^\circ+15^\circ}{2}\cos\frac{105^\circ-15^\circ}{2}$

$=2\cdot\frac{\sqrt{3}}{2}\cdot\frac{1}{\sqrt{2}}$]

326 (1) $\frac{1}{2}\sin 2x+\frac{\sqrt{3}}{4}$ (2) $\sqrt{2}\cos x$

327 (1) $\frac{1}{8}$ (2) 0

[(1) $\frac{1}{2}\{\cos(20^\circ+40^\circ)+\cos(20^\circ-40^\circ)\}\cos 80^\circ$

$=\frac{1}{4}\cos 80^\circ+\frac{1}{2}\cos 20^\circ\cos 80^\circ$

$=\frac{1}{4}\cos 80^\circ+\frac{1}{4}\{\cos(20^\circ+80^\circ)+\cos(20^\circ-80^\circ)\}$

$=\frac{1}{4}\cos(90^\circ-10^\circ)+\frac{1}{4}\cos(90^\circ+10^\circ)+\frac{1}{8}$

$=\frac{1}{4}\sin 10^\circ-\frac{1}{4}\sin 10^\circ+\frac{1}{8}$

(2) $\sin 20^\circ+2\sin\frac{140^\circ+260^\circ}{2}\cos\frac{140^\circ-260^\circ}{2}$

$=\sin 20^\circ+2\sin(180^\circ+20^\circ)\cos 60^\circ$

$=\sin 20^\circ-\sin 20^\circ$]

328 (1) 0 (2) 0

[(1) $\cos(\alpha+\beta)\sin(\alpha-\beta)$

$=\frac{1}{2}(\sin 2\alpha-\sin 2\beta)$ など。

(2) $\cos\alpha\sin(\beta-\gamma)$

$=\frac{1}{2}\{\sin(\alpha+\beta-\gamma)-\sin(\alpha-\beta+\gamma)\}$ など]

329 (1) $x=\frac{\pi}{3}$ のとき最大値 $\sqrt{3}$，

$x=\frac{4}{3}\pi$ のとき最小値 $-\sqrt{3}$

(2) $x=\frac{\pi}{6},\ \frac{7}{6}\pi$ のとき最大値 $\frac{1}{4}$；

$x=\frac{2}{3}\pi,\ \frac{5}{3}\pi$ のとき最小値 $-\frac{3}{4}$

[(1) $y=\sqrt{3}\sin\left(x+\frac{\pi}{6}\right)$

(2) $y=-\frac{1}{2}\cos\left(2x+\frac{2}{3}\pi\right)-\frac{1}{4}$]

330 (1) $x=\frac{\pi}{4},\ \frac{\pi}{2},\ \frac{3}{4}\pi$

(2) $\frac{\pi}{6}<x<\frac{\pi}{3},\ \frac{\pi}{2}<x<\frac{2}{3}\pi,\ \frac{5}{6}\pi<x\leqq\pi$

[(1) $2\cos 2x\cos x=0$

(2) $\cos 3x(2\cos 2x+1)<0$]

331 $\angle A=\frac{\pi}{2}$ または $\angle B=\frac{\pi}{2}$ の直角三角形

[$2\cos\frac{A+B}{2}\cos\frac{A-B}{2}=2\sin\frac{C}{2}\cos\frac{C}{2}$

から $\cos\frac{A-B}{2}=\cos\frac{C}{2}$ よって

$-2\sin\frac{A-B+C}{4}\sin\frac{A-B-C}{4}=0$

ゆえに $A-B+C=0,\ A-B-C=0$

また $A+B+C=\pi$]

332 (1) $2\sin\left(\theta-\frac{\pi}{3}\right)$ (2) $2\sqrt{2}\sin\left(\theta+\frac{3}{4}\pi\right)$

(3) $2\sin\left(\theta+\frac{5}{6}\pi\right)$ (4) $2\sqrt{2}\sin\left(\theta-\frac{\pi}{6}\right)$

(5) $5\sin(\theta+\alpha)$

ただし $\sin\alpha=\frac{4}{5},\ \cos\alpha=\frac{3}{5}$

(6) $13\sin(\theta+\alpha)$

ただし $\sin\alpha=-\frac{12}{13},\ \cos\alpha=\frac{5}{13}$

333 (1) $\sqrt{2}$ (2) $\frac{\sqrt{2}}{2}$

[(1) $2\sin\left(\frac{\pi}{12}+\frac{\pi}{6}\right)$

(2) $\sqrt{2}\sin\left(\frac{5}{12}\pi-\frac{\pi}{4}\right)$]

334 (1) $x=\frac{3}{4}\pi$ のとき最大値 $\sqrt{2}$,

$x=\frac{7}{4}\pi$ のとき最小値 $-\sqrt{2}$

(2) $x=\frac{\pi}{3}$ のとき最大値 $2\sqrt{3}$,

$x=\frac{4}{3}\pi$ のとき最小値 $-2\sqrt{3}$

335 $x=\frac{11}{6}\pi$ のとき最大値 2,

$x=\frac{5}{6}\pi$ のとき最小値 -2

336 (1) $x=\frac{\pi}{2},\ \pi$ (2) $x=\frac{\pi}{12},\ \frac{5}{12}\pi$

(3) $\frac{\pi}{6}<x<\frac{3}{2}\pi$

(4) $0\leqq x\leqq\frac{\pi}{6},\ \frac{7}{6}\pi\leqq x<2\pi$

[(1) $\sin\left(x-\frac{\pi}{4}\right)=\frac{1}{\sqrt{2}}$

(3) $\sin\left(x-\frac{\pi}{3}\right)>-\frac{1}{2}$]

337 (1) 最大値 13, 最小値 -13

(2) 最大値 4, 最小値 -4

[(1) $y=13\sin(x+\alpha)$

(2) $y=4\sin(x-\beta)$]

338 最大値 4, 最小値 0

[$\sin^2x=\frac{1-\cos 2x}{2},\ \sin x\cos x=\frac{1}{2}\sin 2x,$

$\cos^2x=\frac{1+\cos 2x}{2}$ から

$y=\sqrt{3}\sin 2x+\cos 2x+2=2\sin\left(2x+\frac{\pi}{6}\right)+2$

別解 $y=(\sin x+\sqrt{3}\cos x)^2$]

339 最大値 $2+\sqrt{2}$, 最小値 $-\frac{1}{4}$

[$\sin x+\cos x=t$ とおくと

$2\sin x\cos x=t^2-1$

よって $y=t^2+t,\ -\sqrt{2}\leqq t\leqq\sqrt{2}$]

340 (1) 最大値 $\sqrt{5}$, 最小値 $-\sqrt{5}$

(2) 最大値 $\sqrt{5}$, 最小値 -1

(3) 最大値 $\sqrt{5}$, 最小値 1

[$y=\sqrt{5}\sin(x+\alpha)$ ただし

$\sin\alpha=\frac{1}{\sqrt{5}},\ \cos\alpha=\frac{2}{\sqrt{5}}\ \left(\to 0<\alpha<\frac{\pi}{4}\right)$

(1) $0\leqq x<2\pi$ から $\alpha\leqq x+\alpha<2\pi+\alpha$

$x+\alpha=\frac{\pi}{2}$ のとき最大,

$x+\alpha=\frac{3}{2}\pi$ のとき最小

(2) $0\leqq x\leqq\pi$ から $\alpha\leqq x+\alpha\leqq\pi+\alpha$

$x+\alpha=\pi+\alpha$ のとき最小

(3) $0\leqq x\leqq\frac{\pi}{2}$ から $\alpha\leqq x+\alpha\leqq\frac{\pi}{2}+\alpha$

$x+\alpha=\alpha$ のとき最小]

341 $a=\frac{5}{2},\ b=\frac{5\sqrt{3}}{2}$

[$y=\sqrt{a^2+b^2}\sin(x+\alpha)$

$-1\leqq\sin(x+\alpha)\leqq 1$ から

$-\sqrt{a^2+b^2}\leqq y\leqq\sqrt{a^2+b^2}$

条件から $a^2+b^2=25$,

$a\sin\frac{\pi}{6}+b\cos\frac{\pi}{6}=5$]

342 $\dfrac{\sqrt{6}}{2}$

[(1) 加法定理から $\sin 75^\circ=\sin(30^\circ+45^\circ)$
$=\sin 30^\circ\cos 45^\circ+\cos 30^\circ\sin 45^\circ$
$=\dfrac{1}{2}\cdot\dfrac{1}{\sqrt{2}}+\dfrac{\sqrt{3}}{2}\cdot\dfrac{1}{\sqrt{2}}$
同様に $\cos 75^\circ=\cos(30^\circ+45^\circ)=\cdots\cdots$
(2) $(\sin 75^\circ+\cos 75^\circ)^2$
$=\sin^2 75^\circ+\cos^2 75^\circ+2\sin 75^\circ\cos 75^\circ$
$=1+\sin(75^\circ\times 2)=1+\dfrac{1}{2}$
(3) $\sin 75^\circ+\cos 75^\circ=\sqrt{2}\sin(75^\circ+45^\circ)$
$=\sqrt{2}\sin 120^\circ=\dfrac{\sqrt{6}}{2}$]

343 -2

[$\tan 2\alpha=\dfrac{\sin 2\alpha}{\cos 2\alpha}=\dfrac{-\frac{4}{5}}{-\frac{3}{5}}=\dfrac{4}{3}$
また $\tan 2\alpha=\dfrac{2\tan\alpha}{1-\tan^2\alpha}$
よって $\dfrac{2\tan\alpha}{1-\tan^2\alpha}=\dfrac{4}{3}$
$(2\tan\alpha-1)(\tan\alpha+2)=0$
ところで，$\pi+2n\pi<2\alpha<\dfrac{3}{2}\pi+2n\pi$ から
$\dfrac{\pi}{2}+n\pi<\alpha<\dfrac{3}{4}\pi+n\pi$ (n は整数)
よって $\tan\alpha<0$
別解 $\sin 2\alpha=\dfrac{2\tan\alpha}{1+\tan^2\alpha}$,
$\cos 2\alpha=\dfrac{1-\tan^2\alpha}{1+\tan^2\alpha}$ 問題 318 参照]

344 (1) $\angle A=\dfrac{\pi}{2}$ の直角三角形
(2) BC=CA の二等辺三角形 または
$\angle C=\dfrac{\pi}{2}$ の直角三角形

[(1) (左辺)$=\left(\dfrac{\sin B}{\cos B}+\dfrac{\sin C}{\cos C}\right)\cos B\cos C$
$=\sin(B+C)$
よって，$\sin(B+C)=1$ から $B+C=\dfrac{\pi}{2}$
したがって $A=\pi-(B+C)=\dfrac{\pi}{2}$
(2) 2 倍角の公式から $\dfrac{1}{2}\sin 2A=\dfrac{1}{2}\sin 2B$
整理すると $\sin(A-B)\cos(A+B)=0$]

345 (1) $S=\sin\left(\theta+\dfrac{\pi}{6}\right)+\dfrac{\sqrt{3}}{2}$
$\left(\text{または } S=\dfrac{1}{2}(\sqrt{3}\sin\theta+\cos\theta)+\dfrac{\sqrt{3}}{2}\right)$
(2) $\theta=\dfrac{\pi}{3}$ で最大値 $\dfrac{2+\sqrt{3}}{2}$,
$\theta=0$ で最小値 $\dfrac{1+\sqrt{3}}{2}$

[(1) $S=\triangle\mathrm{OBP}+\triangle\mathrm{OAB}$
別解 $S=\triangle\mathrm{OAP}+\triangle\mathrm{PAB}$]

346 $a=\sqrt{3}$, $b=-1$

[$2\sin(\theta+\alpha)=\sqrt{3}\sin\theta-\cos\theta$,
すべての θ に対して
$(a-\sqrt{3})\sin\theta+(b+1)\cos\theta=0$ が成り立つ条件を求める。
$\theta=0$ のとき $b=-1$, $\theta=\dfrac{\pi}{2}$ のとき $a=\sqrt{3}$
逆に，このとき等式は成り立つ]

347 $k=\dfrac{12}{5}$, $\sin^3\theta+\cos^3\theta=\dfrac{91}{125}$

[$\sin\theta+\cos\theta=\dfrac{7}{5}$ …… ①,
$\sin\theta\cos\theta=\dfrac{k}{5}$ …… ②
① を 2 乗すると $1+2\sin\theta\cos\theta=\dfrac{49}{25}$
② から $k=\dfrac{12}{5}$
また $\sin^3\theta+\cos^3\theta=(\sin\theta+\cos\theta)^3$
$-3\sin\theta\cos\theta(\sin\theta+\cos\theta)$]

348 $-1-\sqrt{2}\leqq a\leqq\dfrac{5}{4}$

[$\sin\theta+\cos\theta=t$ とおくと，方程式は
$t^2+t+a-1=0$ $(-\sqrt{2}\leqq t\leqq\sqrt{2})$]

349 [(1) (左辺)$=2\sin(A+B)\cos(A-B)$
$-2\sin(A+B)\cos(A+B)$
$=2\sin(A+B)\{-2\sin A\sin(-B)\}$
ここで $\sin(A+B)=\sin C$
(2) (左辺)$=2\cos\dfrac{A+B}{2}\cos\dfrac{A-B}{2}$
$-\left(2\cos^2\dfrac{A+B}{2}-1\right)$
$=1+2\cos\dfrac{A+B}{2}\left\{-2\sin\dfrac{A}{2}\sin\left(-\dfrac{B}{2}\right)\right\}$
ここで $\cos\dfrac{A+B}{2}=\sin\dfrac{C}{2}$
(3) (左辺)−(右辺)
$=2\sin A-2\sin(B+C)\cos(B-C)$
$=2\sin A\{1-\cos(B-C)\}\geqq 0$
等号は $B=C$ のとき成立]

350 (1) $\tan\theta=\dfrac{50x}{x^2+600}$ (2) $125\pi\ \mathrm{m}^2$

[(1) 棒の上端をA，棒の地上 10 m の所をB，根元をCとし，$\angle\mathrm{BPC}=\alpha$ とすると

$\tan(\alpha+\theta)=\dfrac{60}{x}$，$\tan\alpha=\dfrac{10}{x}$，

$\tan\theta=\tan\{(\alpha+\theta)-\alpha\}$

(2) $\tan\theta=\dfrac{50x}{x^2+600}\geqq 1$]

351 (1) 1 (2) $\dfrac{1}{16}$ (3) $\dfrac{1000}{27}$ (4) $-\dfrac{1}{243}$

352 (1) a^4 (2) a^8 (3) a^6b^{-3} (4) $a^{-8}b^{12}$
(5) a^{-3} (6) a^{-5} (7) a^6 (8) 1

353 (1) 4 (2) 6 (3) $\dfrac{1}{27}$

354 (1) 5 (2) 4 (3) 100 (4) 0.1
(5) 6 (6) 2 (7) 2 (8) 2

355 (1) 7 (2) 16 (3) $\dfrac{1}{8}$ (4) $\dfrac{1}{1000}$

356 (1) 6 (2) 6 (3) 10 (4) ± 10

[実数という制限がなければ

(2) 6，$-3\pm 3\sqrt{3}\,i$ (4) ± 10，$\pm 10i$]

357 (1) 3 (2) 4 (3) 6 (4) 1

358 (1) -6 (2) -5 (3) $\sqrt[4]{2}$
(4) $2\sqrt[3]{2}$ (5) -3 (6) $4\sqrt[3]{2}$

[負の数の奇数乗根に注意。$p.\,74$ 要項 3 参照。

(1) $\sqrt[3]{-36}=-\sqrt[3]{36}=-6^{\frac{2}{3}}$

(2) $\sqrt[3]{-25}=-\sqrt[3]{25}=-5^{\frac{2}{3}}$

(6) $\sqrt[3]{-\dfrac{1}{4}}=-\sqrt[3]{\dfrac{1\times 2}{2^2\times 2}}=-\dfrac{\sqrt[3]{2}}{2}$]

359 (1) $x^{\frac{1}{2}}+y^{-\frac{1}{2}}$ (2) a^2-b^2 (3) $a+b$
(4) $a+b+a^{\frac{1}{2}}b^{\frac{1}{2}}$

[(1) $x-y^{-1}=(x^{\frac{1}{2}})^2-(y^{-\frac{1}{2}})^2$

$=(x^{\frac{1}{2}}+y^{-\frac{1}{2}})(x^{\frac{1}{2}}-y^{-\frac{1}{2}})$

(2) $(a^{\frac{1}{4}}-b^{\frac{1}{4}})(a^{\frac{1}{4}}+b^{\frac{1}{4}})=(a^{\frac{1}{4}})^2-(b^{\frac{1}{4}})^2=a^{\frac{1}{2}}-b^{\frac{1}{2}}$

これを繰り返す。

(3) (与式)$=(a^{\frac{1}{3}})^3+(b^{\frac{1}{3}})^3$

(4) $(a^{\frac{1}{2}}+b^{\frac{1}{2}}+a^{\frac{1}{4}}b^{\frac{1}{4}})(a^{\frac{1}{2}}+b^{\frac{1}{2}}-a^{\frac{1}{4}}b^{\frac{1}{4}})$

$=(a^{\frac{1}{2}}+b^{\frac{1}{2}})^2-(a^{\frac{1}{4}}b^{\frac{1}{4}})^2$

$=(a^{\frac{1}{2}})^2+2a^{\frac{1}{2}}b^{\frac{1}{2}}+(b^{\frac{1}{2}})^2-a^{\frac{2}{4}}b^{\frac{2}{4}}$]

360 (1) 18 (2) 5778

[(1) 例題 41 (2) 参照。

(2) $x^3+x^{-3}=(x+x^{-1})^3-3xx^{-1}(x+x^{-1})$]

361 (1) 7 (2) 18

[(1) $2^{2x}+2^{-2x}=(2^x+2^{-x})^2-2$

(2) $2^{3x}+2^{-3x}=(2^x+2^{-x})^3-3(2^x+2^{-x})$

または $(2^x+2^{-x})(2^{2x}-1+2^{-2x})$]

362 (1) $\dfrac{6\sqrt{5}}{5}$ (2) $\dfrac{24}{5}$ (3) $\dfrac{21}{5}$

[(1) $a^x=\sqrt{5}$ から (与式)$=\sqrt{5}+\dfrac{1}{\sqrt{5}}$

(2) (与式)$=a^{2x}-a^{-2x}$

(3) (与式)$=a^{2x}-1+a^{-2x}$]

363 500 秒

364 $A=1$，$B=5$，$C=2$，$D=\dfrac{1}{25}$

365 (1) [図]

(2) [図]，x 軸に関して対称

(3) [図]，y 軸に関して対称

(4) [図]，原点に関して対称

(5) [図]，$y=4^x$ のグラフと同じ

(6) [図]，x 軸方向に -1 だけ平行移動したもの
(または，y 軸方向に 4 倍に拡大)

(1) (2)

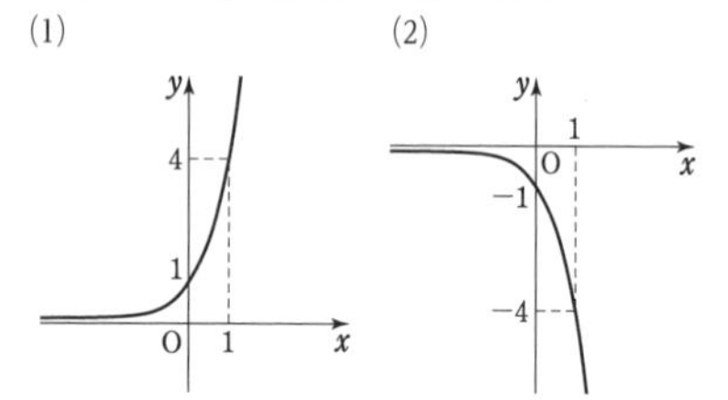

(3) (4)

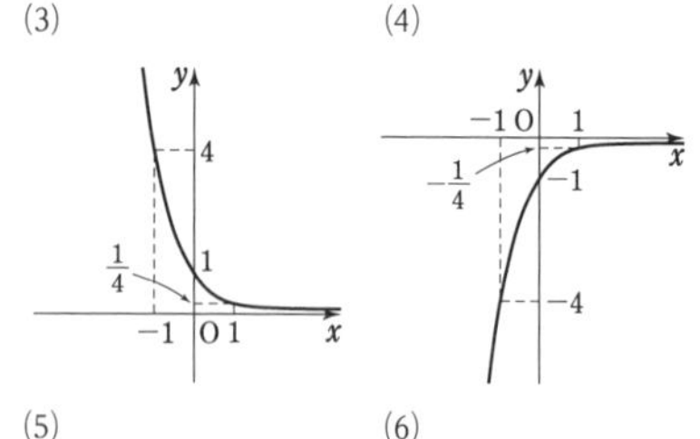

(5) (6)

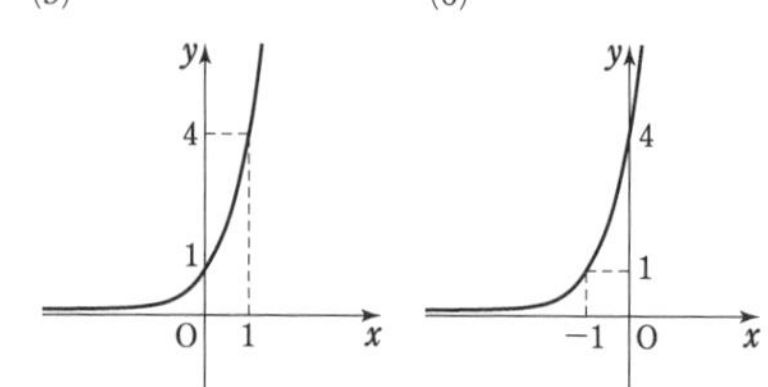

366 (1) $-9\leqq y\leqq -1$ (2) $\dfrac{1}{9}\leqq y\leqq 9$

367 (1) $2^{-3}<2^0<2^4$

(2) $\left(\dfrac{1}{3}\right)^4<\left(\dfrac{1}{3}\right)^0<\left(\dfrac{1}{3}\right)^{-3}$

(3) $\sqrt[4]{8}<\sqrt[9]{128}<\sqrt[6]{32}$

368 (1) $x=6$ (2) $x=3$ (3) $x=2$
(4) $x=-3$ (5) $x<3$ (6) $x\geqq 2$
(7) $x>-1$ (8) $x\geqq -\frac{2}{3}$
[(3) $2^{2x+1}=2^5$ (4) $2^{2(2x-1)}=2^{3x-5}$
(7) $5^{2x-1}>5^{-3}$ (8) $2^{-2x}\leqq 2^{x+2}$]

369 (1) 〔図〕
(2) (ア) $x=\frac{4}{3}$
(イ) $x>-\frac{1}{8}$

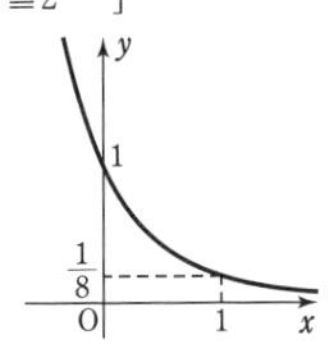

370 (1)〜(4) 〔図〕
$\left[(3)\ \ y=2^{x+3}\ \ (4)\ \ y=\left(\frac{1}{2}\right)^{x+2}\right]$

(1)

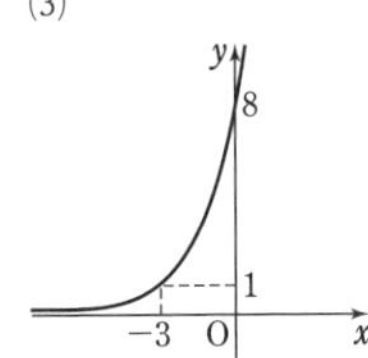

(2)

(3)

(4)

371 (1) $9^{\frac{1}{6}}<3^{\frac{1}{2}}$ (2) $5^{20}<3^{30}$
(3) $\left(\frac{1}{3}\right)^{30}<\left(\frac{1}{4}\right)^{20}$ (4) $\sqrt{3}<\sqrt[3]{6}$
(5) $\sqrt[3]{5}<\sqrt{3}<\sqrt[4]{10}$ (6) $\sqrt[6]{7}<\sqrt{2}<\sqrt[3]{3}$
[(1) 底をそろえる $3^{\frac{2}{6}}<3^{\frac{1}{2}}$
(2) 指数をそろえる $(5^2)^{10}<(3^3)^{10}$
(3) $\left(\frac{1}{3^3}\right)^{10}<\left(\frac{1}{4^2}\right)^{10}$
(4) $(\sqrt{3})^6<(\sqrt[3]{6})^6$
(5) $\sqrt[2]{\ }$, $\sqrt[3]{\ }$, $\sqrt[4]{\ }$ の 2, 3, 4 の最小公倍数 12 に着目 $(\sqrt[3]{5})^{12}<(\sqrt{3})^{12}<(\sqrt[4]{10})^{12}$
(6) $(\sqrt[6]{7})^6<(\sqrt{2})^6<(\sqrt[3]{3})^6$]

372 (1) $x=1$ (2) $x=1,\ 3$
(3) $x\geqq 1$ (4) $x<-1$
[(1) $3^x=t$ とおくと $t^2+t-12=0,\ t>0$
(2) 両辺に $2^x\ (>0)$ を掛けると
$(2^x)^2+16-10\cdot 2^x=0$
(3) $(4^x)^2-3\cdot 4^x-4\geqq 0$
(4) $\left\{\left(\frac{1}{3}\right)^x\right\}^2-\left(\frac{1}{3}\right)^x-6>0$]

373 (1) $x=2$ で最小値 1, 最大値はない
(2) $x=-1$ で最大値 $\frac{9}{4}$,
$x=2$ で最小値 -10
[(1) $2^x=t\ (>0)$ とおくと $y=(t-4)^2+1$
(2) $2^x=t$ とおくと
$y=-\left(t-\frac{1}{2}\right)^2+\frac{9}{4},\ \frac{1}{2}\leqq t\leqq 4$]

374 (1) $\frac{2}{3}=\log_8 4$ (2) $0=\log_4 1$
(3) $-\frac{1}{2}=\log_4\frac{1}{2}$ (4) $10^3=1000$
(5) $(\sqrt{2})^{10}=32$ (6) $25^{-\frac{1}{2}}=\frac{1}{5}$

375 (1) 1 (2) 5 (3) 2 (4) 0 (5) -2
(6) -2 (7) $\frac{5}{3}$ (8) 2 (9) -2

376 (1) 2 (2) 2 (3) 2 (4) $\frac{3}{2}$ (5) 0

377 (1) $\frac{5}{2}$ (2) 3 (3) 3

378 (1) 5 (2) $\frac{1}{2}$ (3) $-\frac{5}{3}$ (4) $\frac{3}{2}$

379 (1) $\frac{8}{3}$ (2) 4 (3) 2 (4) 5 (5) 1
[(1) (与式)$=\log_4 25\cdot\frac{\log_4 9}{\log_4 5}\cdot\frac{\log_4 16}{\log_4 27}$
$=2\log_4 5\cdot\frac{2\log_4 3}{\log_4 5}\cdot\frac{2}{3\log_4 3}$
(2) (与式)$=\frac{\log_b b}{\log_b a^2}\cdot\log_b c^2\cdot\frac{\log_b a^2}{\log_b\sqrt{c}}$
$=\frac{\log_b c^2}{\log_b\sqrt{c}}=\frac{2\log_b c}{\frac{1}{2}\log_b c}$
(3) (与式)$=\frac{\log_3 3}{\log_3 2}\left(\log_3 2+\frac{\log_3 2^2}{\log_3 3^2}\right)$
(4) (与式)
$=\left(\log_3 2+\frac{\log_3 2^2}{\log_3 3^2}\right)\left(\frac{\log_3 3^2}{\log_3 2}+\frac{\log_3 3}{\log_3 2^2}\right)$
(5) (与式)$=(\log_{10}2+\log_{10}5)^2=(\log_{10}10)^2$]

380 (1) $2a+b$ (2) $-a+1$
(3) $-a+2b+1$ (4) $\frac{2b}{a}$ (5) $\frac{3a-2b}{a+2b}$
(6) $\frac{3a+b}{3(-a+2b+1)}$

$\left[(2)\ \log_{10}5=\log_{10}\dfrac{10}{2}=1-\log_{10}2\right.$

(4) 底を 10 にそろえると $\dfrac{\log_{10}9}{\log_{10}2}$

(6) $\left.\dfrac{\frac{1}{3}\log_{10}24}{\log_{10}45}\right]$

381 $\dfrac{ab+3}{ab+1}$

$\left[\log_{14}56=\dfrac{\log_2 56}{\log_2 14}=\dfrac{\log_2 7+3}{\log_2 7+1}\right.$

ここで $\log_2 7=ab$]

382 $\log_{10}2=0.3010$, $\log_{10}3=0.4772$

[$\log_{10}2+\log_{10}3=0.7782$,

$2\log_{10}2+\log_{10}3=1.0792$

これらから $\log_{10}2$, $\log_{10}3$ を求める]

383 4 [$x^2-xy+y^2=(x+y)^2-3xy=4$]

384 (1) 7 (2) 30 (3) 5 (4) x^2

385 [$x\log_2 3=2y=z(1+\log_2 3)=k$

$x\neq 0$ から $k\neq 0$

$\left.\dfrac{1}{x}+\dfrac{1}{2y}-\dfrac{1}{z}=\dfrac{\log_2 3}{k}+\dfrac{1}{k}-\dfrac{1+\log_2 3}{k}=0\right]$

386 $A=1$, $B=-1$, $C=5$

387 (1) 〔図〕

(2) 〔図〕, x 軸に関して対称

(3) 〔図〕, x 軸に関して対称

(4) 〔図〕, y 軸に関して対称

(5) 〔図〕, 原点に関して対称

(6) 〔図〕, 直線 $y=x$ に関して対称

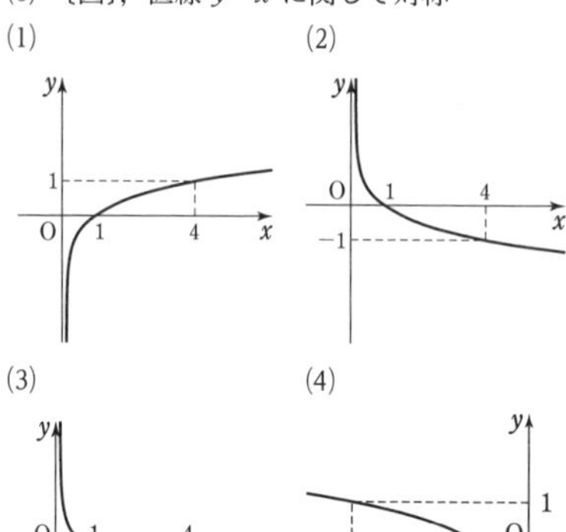

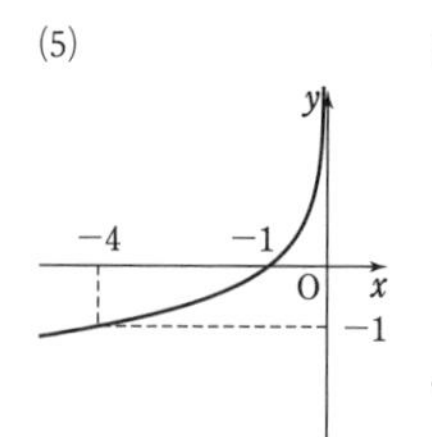

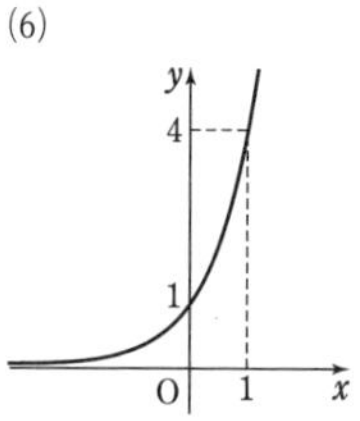

388 (1) $0\leqq y\leqq 2$ (2) $-3<y<-1$

389 (1) $\log_2 3<\log_2 5$

(2) $\log_{0.3}5<\log_{0.3}3$

(3) $\log_3 0.8<0<\log_3 5$

390 (1) $x=27$ (2) $x=\dfrac{1}{16}$ (3) $x=6$

(4) $0<x<125$ (5) $0<x\leqq\dfrac{1}{9}$ (6) $x\geqq 1$

391 (1) $y=\log_3\dfrac{1}{x}$ のグラフは, $y=\log_3 x$ のグラフと x 軸に関して対称。

$y=\log_9 x$ のグラフは, $y=\log_3 x$ のグラフを y 軸方向に $\dfrac{1}{2}$ 倍に縮小したもの。

$y=3^x$ のグラフは, $y=\log_3 x$ のグラフと直線 $y=x$ に関して対称。

(2) $\log_{0.2}4<\dfrac{1}{2}\log_{0.2}8<\log_{0.2}0.6$

(3) (ア) $x=5$ (イ) $x>1$

392 (1)〜(3) 〔図〕

[(1) $y=\log_2 x-1$

(2) $y=\log_{\frac{1}{2}}x-2$

(3) $y=\log_3\{-(x-9)\}$]

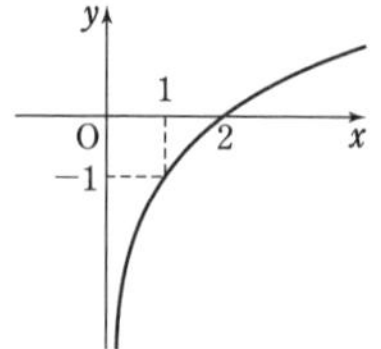

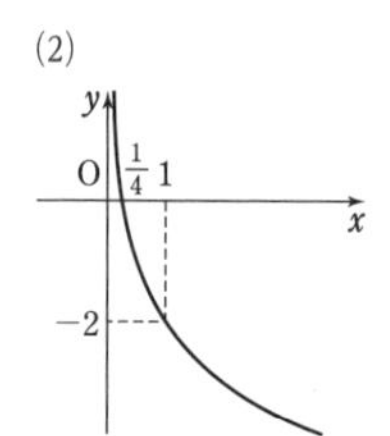

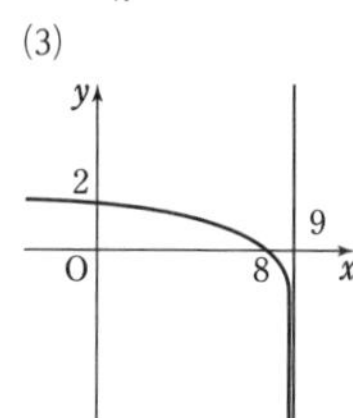

393 (1) $\log_{25}30<\log_5 8<2$

(2) $\log_{\frac{1}{2}}3<\log_{\frac{1}{4}}2<\log_{\frac{1}{8}}1$

(3) $0.5<\log_4 3<\log_3 4$

(4) $\log_9 25<1.5<\log_4 9$

[(1) $\log_{25}30=\dfrac{\log_5 30}{\log_5 5^2}=\dfrac{1}{2}\log_5 30=\log_5\sqrt{30}$

(2) $\log_{\frac{1}{4}}2=\dfrac{\log_{\frac{1}{2}}2}{\log_{\frac{1}{2}}\left(\frac{1}{2}\right)^2}=\dfrac{1}{2}\log_{\frac{1}{2}}2=\log_{\frac{1}{2}}\sqrt{2}$

(3) $\log_4 4^{\frac{1}{2}}<\log_4 3<\log_4 4=\log_3 3<\log_3 4$

(4) $\log_9 25<\log_9 9^{\frac{3}{2}}=\log_4 4^{\frac{3}{2}}<\log_4 9$]

394 (1) $x=2$ (2) $x=3$ (3) $x=-1$
(4) $x=2$
[(1) $x+1>0$, $x^2-1>0$, $x+1=x^2-1$
(2) $x-1>0$, $x+2>0$, $(x-1)(x+2)=10$
(3) $x+3>0$, $x+5>0$,
$\log_4(x+5)=\dfrac{\log_2(x+5)}{\log_2 2^2}=\dfrac{1}{2}\log_2(x+5)$
から $(x+3)^2=x+5$
(4) $x+7>0$, $6x-3>0$, $x+7=(2x-1)^2$]

395 (1) $\dfrac{4}{3}\leqq x<\dfrac{8}{3}$ (2) $4<x\leqq 6$
(3) $x\geqq 6$ (4) $2<x\leqq 5$
[(1) $8-3x>0$, $12x>0$, $(8-3x)^2\leqq 12x$
(2) $x+2>0$, $x-4>0$, $(x+2)(x-4)\leqq 4^2$
(3) $x-2>0$, $x+10>0$, $(x-2)^2\geqq x+10$
(4) $14-x>0$, $4x-8>0$, $14-x\geqq(x-2)^2$]

396 (1) $x=64$ のとき最大値 $y=3$,
$x=4$ のとき最小値 $y=-1$
(2) $x=64$ のとき最大値 $y=5$,
$x=2$ のとき最小値 $y=-\dfrac{5}{4}$
[(1) $\log_4 x=t$ とおくと $0\leqq t\leqq 3$
$y=t^2-2t=(t-1)^2-1$
(2) $\log_{\frac{1}{4}}x=t$ とおくと $-3\leqq t\leqq 0$
$y=t^2+t-1=\left(t+\dfrac{1}{2}\right)^2-\dfrac{5}{4}$]

397 2
[$\log_{11}2$ の小数第1位の数は，$10\log_{11}2$ の一の位の数と一致する。
$10\log_{11}2=\log_{11}1024$, $11^2=121$, $11^3=1331$ より
$\log_{11}11^2<\log_{11}1024<\log_{11}11^3$]

398 (1) 5 (2) -4 (3) -6

399 (1) 1.6590 (2) 4.6590 (3) -0.3410
(4) -3.3410

400 (1) 0.0899 (2) 4.5877 (3) -1.3391
(4) -3.4012

401 (1) 3.67 (2) 965 (3) 0.3
(4) 0.0763
[(3) $-0.5229=0.4771-1$ であるから，
求める真数は 3.00×10^{-1}
(4) $-1.1175=0.8825-2$]

402 (1) 2.3010 (2) 1.3801 (3) 1.1761
(4) 1.5850

403 (1) (ア) 4 (イ) 5 (ウ) 4 (エ) 5
(2) (オ) 3 (カ) 2 (キ) 3 (ク) 2

404 (1) 16桁 (2) 32桁 (3) 36桁
(4) 第31位 (5) 第5位

405 (1) 3.5378 (2) 2

406 (1) 33桁 (2) 2 (3) 4
[(1) $\log_{10}12^{30}=30(2\log_{10}2+\log_{10}3)=32.373$
$32<\log_{10}12^{30}<33$ から $10^{32}<12^{30}<10^{33}$
(2) (1)から $12^{30}=10^{32.373}=10^{32}\times 10^{0.373}$
$\log_{10}2=0.3010<0.373<0.4771=\log_{10}3$
よって $2<10^{0.373}<3$
(3) $12^{30}=(10+2)^{30}$ から 2^{30} に着目。
2^n の一の位の数字は 2, 4, 8, 6 を繰り返す。
よって $2^{30}=2^{4\times 7+2}=(2^4)^7\times 2^2$]

407 (1) $n=36$, 37, 38 (2) $n=20$
[(1) $\log_{10}(3\times 10^3)<n(1-3\log_{10}2)$
$<\log_{10}(2\times 3\times 10^3)$
(2) $-30\leqq n\log_{10}\dfrac{1}{30}<-29$]

408 約30時間後
[x 時間後に1000億 ($=10^{11}$) 個以上になったとすると $100\times 2^x\geqq 10^{11}$]

409 (1) $x=\dfrac{\log_2 3}{2\log_2 3-1}$ (2) $x=\dfrac{2\log_5 3}{2-\log_5 3}$
[別解 3を底とする対数をとると
(1) $x=\dfrac{1}{2-\log_3 2}$ (2) $x=\dfrac{2}{2\log_3 5-1}$]

410 (1) $4^{18}<2^{39}<3^{35}$ (2) $8^{19}<3^{38}<5^{27}$
[(2) $\log_{10}5=1-\log_{10}2$]

411 (1) $x=10$, 1000 (2) $\dfrac{1}{10}\leqq x\leqq 1000$
[(1) $x>0$, $\log_{10}x=t$ とおくと
$t^2-4t+3=0$
(2) $x>0$, $\log_{10}x=t$ とおくと
$t^2-2t-3\leqq 0$]

412 (1) $(x, y)=(1, 0)$, $(0, 1)$
(2) $-1<x\leqq\dfrac{13}{2}$
[(1) $3^{x+y}=3^x\cdot 3^y$ $3^x=X$, $3^y=Y$ とおくと
$X+Y=4$, $XY=3$

(2) $3^{-x}<3^1$ から $-x<1$
$\log_4(2x+3)\leqq 2$ から
$2x+3>0$, $2x+3\leqq 4^2$]

413 (1) $a>1$ のとき $1<x<2$, $2<x<5$;
$0<a<1$ のとき $-1<x<1$, $5<x$
(2) $-2<x<-1$, $-1<x<0$, $0<x<1$, $2<x$
[(1) $(2x-4)^2>0$, $x+1>0$
$a>1$ のとき $(2x-4)^2<(x+1)^2$
$0<a<1$ のとき $(2x-4)^2>(x+1)^2$
(2) $x+2>0$, $x^2>0$, $x^2\neq 1$
$x^2>1$ のとき $x+2<x^2$
$0<x^2<1$ のとき $x+2>x^2$]

414 $\left[(\text{左辺})=\log_2\left(a+\frac{1}{b}\right)\left(b+\frac{1}{a}\right)\right.$
$\left(a+\frac{1}{b}\right)\left(b+\frac{1}{a}\right)=ab+\frac{1}{ab}+2$
$\geqq 2\sqrt{ab\cdot\frac{1}{ab}}+2=4$ 等号は $ab=\frac{1}{ab}$ のとき,
すなわち $ab=1$ のとき成立]

415 (1)~(4) [図]
[(3) $x>0$, $x\neq 1$, $y>0$
$\log_x y\geqq 1=\log_x x$
$x>1$ のとき $y\geqq x$
$0<x<1$ のとき $y\leqq x$
(4) $x>0$, $x\neq 1$, $y>0$, $y\neq 1$
$\log_x y\geqq \log_y x=\frac{1}{\log_x y}$
$\log_x y>0$ のとき $(\log_x y)^2\geqq 1$
$\log_x y-1\geqq 0$
$\log_x y<0$ のとき $(\log_x y)^2\leqq 1$
$-1\leqq \log_x y<0$]

(1)
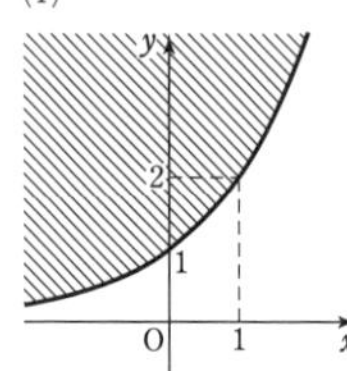

(2)
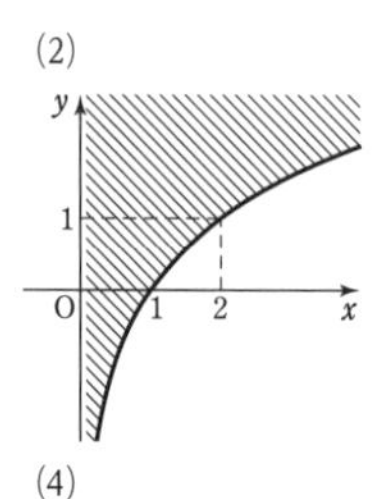

(3)
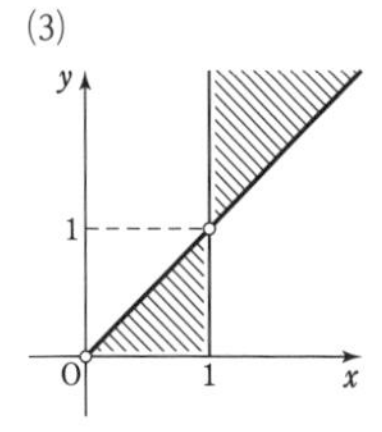

(4)
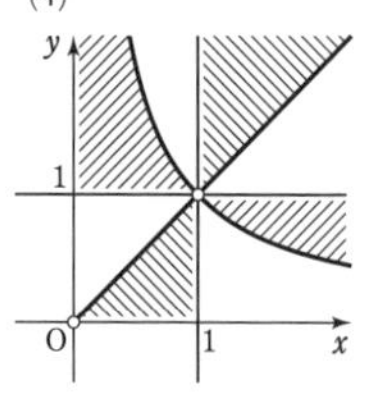

416 $\left[\log_2 3=\frac{m}{n}\right.$ (m, n は正の整数で互いに素)
とすると $3=2^{\frac{m}{n}}$
両辺を n 乗すると $3^n=2^m$ (不適)]

417 (1) $x=1$ のとき最大値 0
(2) $x=2$ のとき最小値 -2
[(真数)>0 に注意。真数の最大・最小に着目。
底と 1 の大小関係にも注意。
(1) $2x-x^2=-(x-1)^2+1$
(2) $4x-x^2=-(x-2)^2+4$]

418 $x=\log_3\frac{3\pm\sqrt{5}}{2}$ で最小値 1
[$3^x+3^{-x}=t$ とおくと $t\geqq 2\sqrt{3^x\cdot 3^{-x}}=2$
$9^x+9^{-x}=(3^x+3^{-x})^2-2=t^2-2$
よって $y=t^2-6t+10$
すなわち $y=(t-3)^2+1$]

419 $x=4$, $y=2$ のとき最大値 $3\log_{10}2$
[$0<y<4$, $xy=-2(y-2)^2+8$]

420 $x=y=\frac{3}{2}$ のとき最小値 $4\sqrt{2}$
[$2^x+2^{3-x}\geqq 2\sqrt{2^x\cdot 2^{3-x}}=4\sqrt{2}$]

421 $x=y=10\sqrt{10}$ のとき最大値 $\frac{9}{4}$;
$x=10$, $y=100$ または $x=100$, $y=10$ のとき最小値 2
[$\log_{10}x=s$, $\log_{10}y=t$ とおくと
$st=s(3-s)$, $1\leqq s\leqq 2$]

422 (1) 3 (2) 4

423 (1) -2 (2) 3 (3) -2 (4) -2

424 (1) $f'(1)=2$ (2) $f'(2)=16$

425 3
[曲線 $y=f(x)$ 上の点 $(a, f(a))$ における曲線の接線の傾きは $f'(a)$]

426 (1) $y'=0$ (2) $y'=-6x+6$
(3) $y'=6x^2-5$ (4) $y'=9x^2-2x+3$
(5) $y'=8x^3-18x^2+3$ (6) $y'=4x^3$

427 (1) $f'(0)=2$ (2) $f'(1)=8$
(3) $f'(-1)=-4$ (4) $f'(2)=14$
[$f'(x)=6x+2$]

428 $f(x)=3x^2-5x+4$

429 $S'=2\pi r$ (π は円周率)
[$S=\pi r^2$]

430 (1) $f'(x)=10x$ (2) $y'=3x^2-2$

431 (1) $\frac{5}{3}$ (2) $\frac{6}{7}$

[(1) (与式)$=\lim_{x\to2}\dfrac{x^2+x-1}{x+1}$

(2) (与式)$=\lim_{x\to3}\dfrac{(x+3)(x-3)}{(2x+1)(x-3)}$

$=\lim_{x\to3}\dfrac{x+3}{2x+1}$]

432 (1) $y'=32x+8$ (2) $y'=-12(2-4x)^2$

[(1) $y'=2\cdot4(4x+1)$

(2) $y'=3\cdot(-4)(2-4x)^2$]

433 (1) $f(x)=-x^3+4x-1$

(2) $f(x)=x^3-3x^2+3x+1$

[$f(x)=ax^3+bx^2+cx+d$,

$a\neq0$ とおくと $f'(x)=3ax^2+2bx+c$

(1) $f(0)=-1$, $f'(0)=4$ などを代入。

(2) $ax^3+bx^2+cx+d+x(3ax^2+2bx+c)$

$=4x^3-9x^2+6x+1$

これが x についての恒等式となる]

434 $a=\dfrac{3+2\sqrt{3}}{3}$

[$\dfrac{f(3)-f(1)}{3-1}=f'(a)$, $1<a<3$]

435 $400\pi\ \mathrm{cm^3/s}$ (π は円周率)

[t 秒後の体積は $V=\dfrac{4}{3}\pi(4+t)^3$]

436 $f(x)=x^3+3x^2+3x+1$

[最高次の項を ax^n $(a\neq0)$ とすると

(左辺)$=3ax^n+\cdots\cdots$, (右辺)$=nax^n+\cdots\cdots$

よって $3a=na$ ゆえに $n=3$

したがって, $f(x)=ax^3+bx^2+cx+d$ と表される]

437 (1) $y=-x+1$ (2) $y=12x+20$

(3) $y=-1$ (4) $y=-4x-1$

438 (1) $y=-2$ (2) $y=-7x+16$

439 (1) 点 $(0,\ 0)$ における傾きは 0,

点 $(2,\ 0)$ における傾きは 4

(2) $y=-x$, $y=-x+\dfrac{4}{27}$

[(1) x 軸との共有点の x 座標は $x^3-2x^2=0$ から $x=0,\ 2$

(2) $y'=3x^2-4x=-1$ から $x=1,\ \dfrac{1}{3}$]

440 (1) $y=-\dfrac{1}{4}x+\dfrac{1}{2}$ (2) $y=\dfrac{1}{3}x-\dfrac{7}{3}$

441 (1) $y=-x-2$ (2) $y=x-4$

(3) $(-2,\ 0)$ (4) $y=8x-16$, $y=8x+16$

442 (1) $y=7x$, $(2,\ 14)$; $y=-x$, $(-2,\ 2)$

(2) $y=5x-6$, $(3,\ 9)$; $y=-3x+2$, $(-1,\ 5)$

(3) $y=3x-1$, $(1,\ 2)$;

$y=\dfrac{3}{4}x+\dfrac{5}{4}$, $\left(-\dfrac{1}{2},\ \dfrac{7}{8}\right)$

(4) $y=0$, $(-1,\ 0)$; $y=6x-10$, $(3,\ 8)$

443 (1) $(1,\ 0)$ (2) $y=-x$

(3) $y=11x-16$, $y=2x+2$

[(1) $x=a$ における接線の傾きは $3a^2-1$

$3a^2-1=2$ から $a=\pm1$ ($a=-1$ は不適)

別解 $x^3-x=2x-2$ から

$(x-1)^2(x+2)=0$

$x=1$ (重解) から $x=1$ が接点の x 座標。

(2) 傾き $3a^2-1$ は $a=0$ のとき最小値 -1

(3) 接線の方程式 $y-(a^3-a)=(3a^2-1)(x-a)$

に $x=2$, $y=6$ を代入して整理すると

$(a+1)(a-2)^2=0$ よって $a=-1,\ 2$]

444 $a=-1$

[例題 49 参照]

445 $a=-11$, $b=17$, $c=1$

[$3=f(2)$, $3=g(2)$, $f'(2)=g'(2)$ から

$3=8+2a+b$, $3=2+c$, $12+a=1$]

446 [交点の x 座標は $-\dfrac{1}{2}$,

(傾きの積)$=-1$ を示す]

447 $y=0$, $y=4x-4$

[接点の x 座標を α, β として, $y=2\alpha x-\alpha^2$ と

$y=-2(\beta-2)x+\beta^2-4$ が一致することから

$2\alpha=-2(\beta-2)$, $-\alpha^2=\beta^2-4$

共通接線の接点は $(0,\ 0)$ と $(2,\ 0)$, $(2,\ 4)$ と $(0,\ -4)$

別解 $y=x^2$ 上の点 $(a,\ a^2)$ における $y=x^2$ の接線の方程式は $y=2a(x-a)+a^2$

これが $y=-(x-2)^2$ に接するから

$2a(x-a)+a^2=-(x-2)^2$ は重解をもつ。

よって $D=0$]

448 (1) $x\geqq-\dfrac{3}{4}$ で単調に増加,

$x\leqq-\dfrac{3}{4}$ で単調に減少

(2) $x\leqq0$, $1\leqq x$ で単調に増加 ;

$0\leqq x\leqq1$ で単調に減少

(3) $-1\leqq x\leqq1$ で単調に増加 ;

$x\leqq-1$, $1\leqq x$ で単調に減少

(4) 常に単調に増加

449 (1) $x=2$ で極大値 -1, 〔図〕

(2) $x=\dfrac{2}{3}$ で極大値 $\dfrac{32}{27}$,

$x=2$ で極小値 0；〔図〕

(3) $x=1$ で極大値 2,

$x=-1$ で極小値 -2；〔図〕

(4) 極値はない,〔図〕

(1)

(2)

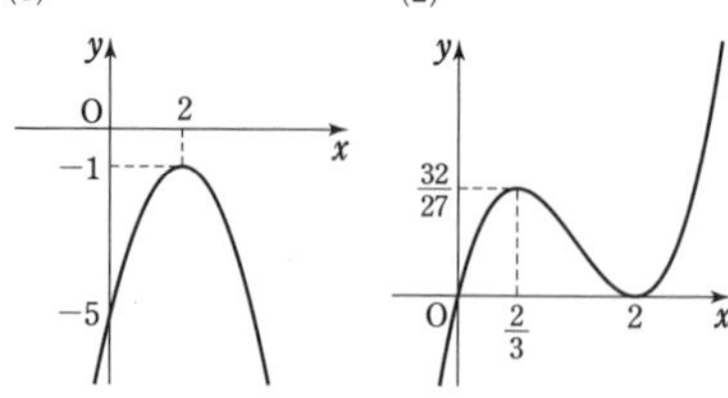

(3)

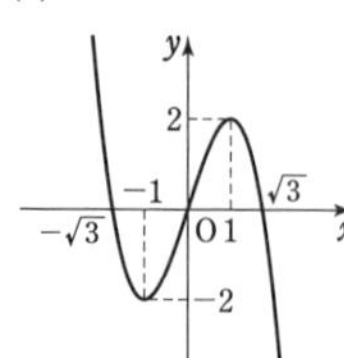

(4)

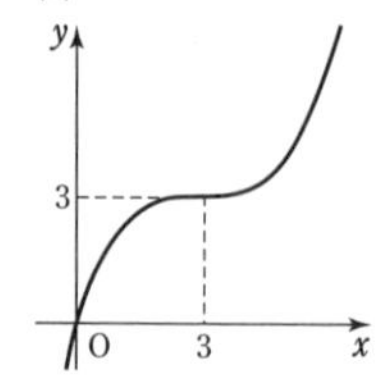

450 (1) $x=-1$ で極大値 16,

$x=3$ で極小値 -16；〔図〕

(2) 極値はない,〔図〕

(1)

(2)

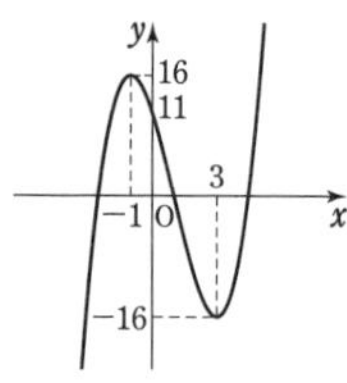

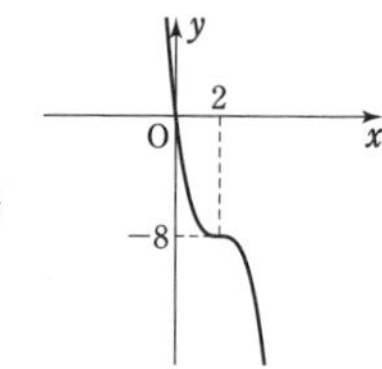

451 (1) $x=0$ で極大値 2,

$x=\pm\sqrt{3}$ で極小値 -7；〔図〕

(2) $x=0$ で極大値 0,

$x=-1$ で極小値 -5,

$x=2$ で極小値 -32；〔図〕

(1)

(2)

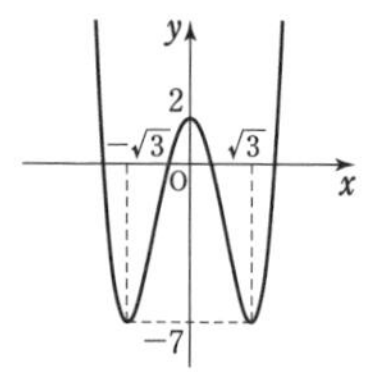

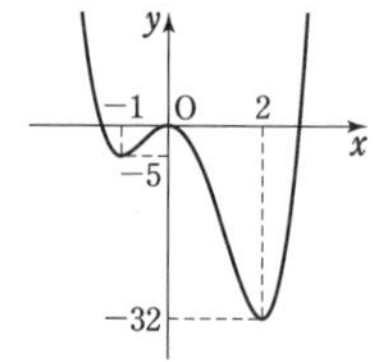

452 a：負, b：負, c：負, d：正

453 (1) $a=4$ (2) $a=\dfrac{3}{2}$, $b=-6$

(3) $f(x)=\dfrac{2}{3}x^3-x^2-4x+\dfrac{8}{3}$

[(1) $f'(2)=0$ から $a=4$

このとき $f'(x)=(3x-2)(x-2)$

(2) $f'(-2)=0$, $f'(1)=0$

(3) $f(x)=ax^3+bx^2+cx+d$ とおくと

$f(-1)=5$, $f(2)=-4$, $f'(-1)=0$,

$f'(2)=0$]

454 (1) $x=a$ で極大値 0,

$x=\dfrac{a}{3}$ で極小値 $\dfrac{4}{27}a^3$

(2) 極値はない

(3) $x=\dfrac{a}{3}$ で極大値 $\dfrac{4}{27}a^3$, $x=a$ で極小値 0

455 $a=\dfrac{2}{3}$ のとき極大値 $\dfrac{64}{27}$,

$a=6$ のとき極大値 64

[3次の係数が正の3次関数 $f(x)$ では,

$f'(x)=0$ の異なる2つの実数解を α, β $(\alpha<\beta)$ とすると, 極大値は $f(\alpha)$, 極小値は $f(\beta)$ である。$f'(x)=0$ の2つの解の大小によって場合分けをする]

456 (1) $a<-1$, $2<a$ (2) $-9\leqq a\leqq 0$

[(1) $f'(x)=0$ について $\dfrac{D}{4}>0$

(2) $f'(x)=0$ について $\dfrac{D}{4}\leqq 0$]

457 (1) 〔図〕

(2) 〔図〕

(3) 〔図〕

[絶対値記号の中が正, 0と負で場合分け]

(1)

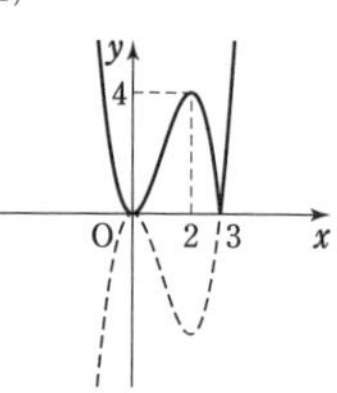

(2)

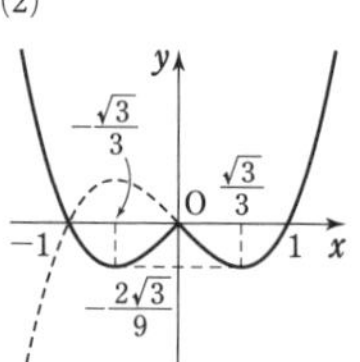

(3)

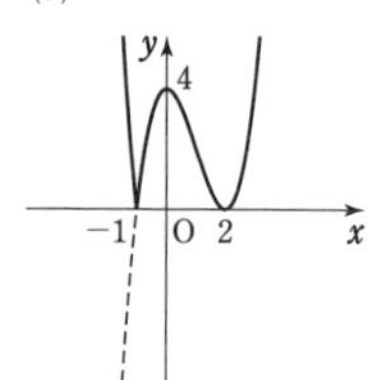

458 (1) $x=-2$ のとき最大値 16,

$x=2$ のとき最小値 -16

(2) $x=0$, 1 のとき最大値 0；

$x=-1$ のとき最小値 -2

(3) $x=1$ のとき最大値 4,

$x=3$ のとき最小値 0

(4) 最大値はない, $x=2$ のとき最小値 -2

459 (1) 3個 (2) 1個 (3) 2個
[(1) $f'(0)=f'(-4)=0$, $f(0)=-6$, $f(-4)=26$]

460 (1) $x=-2$, 1 のとき最大値 4；
$x=3$ のとき最小値 -16
(2) 2個

461 (1) $-\frac{1}{3}x^3+3x^2$ (2) $0\leqq x\leqq 9$
(3) $x=6$, $y=1$ のとき最大値 36；
$x=0$, $y=3$ または $x=9$, $y=0$ のとき最小値 0
$\left[(2)\ \ y=3-\frac{x}{3}\geqq 0\right]$

462 $x=2$, $y=0$ または $x=-2$, $y=0$ のとき最大値 4；$x=-\frac{2}{3}$, $y=\frac{2\sqrt{2}}{3}$ または
$x=-\frac{2}{3}$, $y=-\frac{2\sqrt{2}}{3}$ のとき最小値 $-\frac{20}{27}$
[$4y^2=4-x^2\geqq 0$ から　$-2\leqq x\leqq 2$
また　$x(x+2y^2)=x\left(x+\frac{4-x^2}{2}\right)$]

463 $a=-3$, $b=-2$
[$f'(x)=3ax(x-2)$
$a<0$ から $x=0$ で極小, $x=2$ で極大となる。また　$f(1)>f(3)$　よって, $1\leqq x\leqq 3$ では $x=2$ のとき最大, $x=3$ のとき最小]

464 $0<a<2$ のとき $x=0$ で最大値 2,
$x=a$ で最小値 a^3-3a^2+2；
$2\leqq a<3$ のとき $x=0$ で最大値 2,
$x=2$ で最小値 -2；
$a=3$ のとき $x=0$, 3 で最大値 2,
$x=2$ で最小値 -2；
$3<a$ のとき $x=a$ で最大値 a^3-3a^2+2,
$x=2$ で最小値 -2
[$f(x)=x^3-3x^2+2$ は, $x=0$ で極大値 2,
$x=2$ で極小値 -2 をとる。最大値, 最小値は $f(0)$, $f(2)$ と $f(a)$ を比べる]

465 $a\leqq 0$ のとき $x=0$ で最大値 0,
$0<a<1$ のとき $x=\sqrt{a}$ で最大値 $2a\sqrt{a}$,
$1\leqq a$ のとき $x=1$ で最大値 $3a-1$
[$f'(x)=-3(x^2-a)$　$a\leqq 0$ なら $f(x)$ は単調に減少するから最大値は $f(0)$
$a>0$ なら [1] $0<\sqrt{a}<1$ のとき最大値は $f(\sqrt{a})$ [2] $1\leqq\sqrt{a}$ のとき最大値は $f(1)$]

466 点 $(2, 4)$, 距離 $\sqrt{17}$
[放物線上の点 (t, t^2) と点 $(6, 3)$ との距離を l とすると　$l^2=t^4-5t^2-12t+45$
$(l^2)'=4t^3-10t-12=2(t-2)(2t^2+4t+3)$]

467 (1) 底面の半径 4, 高さ 6
(2) 底面の半径 $\frac{9}{2}$, 高さ $\frac{9}{2}$
[直円柱の半径を r, 高さを h とする。
$0<r<6$,　$6:r=18:(18-h)$ から
$h=18-3r$　　π を円周率として
(1) $V=\pi r^2h=3\pi(6r^2-r^3)$
(2) $S=2\pi r^2+2\pi rh=-4\pi r^2+36\pi r$]

468 正三角形
[二等辺三角形の周の長さを $2a$, 底辺の長さを $2x$ とおき, 面積 S を x の関数として表す。S^2 が x の3次関数となるから, S^2 の最大値を考える]

469 [方程式の (左辺)$=f(x)$ とおく。
$f(-1)<0$, $f(0)>0$；$f(1)>0$, $f(2)<0$；
$f(4)<0$, $f(5)>0$]

470 [(1) $f(x)=x^3-6x^2+9x$ とおく。
$x>0$ における $f(x)$ の最小値は　$f(3)=0$
(2) $f(x)=x^3-3x^2+6x-4$ とおくと,
$f'(x)=3(x-1)^2+3>0$ であるから, $f(x)$ は単調に増加する。
また　$f(1)=0$
(3) $f(x)=(x^4+48)-32x$ とおくと, $f(x)$ は $x=2$ で最小値 0 をとる]

471 $a<-3$, $24<a$ のとき 1個；
$a=-3$, 24 のとき 2個；
$-3<a<24$ のとき 3個
[$y=2x^3+9x^2-3$ と $y=a$ のグラフについて考える]

472 $-82<a<-1$
[例題 52 参照]

473 $p>\frac{1}{4}$
[極値をもつ条件から　$p>0$
また　$f(-\sqrt{p})>0$, $f(\sqrt{p})<0$]

474 $a=2$
[関数 ax^3-3x^2+1 は, $x>0$ において
$a>0$ から $x=\frac{2}{a}$ のとき極小かつ最小]

475 (1) $-3<x<0$, $2<x$

(2) $x \leqq -1$, $0 \leqq x \leqq 1$

(3) $x \leqq 0$, $x=3$

[x 軸と交わる点の x 座標に注意。

(1)~(3) 〔図〕]

(1)

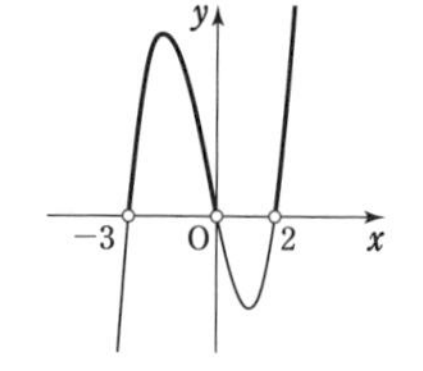

(2) (3)

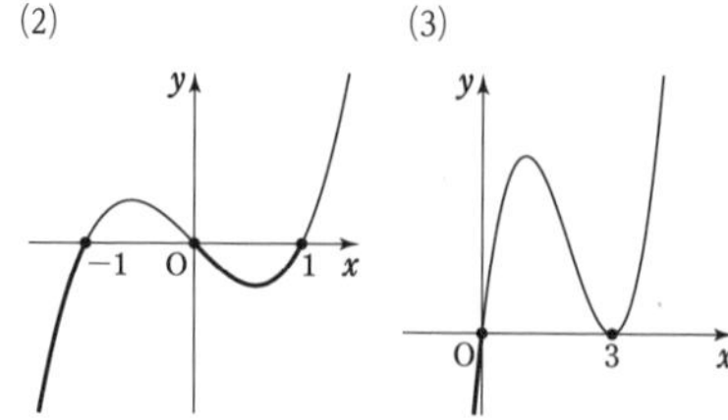

476 C は積分定数 (以下, 特に断らなくても, C は積分定数を表すものとする)。

(1) $-3x+C$ (2) $\dfrac{7}{3}x^3+C$

(3) x^2-5x+C (4) x^3-x+C

(5) x^4-x^3+x+C

477 (1) $\dfrac{x^3}{3}+\dfrac{3}{2}x^2+C$

(2) $\dfrac{t^3}{3}+\dfrac{t^2}{2}-2t+C$

(3) $\dfrac{x^3}{3}+2x^2+4x+C$

(4) $\dfrac{x^4}{4}+x^3+\dfrac{3}{2}x^2+x+C$

(5) $\dfrac{x^4}{4}-\dfrac{3}{2}x^2-2x+C$

(6) $\dfrac{81}{5}x^5+54x^4+72x^3+48x^2+16x+C$

[別解 $a \neq 0$, n を 0 以上の整数とするとき

$\displaystyle\int(ax+b)^n dx=\frac{1}{a(n+1)}(ax+b)^{n+1}+C$ が成り立つ。これを利用すると

(3) $\dfrac{1}{3}(x+2)^3+C$ (4) $\dfrac{1}{4}(x+1)^4+C$

(5) $\dfrac{1}{4}(x+1)^3(x-3)+C$ (6) $\dfrac{1}{15}(3x+2)^5+C$]

478 (1) $F(x)=2x^2+2x+1$

(2) $F(x)=2x^3-9x^2+12x-6$

479 (1) $y=2x^3+x^2+3x-3$

(2) $a=-10$, $y=2x^3-5x^2-x+3$

[(1) $f(x)=\displaystyle\int(6x^2+2x+3)dx$, $f(1)=3$

(2) $f(x)=\displaystyle\int(6x^2+ax-1)dx$, $f(1)=-1$, $f(2)=-3$]

480 (1) $-x^3+x^2+4x+C$

(2) $2x^3-\dfrac{5}{2}x^2-6x+C$

(3) $\dfrac{t^4}{4}+\dfrac{4}{3}t^3+t+C$

(4) $\dfrac{t^3}{3}+3t^2+9t+C$

(5) $2x^4-12x^3+27x^2-27x+C$

[別解 (4) $\dfrac{1}{3}(t+3)^3+C$ (5) $\dfrac{1}{8}(2x-3)^4+C$]

481 (1) 14 (2) -3 (3) 1

(4) $\dfrac{14}{3}$ (5) $\dfrac{65}{3}$ (6) $\dfrac{64}{3}$

[別解 (6) $(x+1)^2(x-1)$

$=(x+1)^2\{(x+1)-2\}$

$=(x+1)^3-2(x+1)^2$ を利用]

482 (1) $\dfrac{21}{2}$ (2) 0 (3) 9 (4) 0

483 (1) 12 (2) 12 (3) $\dfrac{28}{3}$ (4) $\dfrac{28}{3}$

484 (1) 12 (2) 12 (3) $-\dfrac{7}{6}$

[(3) $\displaystyle\int_{-1}^{0}(x^2-x)dx+\int_{-1}^{0}(2x-1)dx$

$=\displaystyle\int_{-1}^{0}(x^2+x-1)dx$]

485 (1) 25 (2) 7

486 (1) $-\dfrac{9}{2}$ (2) $-\dfrac{8\sqrt{2}}{3}$

[(1) $\displaystyle\int_{-1}^{2}(x+1)(x-2)dx=-\frac{1}{6}\{2-(-1)\}^3$

(2) $\displaystyle\int_{1-\sqrt{2}}^{1+\sqrt{2}}(x-1-\sqrt{2})(x-1+\sqrt{2})dx$

$=-\dfrac{1}{6}\{(1+\sqrt{2})-(1-\sqrt{2})\}^3$]

487 (1) $\dfrac{652}{15}$ (2) $\dfrac{2}{5}$

488 $a=6$, $b=0$, $c=-4$

[$a-b+c=2$, $b=0$, $\dfrac{a}{3}+\dfrac{b}{2}+c=-2$]

489 $f(x)=3x^2+2x-1$

[$f(x)=ax^2+bx+c$ とおくと

$2\left(\dfrac{a}{3}+c\right)=0$, $\dfrac{8}{3}a+2b+2c=10$, $\dfrac{2}{3}b=\dfrac{4}{3}$]

490 $P(x)=\dfrac{5}{2}x^3-\dfrac{3}{2}x$

[$P(x)=ax^3+bx^2+cx+d$ $(a \neq 0)$,

$Q(x)=px^2+qx+r$ とおくと，[1] から

$2p\left(\dfrac{b}{5}+\dfrac{d}{3}\right)+2q\left(\dfrac{a}{5}+\dfrac{c}{3}\right)+2r\left(\dfrac{b}{3}+d\right)=0$

が任意の p, q, r に対して成り立つ。

よって　$\dfrac{b}{5}+\dfrac{d}{3}=0$, $\dfrac{a}{5}+\dfrac{c}{3}=0$, $\dfrac{b}{3}+d=0$

また，[2] から　$a+b+c+d=1$]

491 (1) $3x^2-4x+1$ (2) $-3x^2+1$

(3) $2x+\dfrac{1}{2}$

492 (1) $f(x)=2x+2$；$a=1$, -3

(2) $f(x)=4x+1$, $a=-3$

493 (1) x^2+3x-4

(2) $f(x)=2x-4$；$a=0$, 4

494 (1) $f(x)=x-\dfrac{9}{4}$

(2) $f(x)=x^2-\dfrac{4}{3}x+\dfrac{2}{3}$

[(1) $\int_0^3 f(t)dt=a$ とおくと　$\int_0^3 (t+a)dt=a$

(2) $f(x)=x^2-ax+2b$ とおける。

$\dfrac{8}{3}-2a+4b=a$, $\dfrac{1}{3}-\dfrac{a}{2}+2b=b$]

495 (1) $f(a)=-\dfrac{1}{2}a^2+\dfrac{2}{3}a$

(2) $a=\dfrac{2}{3}$ のとき最大値 $\dfrac{2}{9}$

[(1) $\left[\dfrac{2ax^3}{3}-\dfrac{a^2x^2}{2}\right]_0^1$

(2) $-\dfrac{1}{2}\left(a-\dfrac{2}{3}\right)^2+\dfrac{2}{9}$]

496 $f(x)=\dfrac{5}{2}x^2-\dfrac{3}{2}x$

[条件から　$f(x)=ax^2+(1-a)x$

$\int_0^1 \{f(x)\}^2dx=\dfrac{1}{30}\left(a-\dfrac{5}{2}\right)^2+\dfrac{1}{8}$]

497 $x=-2$ のとき極大値 45,

$x=5$ のとき極小値 $-\dfrac{208}{3}$

[$f'(x)=2(x-5)(x+2)$]

498 (1) $\dfrac{95}{3}$ (2) $\dfrac{50}{3}$ (3) $\dfrac{8}{3}$ (4) 24

[(3) $S=-\int_0^2(-x^2+2x-2)dx$]

499 (1) 36 (2) $4\sqrt{3}$ (3) $\dfrac{4}{3}$

[$\int_\alpha^\beta (x-\alpha)(x-\beta)dx=-\dfrac{1}{6}(\beta-\alpha)^3$ を利用。

(2) $x^2-4x+1=0$ の解は　$x=2\pm\sqrt{3}$

(3) $-x^2+6x-8=0$ の解は　$x=2$, 4]

500 (1) $\dfrac{1}{6}$ (2) $\dfrac{8\sqrt{2}}{3}$ (3) $\dfrac{8}{3}$ (4) $\dfrac{64}{3}$

501 8

[$S=\int_0^2(x^3-6x^2+8x)dx-\int_2^4(x^3-6x^2+8x)dx$]

502 12

[$\int_0^4 f(x)dx=\int_0^2(-x+3)dx+\int_2^4(3x-5)dx$]

503 (1) $\dfrac{13}{2}$ (2) $\dfrac{37}{3}$ (3) $\dfrac{19}{2}$

[(3) $\int_{-2}^0(x^2-x)dx-\int_0^1(x^2-x)dx$

$+\int_1^3(x^2-x)dx$]

504 (1) 3 (2) 36 (3) $\dfrac{8}{3}$

505 (1) $\dfrac{23}{3}$ (2) $\dfrac{43}{2}$

[(1) $S=-\int_{-1}^1(x^2+2x-3)dx+\int_1^2(x^2+2x-3)dx$

(2) $S=\int_{-3}^{-2}\{x^2-(x+6)\}dx$

$+\int_{-2}^2\{(x+6)-x^2\}dx$]

506 $\dfrac{15}{2}$

[(面積)$=\int_{-2}^{-1}\{(x+2)-(x^2-4)\}dx$

$+\int_{-1}^1\{(-2x-1)-(x^2-4)\}dx$]

507 $\dfrac{16}{3}$

[2つの接線の方程式は

$y=-4x-4$, $y=4x-12$

(面積)$=\int_{-1}^1\{(x^2-2x-3)-(-4x-4)\}dx$

$+\int_1^3\{(x^2-2x-3)-(4x-12)\}dx$]

508 108

[接線の方程式は　$y=11x-16$]

509 [Pの座標を $(t,\ t^2+4)$ とする。

接線の方程式は　$y=2tx-t^2+4$

接線と放物線 $y=x^2$ の交点の x 座標は

$x^2=2tx-t^2+4$ から　$x=t-2$, $t+2$

$\alpha=t-2$, $\beta=t+2$ とおくと

(面積)$=\int_\alpha^\beta\{(2tx-t^2+4)-x^2\}dx$

$=-\int_\alpha^\beta(x-\alpha)(x-\beta)dx=\dfrac{1}{6}(\beta-\alpha)^3=\dfrac{32}{3}$]

510 $a=3$

[面積 $\dfrac{a^3}{6}$]

511 $S=\dfrac{32}{3}$，$a=4-2\sqrt[3]{4}$

［例題 55 参照］

512 $m=1$，面積 $\dfrac{4}{3}$

$\left[面積\ \dfrac{1}{6}\{(m-1)^2+4\}^{\frac{3}{2}}\right]$

513 (1) 2 (2) $\dfrac{2401}{12}$ (3) $\dfrac{64}{15}$

［(1) $(面積)=\int_{-\sqrt{2}}^{0}\{x-(-x^3+3x)\}dx$

$+\int_{0}^{\sqrt{2}}\{(-x^3+3x)-x\}dx$

(2) $(面積)=\int_{0}^{7}\{x^2-(x^3-6x^2)\}dx$

(3) $(面積)=\int_{-1}^{1}\{(3-x^2)-(x^4+x^2)\}dx$］

514 $m=\dfrac{4}{9}$

［ヒント参照。

直線と曲線の交点を $(0,\ 0)$，$(\alpha,\ m\alpha)$，$(\beta,\ m\beta)$ $(\alpha<\beta)$ とすると $0<\alpha<2<\beta$，

$\int_{0}^{\alpha}\{(x^3-4x^2+4x)-mx\}dx$

$=\int_{\alpha}^{\beta}\{mx-(x^3-4x^2+4x)\}dx$

よって，$\int_{0}^{\beta}\{(x^3-4x^2+4x)-mx\}dx=0$

から $\dfrac{\beta^2}{12}\{3\beta^2-16\beta+6(4-m)\}=0$

$\beta\neq0$ から $3\beta^2-16\beta+6(4-m)=0$ …… ①

一方 $x^2-4x+4-m=0$ から $\beta=2+\sqrt{m}$

これを ① に代入。

参考 曲線 $y=x^3-4x^2+4x$ は点 $\left(\dfrac{4}{3},\ \dfrac{16}{27}\right)$ に関して対称］

515 (1) 0 (2) 2 (3) 2

［(1) $x=y=0$ とおくと，$f(0)=2f(0)$ から $f(0)=0$

(2) $f(0)=0$ から $\dfrac{f(x)}{x}=\dfrac{f(0+x)-f(0)}{x}$

$\lim_{x\to0}\dfrac{f(0+x)-f(0)}{x}=f'(0)$

(3) $f'(x)=\lim_{h\to0}\dfrac{f(x+h)-f(x)}{h}=\lim_{h\to0}\dfrac{f(h)}{h}$ で (2) と同じ］

516 順に 3本，2本，1本

［曲線上の点 $(x_0,\ x_0{}^3)$ における曲線の接線の方程式は $y-x_0{}^3=3x_0{}^2(x-x_0)$

これに，Aの座標を代入すると

$(x_0-1)(x_0{}^2-2x_0-2)=0$

異なる 3 つの実数解がある。

同様にBの座標を代入すると

$x_0{}^2(x_0-3)=0$（2 つの実数解）

同様にCの座標を代入すると

$2x_0{}^3-6x_0{}^2-3=0$（増減表から 1 つの実数解）］

517 $\theta=\dfrac{\pi}{2}$ のとき最大値 3；

$\theta=\dfrac{\pi}{6}$，$\dfrac{5}{6}\pi$ のとき最小値 $\dfrac{7}{4}$

［$\sin\theta=t$ とおくと

$y=4t^3-3t^2+2$，$0\leqq t\leqq1$］

518 (1) ［図］

(2) P$(-2,\ 5)$

［(2) y の値が極大となるグラフ上の点と極小となるグラフ上の点は，点Pに関して対称であると考えられる］

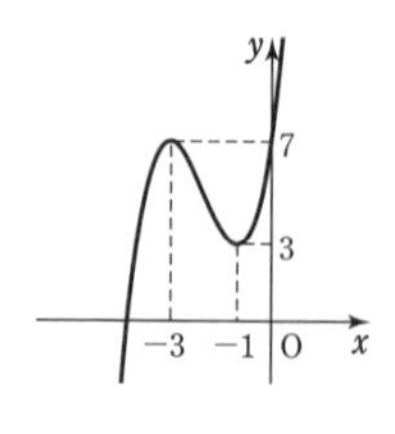

519 $a\leqq0$ のとき

$b\geqq0$，

$0<a<1$ のとき

$b\geqq a^2$，

$a\geqq1$ のとき

$b\geqq2a-1$

［図］境界線を含む

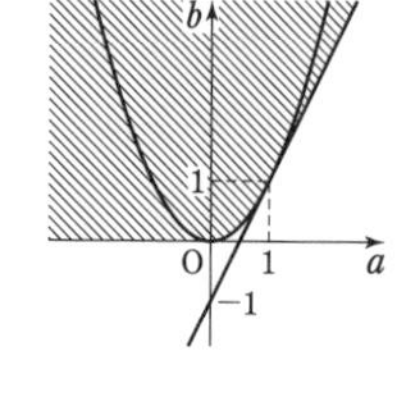

520 $-4<a<4$

［$y'=g(x)=0$ が異なる 3 つの実数解をもてばよい。$g'(x)=0$ の解は $x=\pm1$

また $g(1)g(-1)<0$］

521 ［(右辺)−(左辺)$=\dfrac{1}{12}(a-b)^2\geqq0$

別解 $\{t(x-a)+(x-b)\}^2\geqq0$ から

$\int_{0}^{1}\{t(x-a)+(x-b)\}^2dx\geqq0$ が任意の実数 t について成り立つ］

522 $a=\dfrac{\sqrt{2}}{2}$ で最小値 $\dfrac{2-\sqrt{2}}{6}$

［$a<0$ のとき $\int_{0}^{1}x(x-a)dx=\dfrac{1}{3}-\dfrac{a}{2}$

$0\leqq a\leqq1$ のとき

$-\int_{0}^{a}x(x-a)dx+\int_{a}^{1}x(x-a)dx=\dfrac{a^3}{3}-\dfrac{a}{2}+\dfrac{1}{3}$

$1<a$ のとき $-\int_{0}^{1}x(x-a)dx=\dfrac{a}{2}-\dfrac{1}{3}$］

総合問題 (p. 104～107) の答と略解

1 (1) $P+Q+R+U+V=S+T$

(3) $Q\times S\times U=R\times T\times V$

[(2) パスカルの三角形において，両端以外の各数は，その左上の数と右上の数の和に等しいから $P=Q+V$，$S=R+P$，$T=P+U$

(4) パスカルの三角形に現れる数は二項係数 ${}_n\mathrm{C}_r$ で表すことができる。パスカルの三角形の上から n 行目の左から r 番目の数は ${}_n\mathrm{C}_{r-1}$ であるから，

$P={}_n\mathrm{C}_r$ とすると $Q={}_{n-1}\mathrm{C}_{r-1}$，$R={}_n\mathrm{C}_{r-1}$，

$S={}_{n+1}\mathrm{C}_r$，$T={}_{n+1}\mathrm{C}_{r+1}$，$U={}_n\mathrm{C}_{r+1}$，$V={}_{n-1}\mathrm{C}_r$]

2 方程式の定数項 -3 を -2 に訂正，$a=1$

[まず，誤っている数値が方程式の係数なのか，解の数値なのかを判断する。

$f(x)=x^3+2x^2-ax-3$ とおいて，$f(1)$，$f(-1)$，$f(-2)$ を計算し，解の数値を1つだけ訂正したときに，これらが同時に0になるような a の値が存在するかを考える]

3 (1) $\left(\dfrac{-3p+4q}{5},\ \dfrac{4p+3q}{5}\right)$

(2) Q(2, 4)

[直線 ℓ に関して点Pと対称な点をP′，x 軸に関して点Pと対称な点をP″とする。

直線P′P″と直線 ℓ の交点に点Qをとればよい]

4 (1) できる

(2) 〔図〕境界線を含む

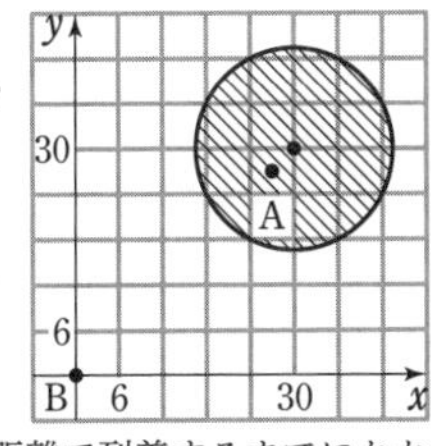

[Aさんの走る速さを v とすると，Bさんの打つ球の水平方向の速さは $\sqrt{10}v$ である。

(2) P$(x,\ y)$ とする。

球がその地点Pに最短距離で到着するまでにかかる時間は $\dfrac{\mathrm{BP}}{\sqrt{10}v}=\dfrac{\sqrt{x^2+y^2}}{\sqrt{10}v}$ …… ①

その地点PにAさんが最短距離で到着するまでにかかる時間は

$\dfrac{\mathrm{AP}}{v}=\dfrac{\sqrt{(x-27)^2+(y-27)^2}}{v}$ …… ②

①，② から $\dfrac{\sqrt{x^2+y^2}}{\sqrt{10}v}\geqq\dfrac{\sqrt{(x-27)^2+(y-27)^2}}{v}$

よって，領域を表す不等式は

$(x-30)^2+(y-30)^2\leqq 180$]

5 (1) $x+\dfrac{5.76}{x}$ (2) $x=2.4$

[(1) $\angle\mathrm{PAC}=\alpha$，$\angle\mathrm{BPC}=\beta$ とすると

$\tan\theta=\tan(\alpha-\beta)$]

6 正しい解は $x=-1,\ 5$

[誤りの理由：$\log_3(2x-1)^2=2\log_3(2x-1)$ は $x>\dfrac{1}{2}$ のときのみ成り立つから，方程式を変形して $2\log_3(2x-1)=2\log_3(x+4)$ としているところが誤りである]

7 (1) $x^2+(-1-\log_2 3)x-a+2\log_2 3$

(2) $a=2$ (3) $x=2,\ -1+\log_2 3$

[(4) $\log_2 3-1.5=\dfrac{1}{2}\log_2\dfrac{9}{8}>0$

$1.6-\log_2 3=\dfrac{1}{5}\log_2\dfrac{256}{243}>0$

(5) (3) より，2つの解の差は

$2-(-1+\log_2 3)=3-\log_2 3$

更に，(4) より $3-1.6<3-\log_2 3<3-1.5$]

8 (A)

[$f'(x)=3ax^2+2bx+c$，$f'(0)=c$

$f'(x)=0$ の判別式を D とすると

$\dfrac{D}{4}=b^2-3ac$]

常用対数表 (1)

数	0	1	2	3	4	5	6	7	8	9
1.0	0.0000	0.0043	0.0086	0.0128	0.0170	0.0212	0.0253	0.0294	0.0334	0.0374
1.1	0.0414	0.0453	0.0492	0.0531	0.0569	0.0607	0.0645	0.0682	0.0719	0.0755
1.2	0.0792	0.0828	0.0864	0.0899	0.0934	0.0969	0.1004	0.1038	0.1072	0.1106
1.3	0.1139	0.1173	0.1206	0.1239	0.1271	0.1303	0.1335	0.1367	0.1399	0.1430
1.4	0.1461	0.1492	0.1523	0.1553	0.1584	0.1614	0.1644	0.1673	0.1703	0.1732
1.5	0.1761	0.1790	0.1818	0.1847	0.1875	0.1903	0.1931	0.1959	0.1987	0.2014
1.6	0.2041	0.2068	0.2095	0.2122	0.2148	0.2175	0.2201	0.2227	0.2253	0.2279
1.7	0.2304	0.2330	0.2355	0.2380	0.2405	0.2430	0.2455	0.2480	0.2504	0.2529
1.8	0.2553	0.2577	0.2601	0.2625	0.2648	0.2672	0.2695	0.2718	0.2742	0.2765
1.9	0.2788	0.2810	0.2833	0.2856	0.2878	0.2900	0.2923	0.2945	0.2967	0.2989
2.0	0.3010	0.3032	0.3054	0.3075	0.3096	0.3118	0.3139	0.3160	0.3181	0.3201
2.1	0.3222	0.3243	0.3263	0.3284	0.3304	0.3324	0.3345	0.3365	0.3385	0.3404
2.2	0.3424	0.3444	0.3464	0.3483	0.3502	0.3522	0.3541	0.3560	0.3579	0.3598
2.3	0.3617	0.3636	0.3655	0.3674	0.3692	0.3711	0.3729	0.3747	0.3766	0.3784
2.4	0.3802	0.3820	0.3838	0.3856	0.3874	0.3892	0.3909	0.3927	0.3945	0.3962
2.5	0.3979	0.3997	0.4014	0.4031	0.4048	0.4065	0.4082	0.4099	0.4116	0.4133
2.6	0.4150	0.4166	0.4183	0.4200	0.4216	0.4232	0.4249	0.4265	0.4281	0.4298
2.7	0.4314	0.4330	0.4346	0.4362	0.4378	0.4393	0.4409	0.4425	0.4440	0.4456
2.8	0.4472	0.4487	0.4502	0.4518	0.4533	0.4548	0.4564	0.4579	0.4594	0.4609
2.9	0.4624	0.4639	0.4654	0.4669	0.4683	0.4698	0.4713	0.4728	0.4742	0.4757
3.0	0.4771	0.4786	0.4800	0.4814	0.4829	0.4843	0.4857	0.4871	0.4886	0.4900
3.1	0.4914	0.4928	0.4942	0.4955	0.4969	0.4983	0.4997	0.5011	0.5024	0.5038
3.2	0.5051	0.5065	0.5079	0.5092	0.5105	0.5119	0.5132	0.5145	0.5159	0.5172
3.3	0.5185	0.5198	0.5211	0.5224	0.5237	0.5250	0.5263	0.5276	0.5289	0.5302
3.4	0.5315	0.5328	0.5340	0.5353	0.5366	0.5378	0.5391	0.5403	0.5416	0.5428
3.5	0.5441	0.5453	0.5465	0.5478	0.5490	0.5502	0.5514	0.5527	0.5539	0.5551
3.6	0.5563	0.5575	0.5587	0.5599	0.5611	0.5623	0.5635	0.5647	0.5658	0.5670
3.7	0.5682	0.5694	0.5705	0.5717	0.5729	0.5740	0.5752	0.5763	0.5775	0.5786
3.8	0.5798	0.5809	0.5821	0.5832	0.5843	0.5855	0.5866	0.5877	0.5888	0.5899
3.9	0.5911	0.5922	0.5933	0.5944	0.5955	0.5966	0.5977	0.5988	0.5999	0.6010
4.0	0.6021	0.6031	0.6042	0.6053	0.6064	0.6075	0.6085	0.6096	0.6107	0.6117
4.1	0.6128	0.6138	0.6149	0.6160	0.6170	0.6180	0.6191	0.6201	0.6212	0.6222
4.2	0.6232	0.6243	0.6253	0.6263	0.6274	0.6284	0.6294	0.6304	0.6314	0.6325
4.3	0.6335	0.6345	0.6355	0.6365	0.6375	0.6385	0.6395	0.6405	0.6415	0.6425
4.4	0.6435	0.6444	0.6454	0.6464	0.6474	0.6484	0.6493	0.6503	0.6513	0.6522
4.5	0.6532	0.6542	0.6551	0.6561	0.6571	0.6580	0.6590	0.6599	0.6609	0.6618
4.6	0.6628	0.6637	0.6646	0.6656	0.6665	0.6675	0.6684	0.6693	0.6702	0.6712
4.7	0.6721	0.6730	0.6739	0.6749	0.6758	0.6767	0.6776	0.6785	0.6794	0.6803
4.8	0.6812	0.6821	0.6830	0.6839	0.6848	0.6857	0.6866	0.6875	0.6884	0.6893
4.9	0.6902	0.6911	0.6920	0.6928	0.6937	0.6946	0.6955	0.6964	0.6972	0.6981
5.0	0.6990	0.6998	0.7007	0.7016	0.7024	0.7033	0.7042	0.7050	0.7059	0.7067
5.1	0.7076	0.7084	0.7093	0.7101	0.7110	0.7118	0.7126	0.7135	0.7143	0.7152
5.2	0.7160	0.7168	0.7177	0.7185	0.7193	0.7202	0.7210	0.7218	0.7226	0.7235
5.3	0.7243	0.7251	0.7259	0.7267	0.7275	0.7284	0.7292	0.7300	0.7308	0.7316
5.4	0.7324	0.7332	0.7340	0.7348	0.7356	0.7364	0.7372	0.7380	0.7388	0.7396

常用対数表 (2)

数	0	1	2	3	4	5	6	7	8	9
5.5	0.7404	0.7412	0.7419	0.7427	0.7435	0.7443	0.7451	0.7459	0.7466	0.7474
5.6	0.7482	0.7490	0.7497	0.7505	0.7513	0.7520	0.7528	0.7536	0.7543	0.7551
5.7	0.7559	0.7566	0.7574	0.7582	0.7589	0.7597	0.7604	0.7612	0.7619	0.7627
5.8	0.7634	0.7642	0.7649	0.7657	0.7664	0.7672	0.7679	0.7686	0.7694	0.7701
5.9	0.7709	0.7716	0.7723	0.7731	0.7738	0.7745	0.7752	0.7760	0.7767	0.7774
6.0	0.7782	0.7789	0.7796	0.7803	0.7810	0.7818	0.7825	0.7832	0.7839	0.7846
6.1	0.7853	0.7860	0.7868	0.7875	0.7882	0.7889	0.7896	0.7903	0.7910	0.7917
6.2	0.7924	0.7931	0.7938	0.7945	0.7952	0.7959	0.7966	0.7973	0.7980	0.7987
6.3	0.7993	0.8000	0.8007	0.8014	0.8021	0.8028	0.8035	0.8041	0.8048	0.8055
6.4	0.8062	0.8069	0.8075	0.8082	0.8089	0.8096	0.8102	0.8109	0.8116	0.8122
6.5	0.8129	0.8136	0.8142	0.8149	0.8156	0.8162	0.8169	0.8176	0.8182	0.8189
6.6	0.8195	0.8202	0.8209	0.8215	0.8222	0.8228	0.8235	0.8241	0.8248	0.8254
6.7	0.8261	0.8267	0.8274	0.8280	0.8287	0.8293	0.8299	0.8306	0.8312	0.8319
6.8	0.8325	0.8331	0.8338	0.8344	0.8351	0.8357	0.8363	0.8370	0.8376	0.8382
6.9	0.8388	0.8395	0.8401	0.8407	0.8414	0.8420	0.8426	0.8432	0.8439	0.8445
7.0	0.8451	0.8457	0.8463	0.8470	0.8476	0.8482	0.8488	0.8494	0.8500	0.8506
7.1	0.8513	0.8519	0.8525	0.8531	0.8537	0.8543	0.8549	0.8555	0.8561	0.8567
7.2	0.8573	0.8579	0.8585	0.8591	0.8597	0.8603	0.8609	0.8615	0.8621	0.8627
7.3	0.8633	0.8639	0.8645	0.8651	0.8657	0.8663	0.8669	0.8675	0.8681	0.8686
7.4	0.8692	0.8698	0.8704	0.8710	0.8716	0.8722	0.8727	0.8733	0.8739	0.8745
7.5	0.8751	0.8756	0.8762	0.8768	0.8774	0.8779	0.8785	0.8791	0.8797	0.8802
7.6	0.8808	0.8814	0.8820	0.8825	0.8831	0.8837	0.8842	0.8848	0.8854	0.8859
7.7	0.8865	0.8871	0.8876	0.8882	0.8887	0.8893	0.8899	0.8904	0.8910	0.8915
7.8	0.8921	0.8927	0.8932	0.8938	0.8943	0.8949	0.8954	0.8960	0.8965	0.8971
7.9	0.8976	0.8982	0.8987	0.8993	0.8998	0.9004	0.9009	0.9015	0.9020	0.9025
8.0	0.9031	0.9036	0.9042	0.9047	0.9053	0.9058	0.9063	0.9069	0.9074	0.9079
8.1	0.9085	0.9090	0.9096	0.9101	0.9106	0.9112	0.9117	0.9122	0.9128	0.9133
8.2	0.9138	0.9143	0.9149	0.9154	0.9159	0.9165	0.9170	0.9175	0.9180	0.9186
8.3	0.9191	0.9196	0.9201	0.9206	0.9212	0.9217	0.9222	0.9227	0.9232	0.9238
8.4	0.9243	0.9248	0.9253	0.9258	0.9263	0.9269	0.9274	0.9279	0.9284	0.9289
8.5	0.9294	0.9299	0.9304	0.9309	0.9315	0.9320	0.9325	0.9330	0.9335	0.9340
8.6	0.9345	0.9350	0.9355	0.9360	0.9365	0.9370	0.9375	0.9380	0.9385	0.9390
8.7	0.9395	0.9400	0.9405	0.9410	0.9415	0.9420	0.9425	0.9430	0.9435	0.9440
8.8	0.9445	0.9450	0.9455	0.9460	0.9465	0.9469	0.9474	0.9479	0.9484	0.9489
8.9	0.9494	0.9499	0.9504	0.9509	0.9513	0.9518	0.9523	0.9528	0.9533	0.9538
9.0	0.9542	0.9547	0.9552	0.9557	0.9562	0.9566	0.9571	0.9576	0.9581	0.9586
9.1	0.9590	0.9595	0.9600	0.9605	0.9609	0.9614	0.9619	0.9624	0.9628	0.9633
9.2	0.9638	0.9643	0.9647	0.9652	0.9657	0.9661	0.9666	0.9671	0.9675	0.9680
9.3	0.9685	0.9689	0.9694	0.9699	0.9703	0.9708	0.9713	0.9717	0.9722	0.9727
9.4	0.9731	0.9736	0.9741	0.9745	0.9750	0.9754	0.9759	0.9763	0.9768	0.9773
9.5	0.9777	0.9782	0.9786	0.9791	0.9795	0.9800	0.9805	0.9809	0.9814	0.9818
9.6	0.9823	0.9827	0.9832	0.9836	0.9841	0.9845	0.9850	0.9854	0.9859	0.9863
9.7	0.9868	0.9872	0.9877	0.9881	0.9886	0.9890	0.9894	0.9899	0.9903	0.9908
9.8	0.9912	0.9917	0.9921	0.9926	0.9930	0.9934	0.9939	0.9943	0.9948	0.9952
9.9	0.9956	0.9961	0.9965	0.9969	0.9974	0.9978	0.9983	0.9987	0.9991	0.9996

初　版（数ⅡB）
第1刷　1964年 3 月 1 日　発行
新　制
第1刷　1974年 1 月 1 日　発行
新　制（基礎解析）
第1刷　1983年 1 月10日　発行
新　制（数学Ⅱ）
第1刷　1994年11月 1 日　発行
新課程
第1刷　2003年12月 1 日　発行
新課程
第1刷　2012年10月 1 日　発行
新課程
第1刷　2022年11月 1 日　発行

ISBN978-4-410-20937-6

教科書傍用
スタンダード
数学Ⅱ

編　者　数研出版編集部
発行者　星野 泰也
発行所　**数研出版株式会社**
〒101-0052　東京都千代田区神田小川町 2 丁目 3 番地 3
〔振替〕00140-4-118431
〒604-0861　京都市中京区烏丸通竹屋町上る大倉町205番地
〔電話〕代表（075）231-0161
ホームページ　https://www.chart.co.jp
印刷　創栄図書印刷株式会社

乱丁本・落丁本はお取り替えいたします。　221001

指数関数

29 累乗根の性質

$a>0$, $b>0$, m, n, p は正の整数とする。

① $(\sqrt[n]{a})^n=a$　② $\sqrt[n]{a}\sqrt[n]{b}=\sqrt[n]{ab}$

③ $\dfrac{\sqrt[n]{a}}{\sqrt[n]{b}}=\sqrt[n]{\dfrac{a}{b}}$　④ $(\sqrt[n]{a})^m=\sqrt[n]{a^m}$

⑤ $\sqrt[m]{\sqrt[n]{a}}=\sqrt[mn]{a}$　⑥ $\sqrt[n]{a^m}=\sqrt[np]{a^{mp}}$

30 有理数の指数

$a>0$, m, n が正の整数, r が正の有理数のとき

$a^{\frac{m}{n}}=\sqrt[n]{a^m}$　特に　$a^{\frac{1}{n}}=\sqrt[n]{a}$, $a^{-r}=\dfrac{1}{a^r}$

31 指数法則　$a>0$, $b>0$, r, s は有理数とする。

① $a^ra^s=a^{r+s}$　② $(a^r)^s=a^{rs}$　③ $(ab)^r=a^rb^r$

④ $\dfrac{a^r}{a^s}=a^{r-s}$　⑤ $\left(\dfrac{a}{b}\right)^r=\dfrac{a^r}{b^r}$

32 指数関数 $y=a^x$ の性質

① 定義域は実数全体, 値域は正の数全体

② $a>1$ のとき　x が増加すると y も増加

$p<q \iff a^p<a^q$

$0<a<1$ のとき　x が増加すると y は減少

$p<q \iff a^p>a^q$

$a>1$

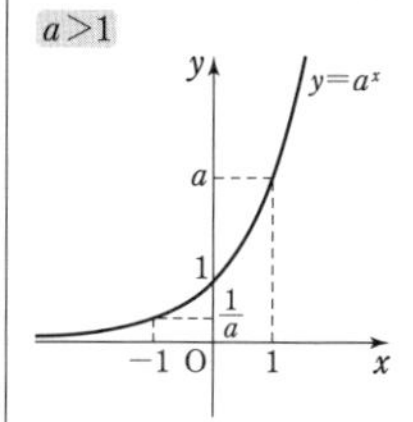

x軸が漸近線

$0<a<1$

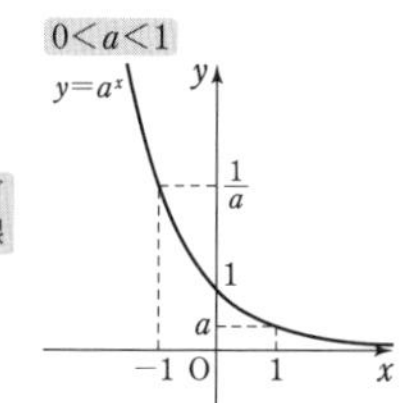

対数関数

33 対数の定義　$a>0$, $a\neq1$, $M>0$ とする。

$a^p=M \iff p=\log_a M$

34 対数の性質

$a>0$, $a\neq1$, $M>0$, $N>0$, k が実数のとき

① $\log_a a=1$　$\log_a 1=0$　$\log_a \dfrac{1}{a}=-1$

② $\log_a MN=\log_a M+\log_a N$

③ $\log_a \dfrac{M}{N}=\log_a M-\log_a N$

④ $\log_a M^k=k\log_a M$

35 底の変換公式

a, b, c は正の数で, $a\neq1$, $b\neq1$, $c\neq1$ のとき

$\log_a b=\dfrac{\log_c b}{\log_c a}$　特に　$\log_a b=\dfrac{1}{\log_b a}$

36 対数関数 $y=\log_a x$ の性質

① 定義域は正の数全体, 値域は実数全体

② $a>1$ のとき　x が増加すると y も増加

$0<p<q \iff \log_a p<\log_a q$

$0<a<1$ のとき　x が増加すると y は減少

$0<p<q \iff \log_a p>\log_a q$

$a>1$

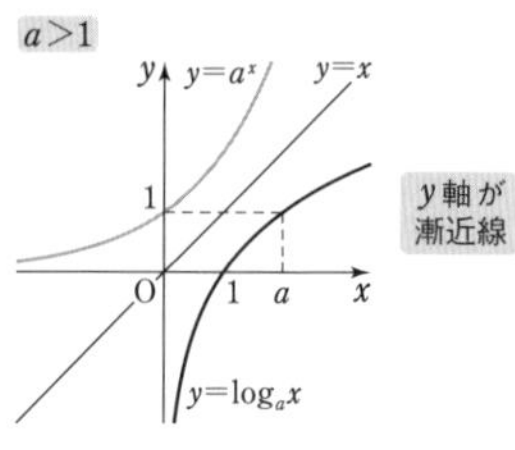

y軸が漸近線

$0<a<1$

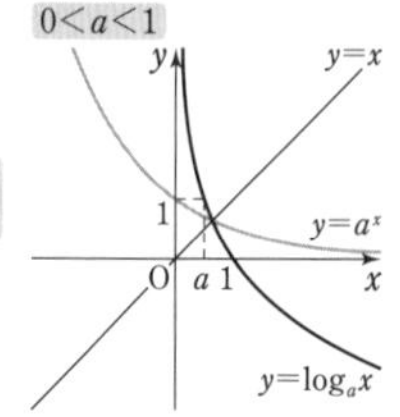

37 常用対数の応用　x は正の数とする。

① x の整数部分が n 桁 $\iff 10^{n-1}\leqq x<10^n \iff n-1\leqq\log_{10}x<n$

② x は小数第 n 位に初めて 0 でない数字が現れる $\iff 10^{-n}\leqq x<10^{-(n-1)} \iff -n\leqq\log_{10}x<-(n-1)$

微分法

38 微分係数

▶関数 $f(x)$ において, x が a から b まで変化するときの平均変化率

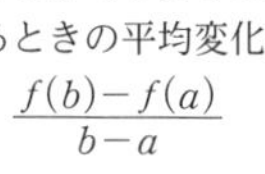

$\dfrac{f(b)-f(a)}{b-a}$

▶関数 $f(x)$ の $x=a$ における微分係数

$$f'(a)=\lim_{b\to a}\frac{f(b)-f(a)}{b-a}$$

$$=\lim_{h\to 0}\frac{f(a+h)-f(a)}{h}\quad (b-a=h)$$

y
y=f(x)
f(b)
f(b)−f(a)
f(a)
b−a
O
a
b
x

39 導関数

▶定義　$f'(x)=\displaystyle\lim_{h\to 0}\frac{f(x+h)-f(x)}{h}$

$$=\lim_{\Delta x\to 0}\frac{\Delta y}{\Delta x}=\lim_{\Delta x\to 0}\frac{f(x+\Delta x)-f(x)}{\Delta x}$$

▶関数 x^n と定数関数の導関数　n は正の整数とする。

$(x^n)'=nx^{n-1}$　$(c)'=0$　(c は定数)

▶導関数の性質　k, l は定数とする。

① $\{kf(x)\}'=kf'(x)$

② $\{f(x)\pm g(x)\}'=f'(x)\pm g'(x)$

③ $\{kf(x)+lg(x)\}'=kf'(x)+lg'(x)$